计算机辅助设计（AutoCAD平台）

AutoCAD 2012 试题解答

（绘图员级）

（机械专业）

张忠将　编写

北京希望电子出版社
Beijing Hope Electronic Press
www.bhp.com.cn

内 容 简 介

本书包含计算机辅助设计模块（AutoCAD 平台）AutoCAD 2012 绘图员级考试机械类试题的操作解答（共 80 道试题）。本书解答内容根据试题特点，重点突出，详略得当，旨在使读者尽快掌握 AutoCAD 软件的应用。

本书以培训教材和试题汇编为依据，试题解答正确清晰，不但能满足培训考试需要，还可供广大读者学习计算机辅助设计模块的操作技能使用，也可作为大中专院校、技校、中高职、职高、高校和社会相关领域培训班进行计算机辅助设计模块技能培训的首选教材。

为方便考生练习，全部的题库素材将在北京希望电子出版社微信公众号、微博，以及北京希望电子出版社网站（www.bhp.com.cn）上提供。

图书在版编目（CIP）数据

计算机辅助设计（AutoCAD 平台）AutoCAD 2012 试题解答：绘图员级. 机械专业 / 张忠将编写. — 北京：北京希望电子出版社，2017.7

ISBN 978-7-83002-296-9

Ⅰ. ①计… Ⅱ. ①张… Ⅲ. ①机械专业－计算机辅助设计－AutoCAD 软件－技术培训－题解 Ⅳ. ①TP391.72

中国版本图书馆 CIP 数据核字(2017)第 161229 号

出版：北京希望电子出版社	封面：张 洁
地址：北京市海淀区中关村大街 22 号	编辑：石文涛　刘 霞
中科大厦 A 座 10 层	校对：全 卫
邮编：100190	开本：787mm×1092mm　1/16
网址：www.bhp.com.cn	印张：11.25
电话：010-82620818（总机）转发行部	字数：267 千字
010-82626237（邮购）	印刷：北京建宏印刷有限公司
传真：010-62543892	版次：2023 年 1 月 1 版 4 次印刷
经销：各地新华书店	

定价：43.80 元

国家职业技能鉴定专家委员会
计算机专业委员会名单

主 任 委 员：路甬祥

副主任委员：张亚男　周明陶

委　　　员：（按姓氏笔画排序）

　　　　　　丁建民　王　林　王　鹏　尤晋元　石　峰
　　　　　　冯登国　刘　旸　刘永澎　孙武钢　杨守君
　　　　　　李　华　李一凡　李京申　李建刚　李明树
　　　　　　求伯君　肖　睿　何新华　张训军　陈　钟
　　　　　　陈　禹　陈　敏　陈　蕾　陈孟锋　季　平
　　　　　　金志农　金茂忠　郑人杰　胡昆山　赵宏利
　　　　　　赵曙秋　钟玉琢　姚春生　袁莉娅　顾　明
　　　　　　徐广懋　高　文　高晓红　唐　群　唐韶华
　　　　　　桑桂玉　葛恒双　谢小庆　雷　毅

秘 书 长：赵伯雄

副秘书长：刘永澎　陈　彤　何文莉　陈　敏

出 版 说 明

本书包含计算机辅助设计（AutoCAD 平台）AutoCAD 2012 绘图员级考试机械类试题（每个单元的前 10 道题，共计 80 道试题）的解答。本书解答根据试题特点，重点突出，详略得当，旨在使读者尽快掌握 AutoCAD 软件的应用。

本书以培训教材和试题汇编为依据，试题解答正确清晰，不但能满足培训考试需要，还可供广大读者学习计算机辅助设计的操作技能使用，更是各类大中专院校、技校、职高作为计算机辅助设计模块技能培训的优秀参考书。

参与本书编写工作的有张忠将、张兵兵、李敏、陈方转、计素改、王崧、王靖凯、贾洪亮、张小英、张中乐、徐春玲、张政、张雪艳、付冬玲、张人明、腾秀香、张人栋、张程霞、张人大、韩莉莉、张美芝、张雷达、张冬杰、张翠玲、齐文娟等。

本书的不足之处敬请批评指正。

目　　录

第 1 单元　文件操作[1] 1
  1.1　第 1 题（机械类）解答 1
  1.2　第 2 题（机械类）解答 3
  1.3　第 3 题（机械类）解答 5
  1.4　第 4 题（机械类）解答 7
  1.5　第 5 题（机械类）解答 9
  1.6　第 6 题（机械类）解答 11
  1.7　第 7 题（机械类）解答 14
  1.8　第 8 题（机械类）解答 15
  1.9　第 9 题（机械类）解答 18
  1.10　第 10 题（机械类）解答 20

第 2 单元　简单绘图[2] 23
  2.1　第 1 题（机械类）解答 23
  2.2　第 2 题（机械类）解答 24
  2.3　第 3 题（机械类）解答 25
  2.4　第 4 题（机械类）解答 26
  2.5　第 5 题（机械类）解答 27
  2.6　第 6 题（机械类）解答 28
  2.7　第 7 题（机械类）解答 29
  2.8　第 8 题（机械类）解答 30
  2.9　第 9 题（机械类）解答 31
  2.10　第 10 题（机械类）解答 32

第 3 单元　图形属性[3] 34
  3.1　第 1 题（机械类）解答 34
  3.2　第 2 题（机械类）解答 35
  3.3　第 3 题（机械类）解答 37
  3.4　第 4 题（机械类）解答 38
  3.5　第 5 题（机械类）解答 40
  3.6　第 6 题（机械类）解答 41
  3.7　第 7 题（机械类）解答 42
  3.8　第 8 题（机械类）解答 43
  3.9　第 9 题（机械类）解答 44
  3.10　第 10 题（机械类）解答 46

第 4 单元　图形编辑[4] 48
  4.1　第 1 题（机械类）解答 48
  4.2　第 2 题（机械类）解答 49
  4.3　第 3 题（机械类）解答 51
  4.4　第 4 题（机械类）解答 52
  4.5　第 5 题（机械类）解答 53
  4.6　第 6 题（机械类）解答 54
  4.7　第 7 题（机械类）解答 55
  4.8　第 8 题（机械类）解答 56
  4.9　第 9 题（机械类）解答 58
  4.10　第 10 题（机械类）解答 59

第 5 单元　精确绘图[5] 61
  5.1　第 1 题（机械类）解答 61
  5.2　第 2 题（机械类）解答 64
  5.3　第 3 题（机械类）解答 67
  5.4　第 4 题（机械类）解答 69
  5.5　第 5 题（机械类）解答 72
  5.6　第 6 题（机械类）解答 75
  5.7　第 7 题（机械类）解答 78
  5.8　第 8 题（机械类）解答 81
  5.9　第 9 题（机械类）解答 83
  5.10　第 10 题（机械类）解答 87

---

[1] 第 1 单元 1.11～1.20 的解答内容详见《计算机辅助设计（AutoCAD 平台）AutoCAD 2012 试题解答（绘图员级）（建筑专业）》（CX-8231）

[2] 第 2 单元 2.11～2.20 的解答内容详见 CX-8231

[3] 第 3 单元 3.11～3.20 的解答内容详见 CX-8231

[4] 第 4 单元 4.11～4.20 的解答内容详见 CX-8231

[5] 第 5 单元 5.11～5.20 的解答内容详见 CX-8231

第 6 单元　尺寸标注[6] 92

- 6.1　第 1 题（机械类）解答 92
- 6.2　第 2 题（机械类）解答 94
- 6.3　第 3 题（机械类）解答 97
- 6.4　第 4 题（机械类）解答 99
- 6.5　第 5 题（机械类）解答 101
- 6.6　第 6 题（机械类）解答 107
- 6.7　第 7 题（机械类）解答 108
- 6.8　第 8 题（机械类）解答 110
- 6.9　第 9 题（机械类）解答 112
- 6.10　第 10 题（机械类）解答 114

第 7 单元　三维绘图[7] 117

- 7.1　第 1 题（机械类）解答 117
- 7.2　第 2 题（机械类）解答 118
- 7.3　第 3 题（机械类）解答 120
- 7.4　第 4 题（机械类）解答 123
- 7.5　第 5 题（机械类）解答 124
- 7.6　第 6 题（机械类）解答 125
- 7.7　第 7 题（机械类）解答 127
- 7.8　第 8 题（机械类）解答 128
- 7.9　第 9 题（机械类）解答 129
- 7.10　第 10 题（机械类）解答 130

第 8 单元　综合绘图[8] 133

- 8.1　第 1 题（机械类）解答 133
- 8.2　第 2 题（机械类）解答 137
- 8.3　第 3 题（机械类）解答 141
- 8.4　第 4 题（机械类）解答 145
- 8.5　第 5 题（机械类）解答 148
- 8.6　第 6 题（机械类）解答 154
- 8.7　第 7 题（机械类）解答 159
- 8.8　第 8 题（机械类）解答 163
- 8.9　第 9 题（机械类）解答 166
- 8.10　第 10 题（机械类）解答 170

---

[6] 第 6 单元 6.11～6.20 的解答内容详见 CX-8231

[7] 第 7 单元 7.11～7.20 的解答内容详见 CX-8231

[8] 第 8 单元 8.11～8.20 的解答内容详见 CX-8231

第 1 单元　文件操作

1.1　第 1 题（机械类）解答

步骤 1　执行"开始"→"所有程序"→"Autodesk"→"AutoCAD 2012-Simplified Chinese"→"AutoCAD 2012-Simplified Chinese"菜单命令，打开 AutoCAD 2012 软件。

步骤 2　单击 AutoCAD 2012 操作界面快捷菜单工具栏中的"新建"按钮 （或执行"文件"→"新建"菜单命令），打开"选择样板"对话框，选择 acadiso.dwt 模板文件，再单击"打开"按钮，如图 1-1A 所示，新建图形文件。

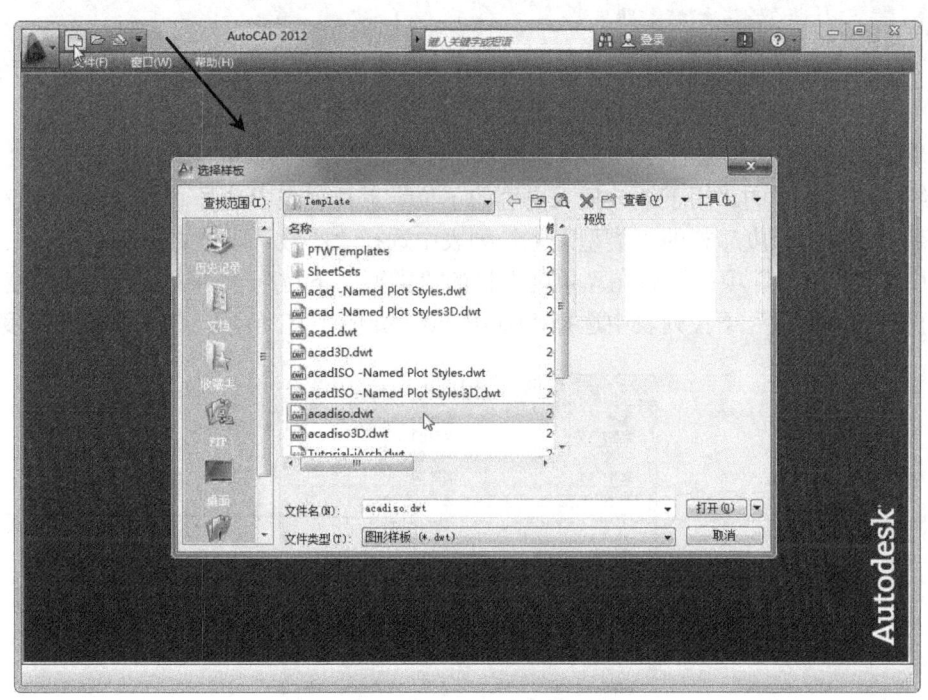

图 1-1A　新建空白图形文件操作

 如果在打开 AutoCAD 2012 软件后，系统自动使用 acadiso.dwt 模板文件创建了空白图形文件，则无需执行"步骤 2"操作。

步骤 3　执行"格式"→"图形界限"菜单命令（或在命令行执行 limits 命令），在输入（0,0）后按 Enter 键，设置图形界限的左下角点，然后在输入（420,297）后按 Enter 键，设置图形界限的右上角点，如图 1-1B 所示，设置模板的图形范围为 420×297。

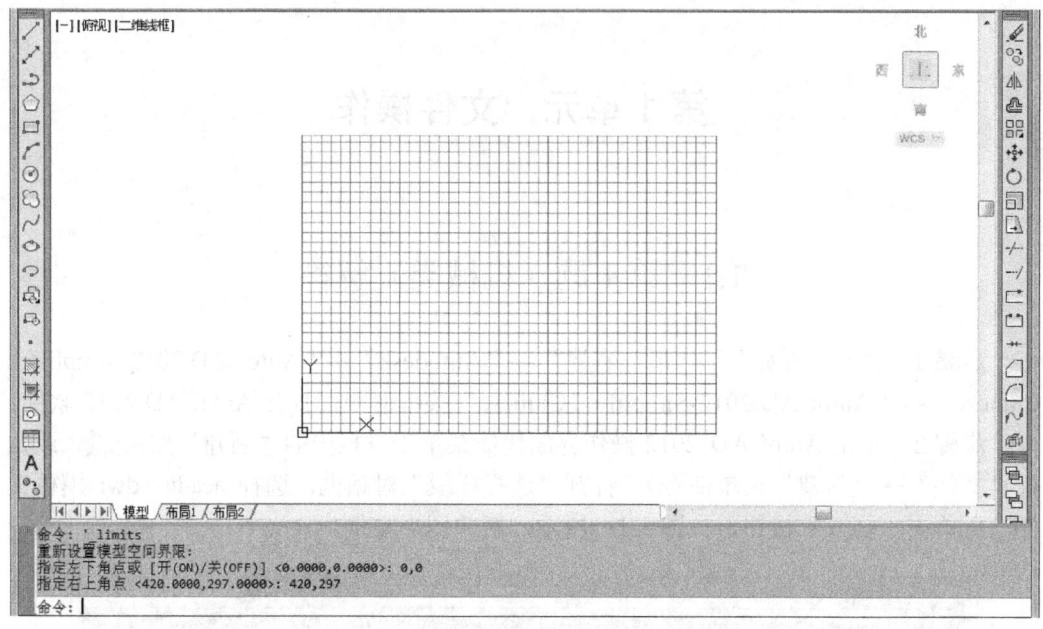

图 1-1B　设置模板的图形范围操作和设置效果

步骤 4　执行"格式"→"单位"菜单命令,打开"图形单位"对话框,在"插入时的缩放单位"栏的"用于缩放插入内容的单位"下拉列表中选择"毫米"项,设置单位为毫米;在"长度"栏的"类型"下拉列表中选择"小数"项,再在其"精度"下拉列表中选择"0.00"项;然后在"角度"栏的"类型"下拉列表中选择"十进制度数"项,再在其"精度"下拉列表中选择"0.00"项,如图 1-1C 所示,为模板设置精度。

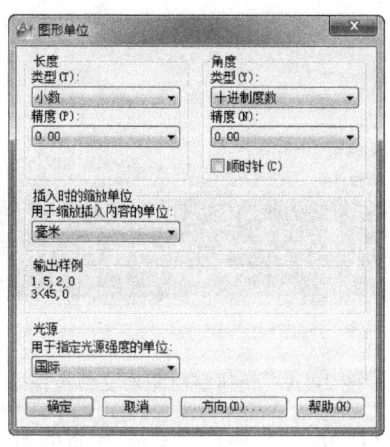

图 1-1C　"图形单位"对话框

步骤 5　执行"文件"→"另存为"菜单命令,打开"图形另存为"对话框,在"文件类型"下拉列表中选择"AutoCAD 图形样板(*.dwt)"列表项,再在"文件名"文本框中输入文件名"KSCAD1-1",然后设置正确的保存路径,如图 1-1D 所示,单击"保存"按钮,将文件保存在考生文件夹中。

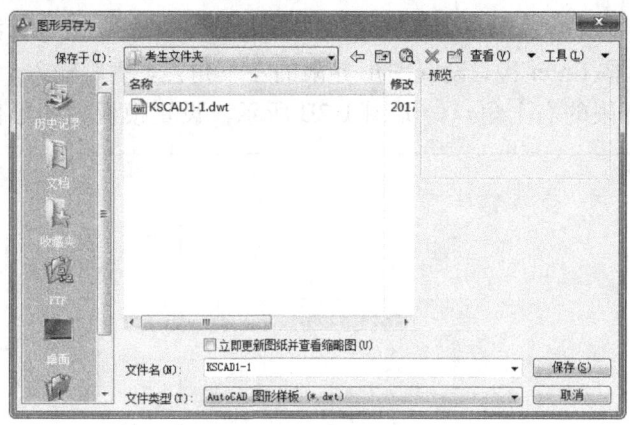

图 1-1D "图形另存为"对话框

  在保存模板文件时,如果弹出"样板选项"对话框,保持系统默认设置,直接单击"确定"按钮进行保存即可。

1.2 第 2 题(机械类)解答

步骤 1　执行"开始"→"所有程序"→"Autodesk"→"AutoCAD 2012-Simplified Chinese"→"AutoCAD 2012-Simplified Chinese"菜单命令,打开 AutoCAD 2012 软件。

步骤 2　单击 AutoCAD 2012 操作界面快捷菜单工具栏中的"新建"按钮(或执行"文件"→"新建"菜单命令),打开"选择样板"对话框,选择 acadiso.dwt 模板文件,再单击"打开"按钮,新建图形文件,如图 1-2A 所示。

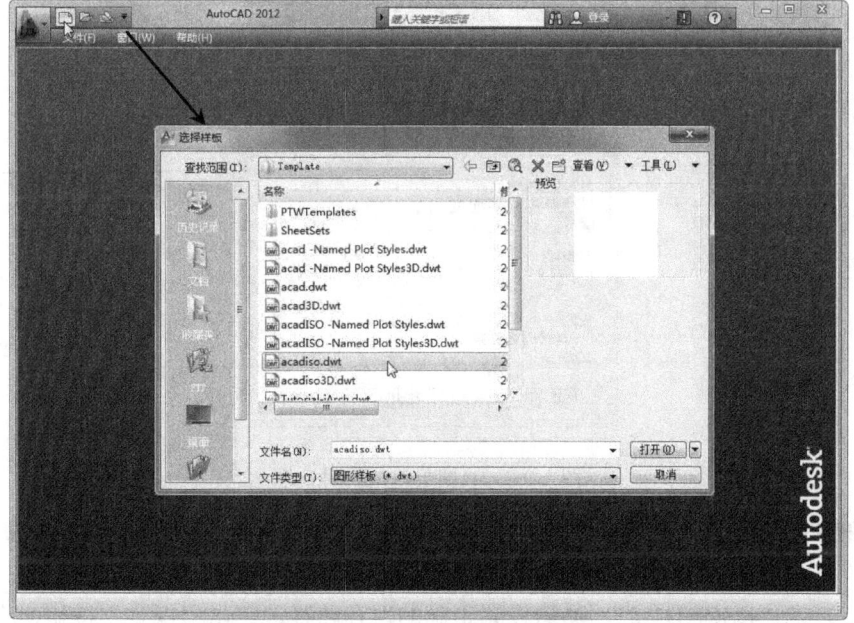

图 1-2A 新建空白图形文件操作

步骤3 执行"格式"→"图形界限"菜单命令（或在命令行执行 limits 命令），在输入（0,0）后按 Enter 键，设置图形界限的左下角点，然后输入（594,420），按 Enter 键，设置图形界限的右上角点，如图 1-2B 所示，设置模板的图形范围为 594×420。

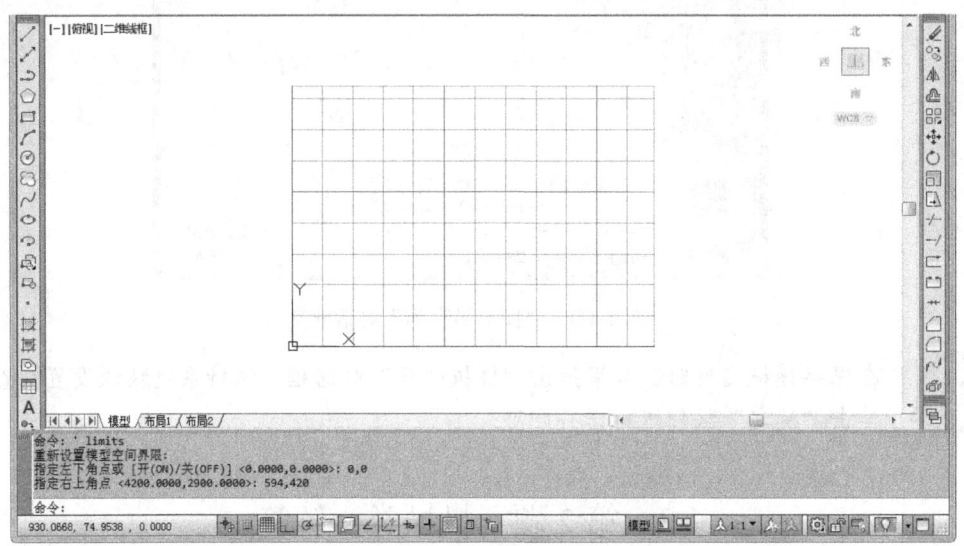

图 1-2B　设置模板的图形范围操作和设置效果

步骤4 执行"格式"→"单位"菜单命令，打开"图形单位"对话框，在"长度"栏的"类型"下拉列表中选择"分数"项，在其"精度"下拉列表中选择"0 1/8"项；"角度"栏的"类型"保持默认，在其"精度"下拉列表中选择"0.00"项，如图 1-2C 所示，为模板设置精度。

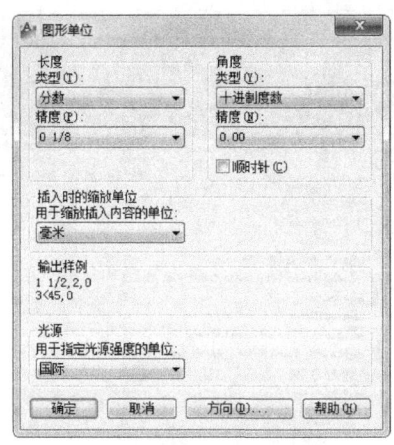

图 1-2C　"图形单位"对话框

步骤5 执行"文件"→"另存为"菜单命令，打开"图形另存为"对话框，在"文件类型"下拉列表中选择"AutoCAD 图形样板（*.dwt）"列表项，在"文件名"文本框中输入文件名"KSCAD1-2"，然后设置正确的保存路径，单击"保存"按钮，将文件保存在考生文件夹中，如图 1-2D 所示。

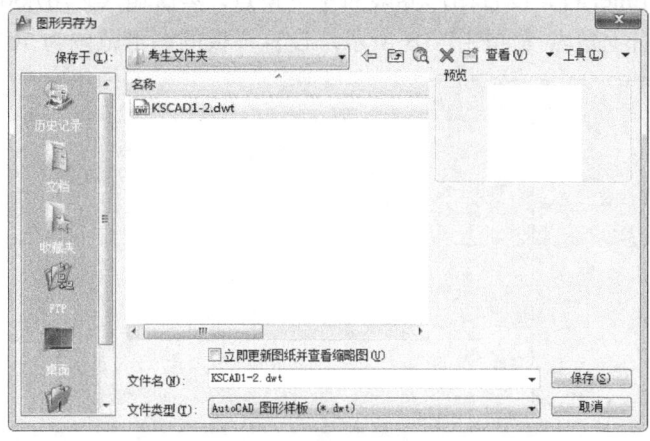

图 1-2D　"图形另存为"对话框

1.3　第 3 题（机械类）解答

步骤 1　执行"开始"→"所有程序"→"Autodesk"→"AutoCAD 2012-Simplified Chinese"→"AutoCAD 2012-Simplified Chinese"菜单命令，打开 AutoCAD 2012 软件。

步骤 2　单击 AutoCAD 2012 操作界面快捷菜单工具栏中的"新建"按钮（或执行"文件"→"新建"菜单命令），打开"选择样板"对话框，选择 acadiso.dwt 模板文件，再单击"打开"按钮，新建图形文件，如图 1-3A 所示。

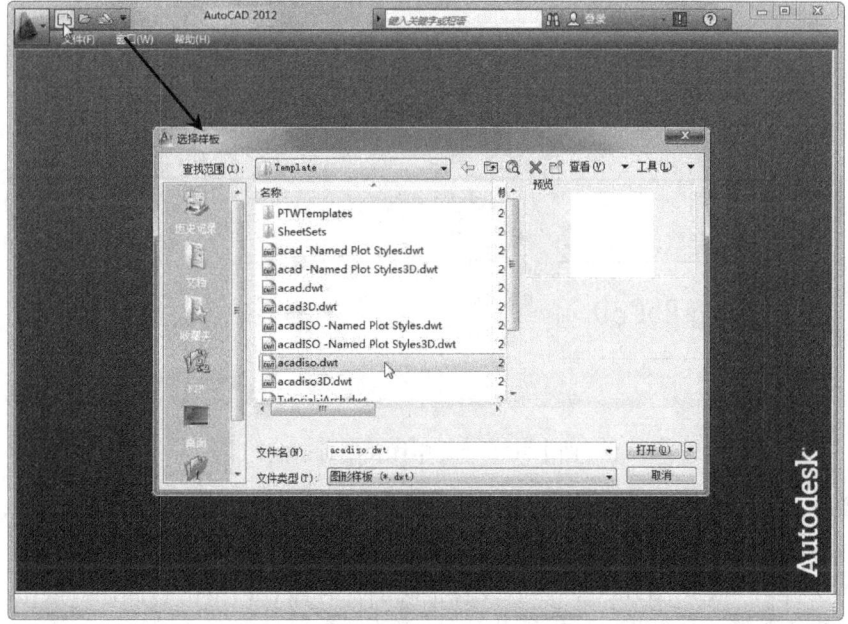

图 1-3A　新建空白图形文件操作

步骤 3 执行"格式"→"图形界限"菜单命令(或在命令行执行 limits 命令),在输入(0,0)后按 Enter 键,设置图形界限的左下角点,然后输入(707,500),按 Enter 键,设置图形界限的右上角点,如图 1-3B 所示,设置模板的图形范围为 707×500。

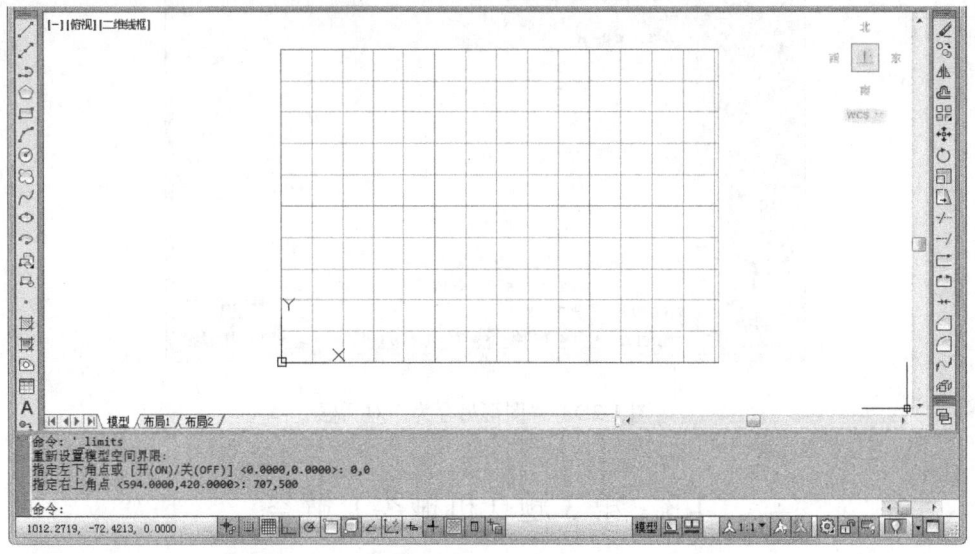

图 1-3B 设置模板的图形范围操作和设置效果

步骤 4 执行"格式"→"文字样式"菜单命令,打开"文字样式"对话框,在"字体"栏的"字体名"下拉列表中选择"仿宋_GB2312"项,在"效果"的"宽度因子"中输入 0.9,如图 1-3C 所示,为模板设置文字样式。

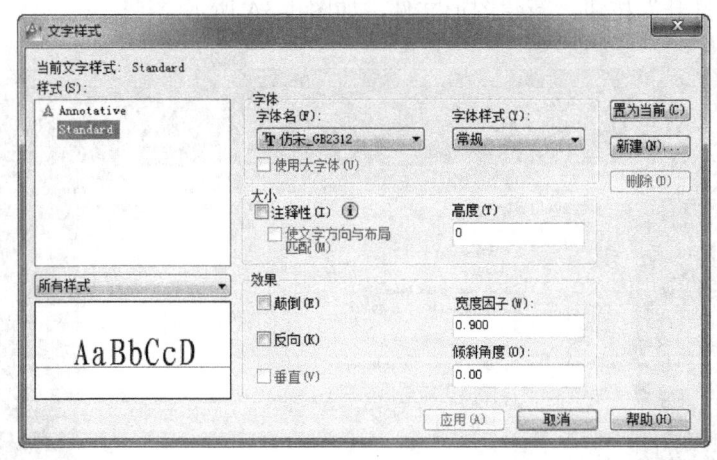

图 1-3C "文字样式"对话框

步骤 5 执行"文件"→"另存为"菜单命令,打开"图形另存为"对话框,在"文件类型"下拉列表中选择"AutoCAD 图形样板(*.dwt)"列表项,再在"文件名"文本框中输入文件名"KSCAD1-3",然后设置正确的保存路径,单击"保存"按钮,将文件保存在考生文件夹中,如图 1-3D 所示。

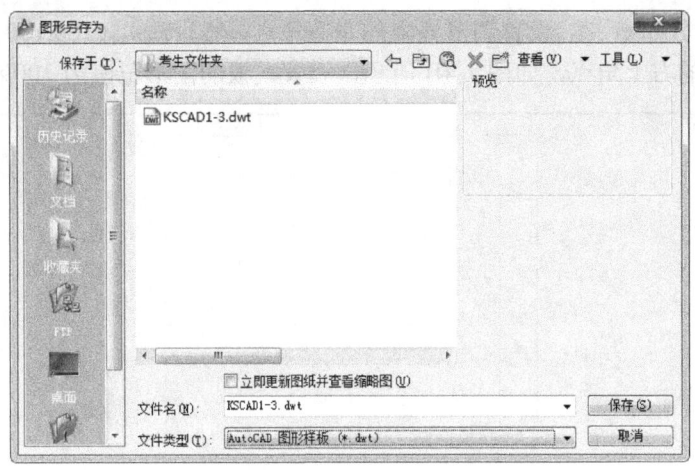

图 1-3D "图形另存为"对话框

1.4 第 4 题（机械类）解答

步骤 1 执行"开始"→"所有程序"→"Autodesk"→"AutoCAD 2012-Simplified Chinese"→"AutoCAD 2012-Simplified Chinese"菜单命令，打开 AutoCAD 2012 软件。

步骤 2 单击 AutoCAD 2012 操作界面快捷菜单工具栏中的"新建"按钮（或执行"文件"→"新建"菜单命令），打开"选择样板"对话框，选择 acadiso.dwt 模板文件，再单击"打开"按钮，新建图形文件，如图 1-4A 所示。

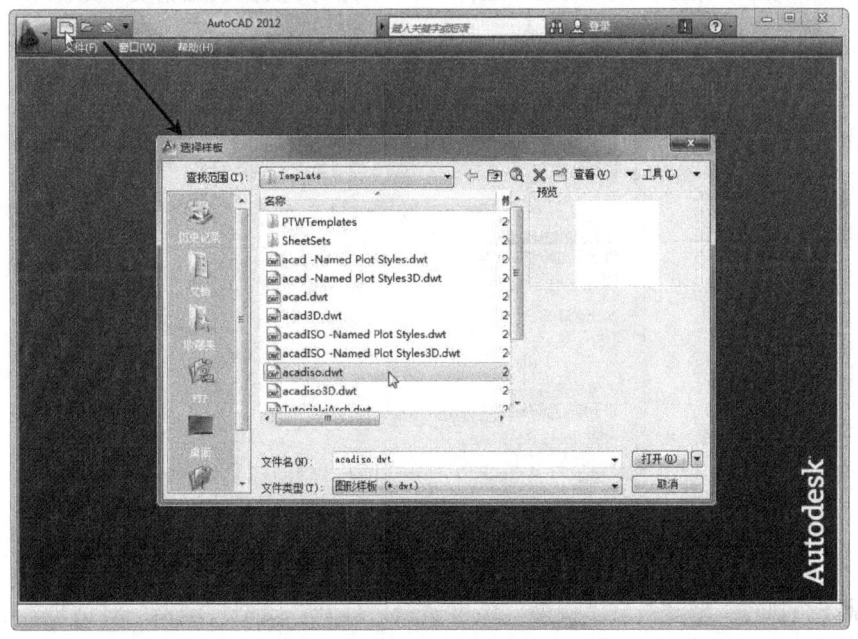

图 1-4A 新建空白图形文件操作

步骤 3 执行"格式"→"图形界限"菜单命令（或在命令行执行 limits 命令），在输入（0,0）后按 Enter 键，设置图形界限的左下角点，然后输入（100,100），按 Enter 键，设置图形界限的右上角点，如图 1-4B 所示，设置模板的图形范围为 100×100。

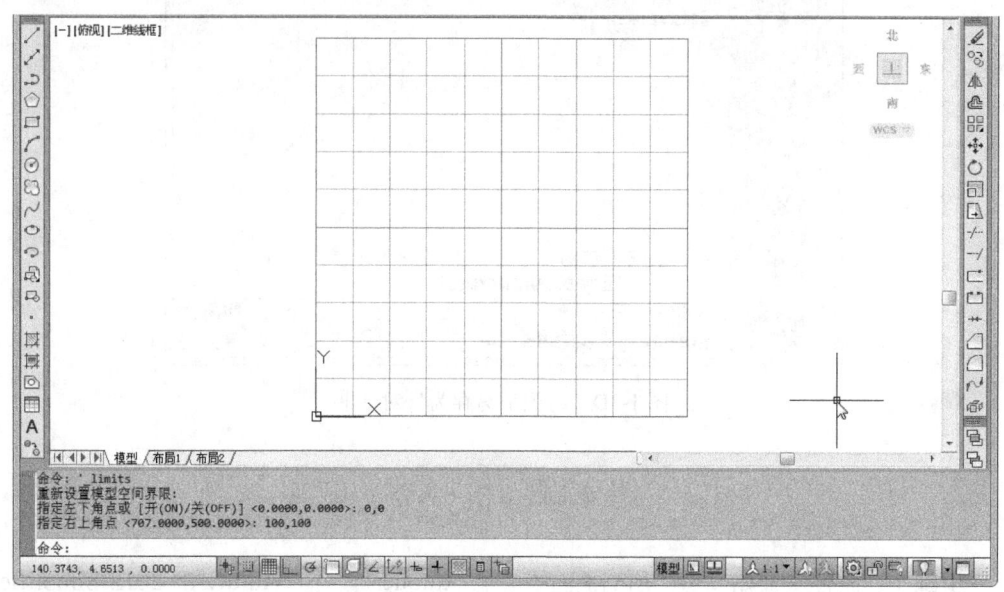

图 1-4B 设置模板的图形范围操作和设置效果

步骤 4 执行"格式"→"单位"菜单命令，打开"图形单位"对话框，在"长度"栏的"类型"下拉列表中选择"小数"项，在"角度"栏的"类型"下拉列表中选择"十进制度数"，在其"精度"下拉列表中选择"0.0"项，为模板设置精度，如图 1-4C 所示。

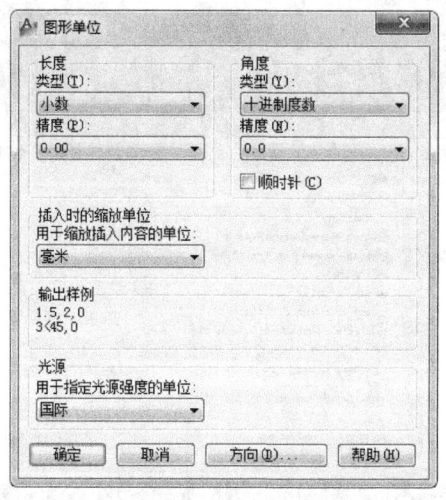

图 1-4C "图形单位"对话框

步骤 5 执行"格式"→"线型"菜单命令，打开"线型管理器"对话框，单击"加载"按钮，打开"加载或重载线型"对话框，按住 Ctrl 键，选择"可用线型"列表中的 CENTER 和 DASHED 线型，单击"确定"按钮，加载这两个线型，如图 1-4D 所示。

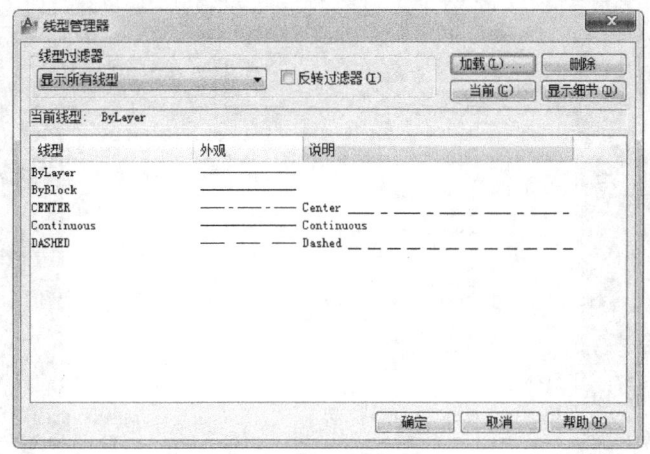

图 1-4D "线型管理器"对话框

步骤 6 执行"文件"→"另存为"菜单命令，打开"图形另存为"对话框，在"文件类型"下拉列表中选择"AutoCAD 图形样板（*.dwt）"列表项，再在"文件名"文本框中输入文件名"KSCAD1-4"，然后设置正确的保存路径，单击"保存"按钮，将文件保存在考生文件夹中，如图 1-4E 所示。

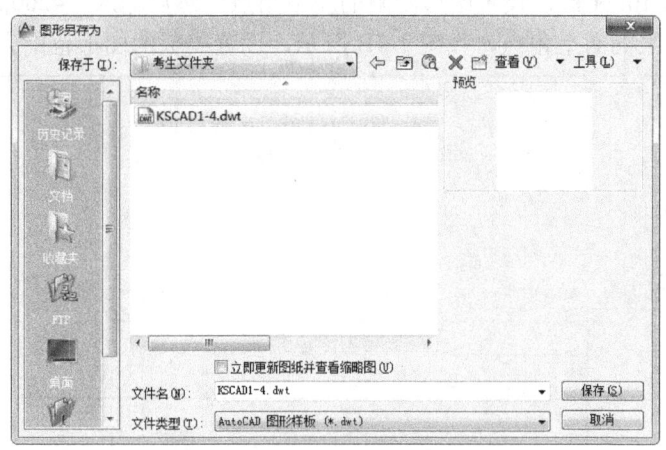

图 1-4E "图形另存为"对话框

1.5 第 5 题（机械类）解答

步骤 1 执行"开始"→"所有程序"→"Autodesk"→"AutoCAD 2012-Simplified Chinese"→"AutoCAD 2012-Simplified Chinese"菜单命令，打开 AutoCAD 2012 软件。

步骤 2 单击 AutoCAD 2012 操作界面快捷菜单工具栏中的"新建"按钮（或执行"文件"→"新建"菜单命令），打开"选择样板"对话框，选择 acadiso.dwt 模板文件，再单击"打开"按钮，新建图形文件，如图 1-5A 所示。

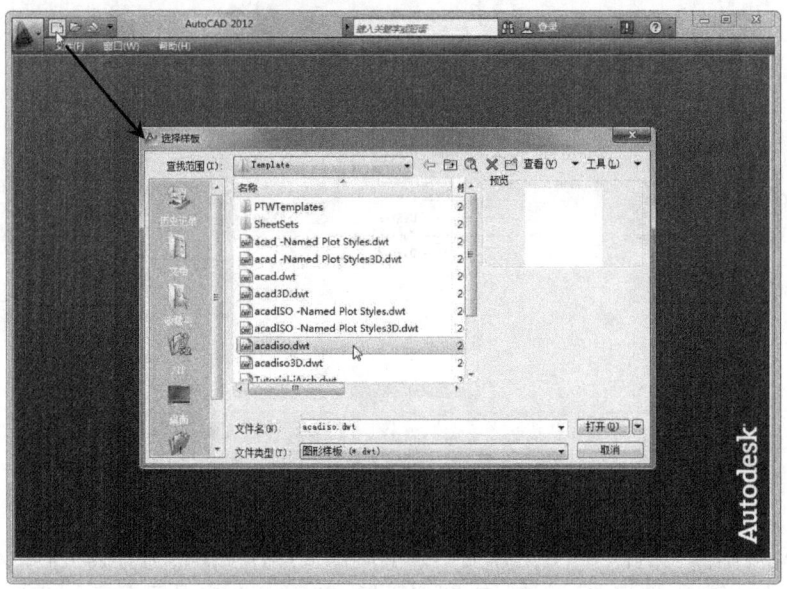

图 1-5A 新建空白图形文件操作

步骤 3 执行"格式"→"图形界限"菜单命令（或在命令行执行 limits 命令），在输入（0,0）后按 Enter 键，设置图形界限的左下角点，然后输入（4200,2970），按 Enter 键，设置图形界限的右上角点，如图 1-5B 所示，设置模板的图形范围为 4200×2970。

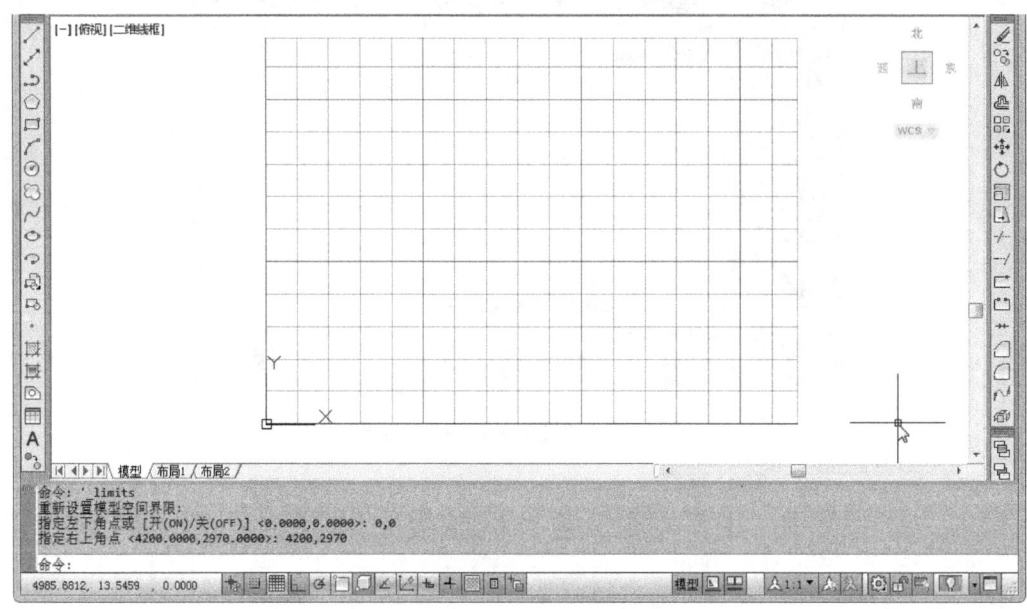

图 1-5B 设置模板的图形范围操作和设置效果

步骤 4 执行"绘图"→"圆弧"→"起点、端点、半径"菜单命令，在绘图区域内单击一点作为起点，然后单击另外一点作为端点，输入半径 1200，按 Enter 键绘制出圆弧，如图 1-5C 所示。

图 1-5C 绘制圆弧

步骤 5 执行"文件"→"保存"菜单命令，打开"图形另存为"对话框，在"文件类型"下拉列表中选择"AutoCAD 2010 图形（*.dwg）"列表项，在"文件名"文本框中输入文件名"KSCAD1-5"，然后设置正确的保存路径，单击"保存"按钮，将文件保存在考生文件夹中，如图 1-5D 所示。

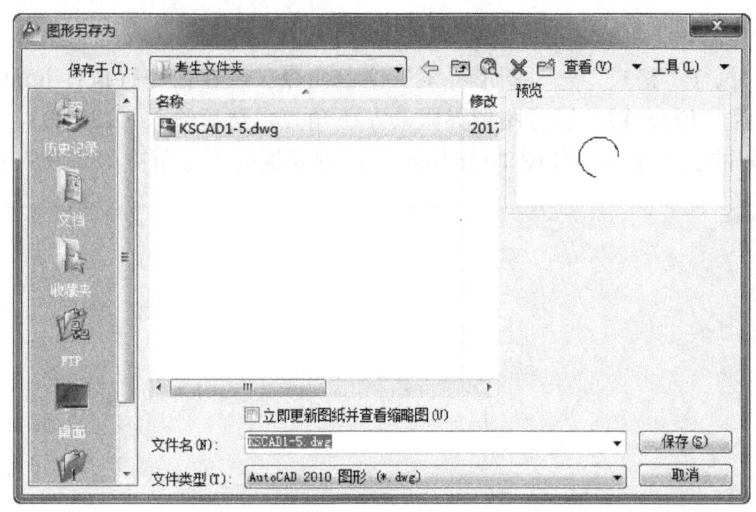

图 1-5D "图形另存为"对话框

1.6 第 6 题（机械类）解答

步骤 1 执行"开始"→"所有程序"→"Autodesk"→"AutoCAD 2012-Simplified Chinese"→"AutoCAD 2012-Simplified Chinese"菜单命令，打开 AutoCAD 2012 软件。

步骤 2 单击 AutoCAD 2012 操作界面快捷菜单工具栏中的"新建"按钮 （或执行"文件"→"新建"菜单命令），打开"选择样板"对话框，选择 acadiso.dwt 模板文件，再单击"打开"按钮，新建图形文件，如图 1-6A 所示。

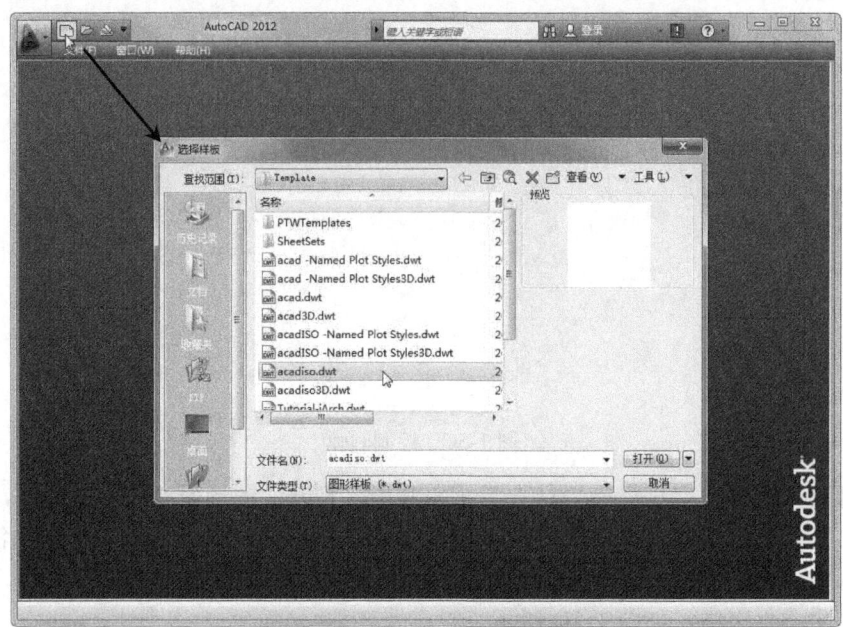

图 1-6A　新建空白图形文件操作

步骤 3　执行"格式"→"图形界限"菜单命令（或在命令行执行 limits 命令），在输入（0,0）后按 Enter 键，设置图形界限的左下角点，然后输入（120,90），按 Enter 键，设置图形界限的右上角点，如图 1-6B 所示，设置模板的图形范围为 120×90。

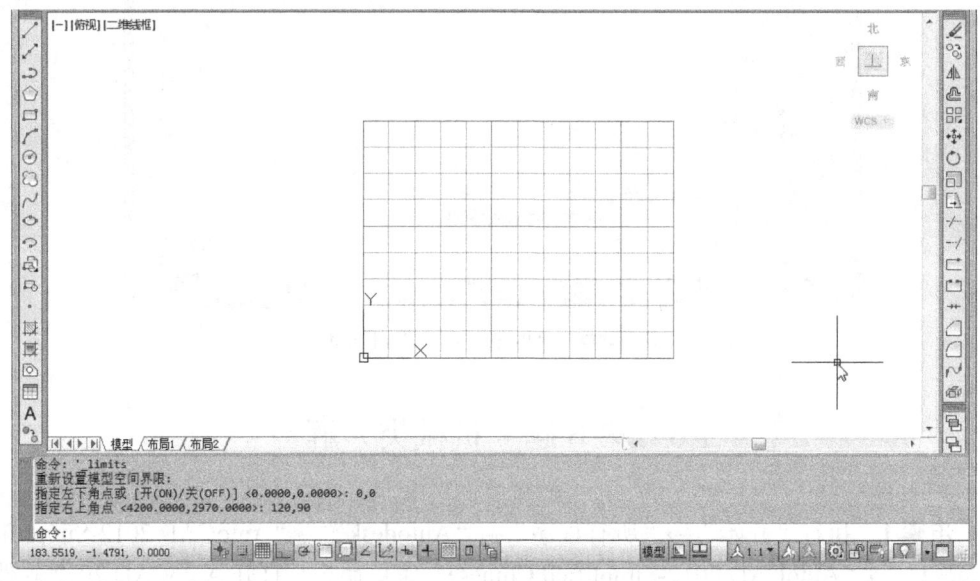

图 1-6B　设置模板的图形范围操作和设置效果

步骤 4　执行"格式"→"图层"菜单命令，打开"图层特性管理器"，如图 1-6C 所示，在"颜色"栏单击图层的颜色方块，打开"选择颜色"对话框，如图 1-6D 所示，在"索引颜色"选项卡中选择红色，设置"0"图层颜色为红色。

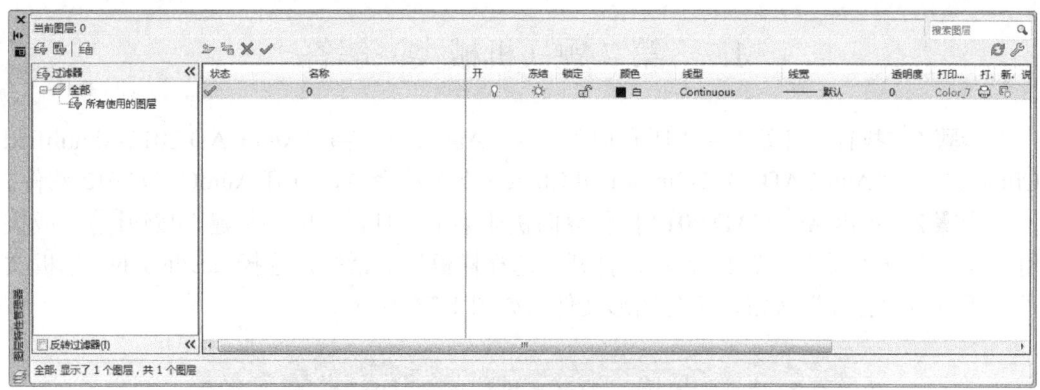

图 1-6C 图层特性管理器

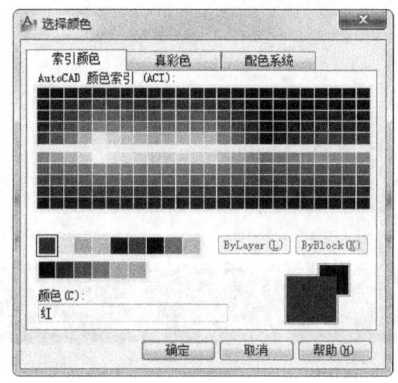

图 1-6D "选择颜色"对话框

步骤 5 执行"文件"→"另存为"菜单命令,打开"图形另存为"对话框,在"文件类型"下拉列表中选择"AutoCAD 图形样板(*.dwt)"列表项,再在"文件名"文本框中输入文件名"KSCAD1-6",然后设置正确的保存路径,单击"保存"按钮,将文件保存在考生文件夹中,如图 1-6E 所示。

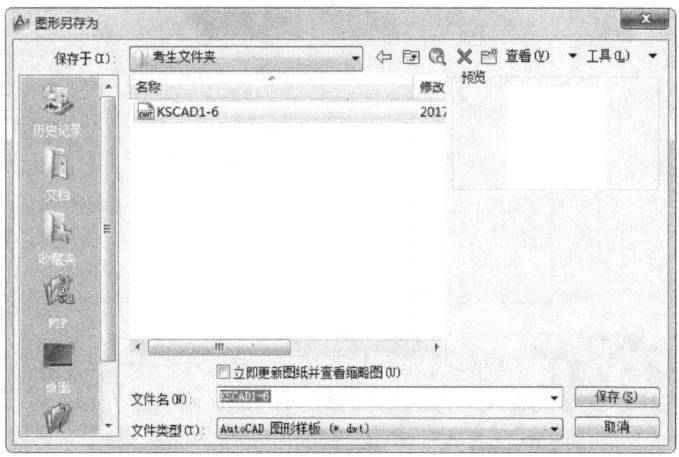

图 1-6E "图形另存为"对话框

1.7 第 7 题（机械类）解答

步骤 1 执行"开始"→"所有程序"→"Autodesk"→"AutoCAD 2012-Simplified Chinese"→"AutoCAD 2012-Simplified Chinese"菜单命令，打开 AutoCAD 2012 软件。

步骤 2 单击 AutoCAD 2012 操作界面快捷菜单工具栏中的"新建"按钮（或执行"文件"→"新建"菜单命令），打开"选择样板"对话框，选择 acadiso.dwt 模板文件，再单击"打开"按钮，新建图形文件，如图 1-7A 所示。

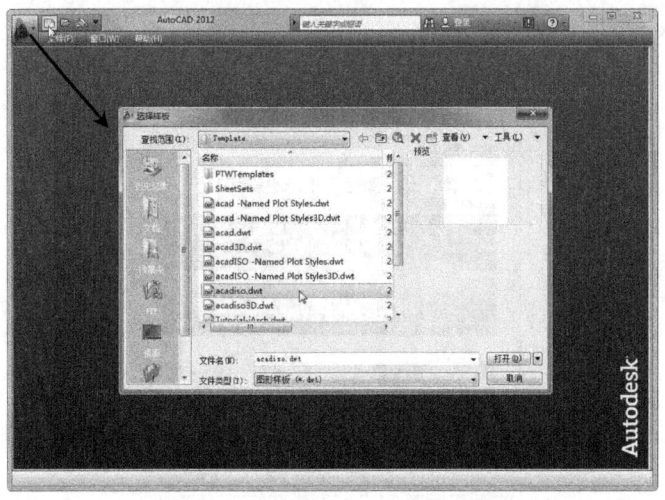

图 1-7A 新建空白图形文件操作

步骤 3 执行"格式"→"图形界限"菜单命令（或在命令行执行 limits 命令），在输入（0,0）后按 Enter 键，设置图形界限的左下角点，然后输入（250,176），按 Enter 键，设置图形界限的右上角点，如图 1-7B 所示，设置模板的图形范围为 250×176。

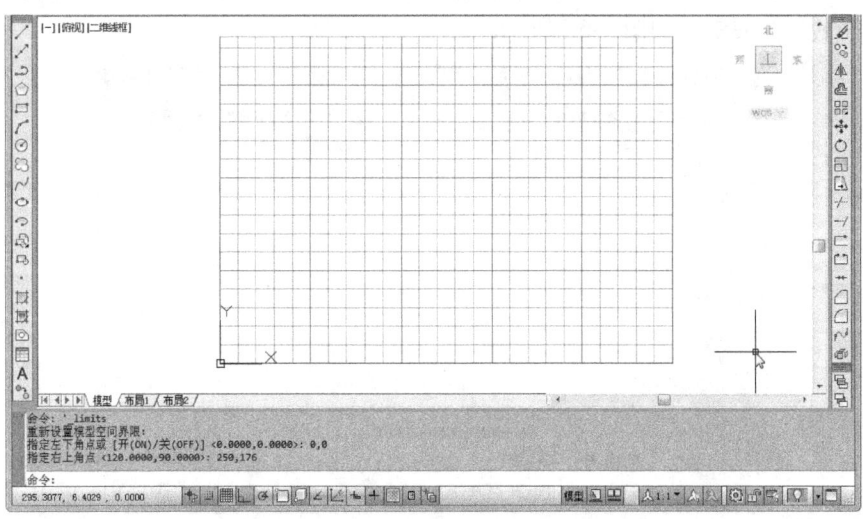

图 1-7B 设置模板的图形范围操作和设置效果

步骤 4 执行"格式"→"点样式"菜单命令,打开"点样式"对话框,设置点样式为⊠,在"点大小"栏输入"10",设置点大小为 10%,如图 1-7C 所示。

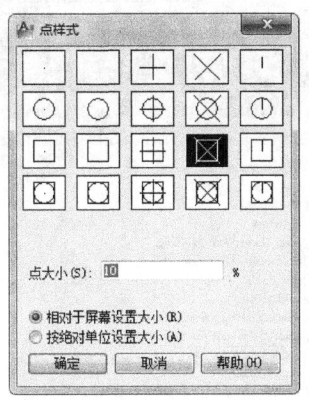

图 1-7C "点样式"对话框

步骤 5 执行"文件"→"另存为"菜单命令,打开"图形另存为"对话框,在"文件类型"下拉列表中选择"AutoCAD 图形样板(*.dwt)"列表项,再在"文件名"文本框中输入文件名"KSCAD1-7",然后设置正确的保存路径,单击"保存"按钮,将文件保存在考生文件夹中,如图 1-7D 所示。

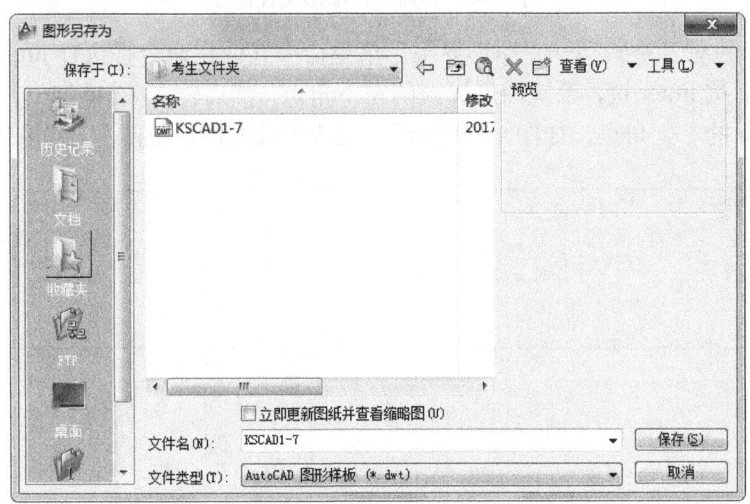

图 1-7D "图形另存为"对话框

1.8 第 8 题(机械类)解答

步骤 1 执行"开始"→"所有程序"→"Autodesk"→"AutoCAD 2012-Simplified Chinese"→"AutoCAD 2012-Simplified Chinese"菜单命令,打开 AutoCAD 2012 软件。

步骤 2 单击 AutoCAD 2012 操作界面快捷菜单工具栏中的"新建"按钮(或执

行"文件"→"新建"菜单命令),打开"选择样板"对话框,选择 acadiso.dwt 模板文件,再单击"打开"按钮,新建图形文件,如图 1-8A 所示。

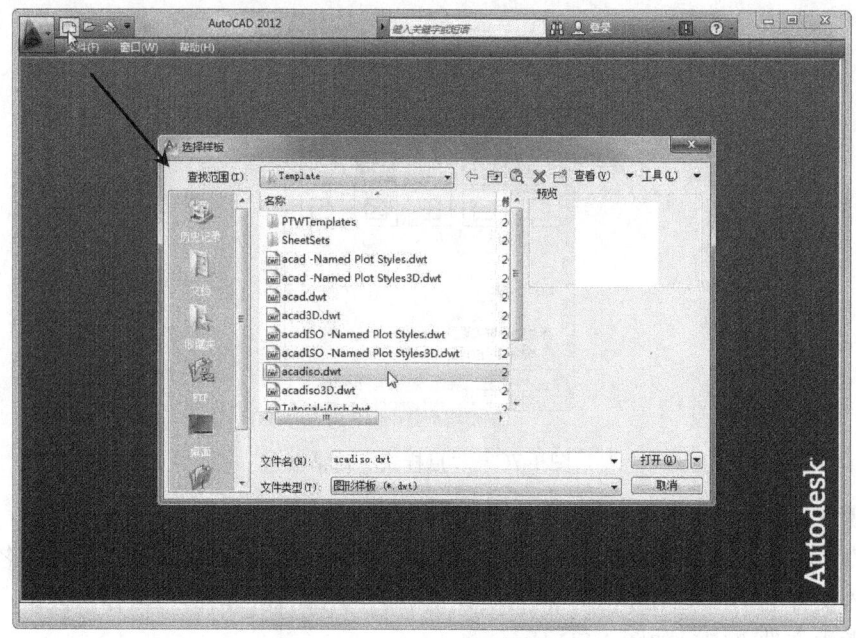

图 1-8A 新建空白图形文件操作

步骤 3 执行"格式"→"图形界限"菜单命令(或在命令行执行 limits 命令),在输入(0,0)后按 Enter 键,设置图形界限的左下角点,然后输入(240,240),按 Enter 键,设置图形界限的右上角点,如图 1-8B 所示,设置模板的图形范围为 240×240。

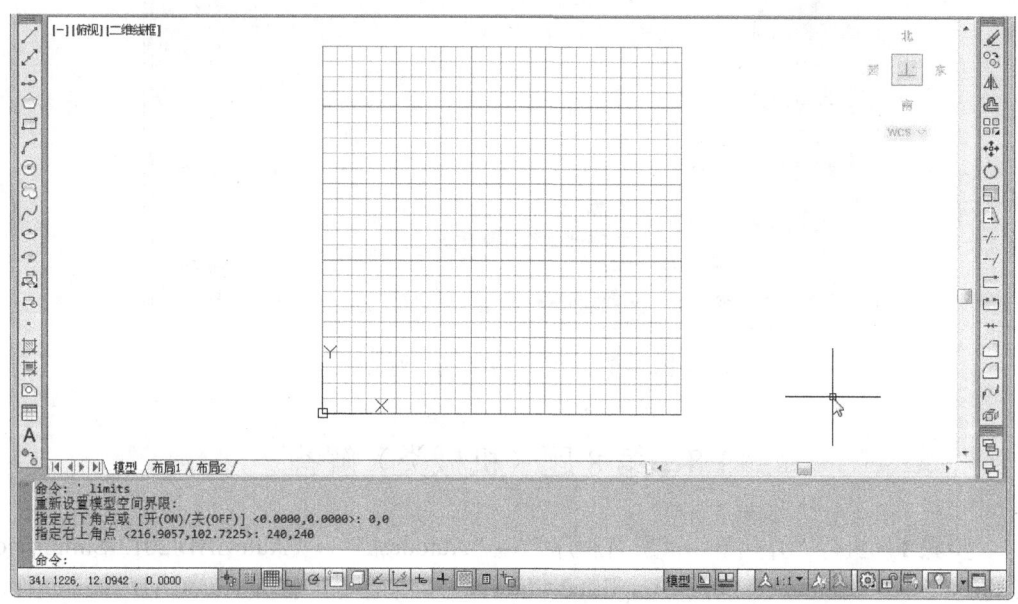

图 1-8B 设置模板的图形范围操作和设置效果

步骤 4 执行"格式"→"单位"菜单命令,打开"图形单位"对话框,在"长度"栏的"类型"下拉列表中选择"小数"项,在其"精度"下拉列表中选择"0.00"项;然后在"角度"栏的"类型"下拉列表中选择"十进制度数"项,同样在其"精度"下拉列表中选择"0.00"项,如图 1-8C 所示,为模板设置精度。

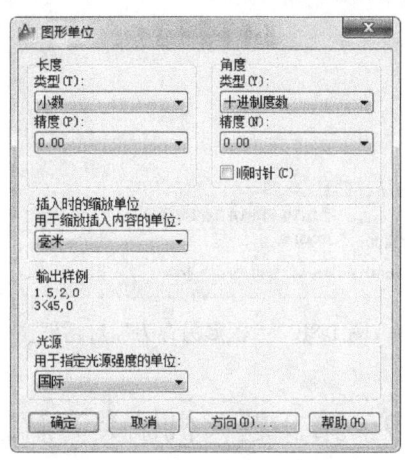

图 1-8C "图形单位"对话框

步骤 5 执行"绘图"→"多段线"菜单命令(或执行 PL 命令),在绘图区域内单击一点确定起点,输入 W 命令,按 Enter 键,输入 10(设置起点线宽),按 Enter 键,再输入 10(确定终点线宽),按 Enter 键;向右平移鼠标,输入 50,再向下平移鼠标,输入 80,再向左平移鼠标,输入 50,最后输入 C,按 Enter 键,闭合多段线,如图 1-8D 所示。

步骤 6 执行"修改"→"圆角"菜单命令(或执行 FILLET 命令),输入 R,按 Enter 键,再输入 5,按 Enter 键,设置圆角半径,最后输入 P,执行多段线圆角操作,按 Enter 键,单击绘制的多段线矩形,完成圆角操作,效果如图 1-8E 所示。

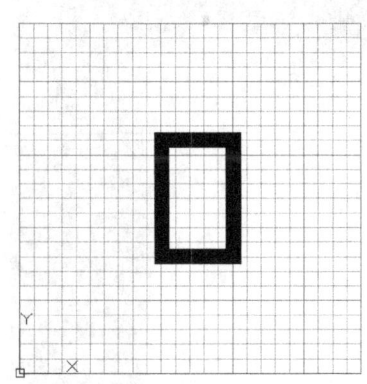

图 1-8D 绘制矩形的效果

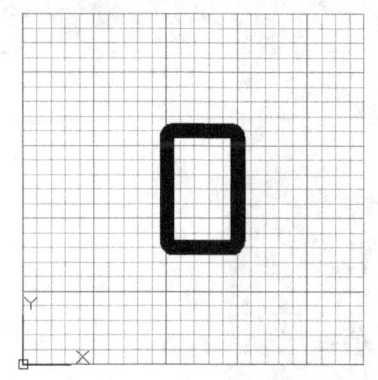

图 1-8E 矩形圆角后的效果

步骤 7 执行"文件"→"另存为"菜单命令,打开"图形另存为"对话框,在"文件类型"下拉列表中选择"AutoCAD 2010 图形(*.dwg)"列表项,再在"文件名"文本框中输入文件名"KSCAD1-8",然后设置正确的保存路径,单击"保存"按钮,将文件保存在考生文件夹中,如图 1-8F 所示。

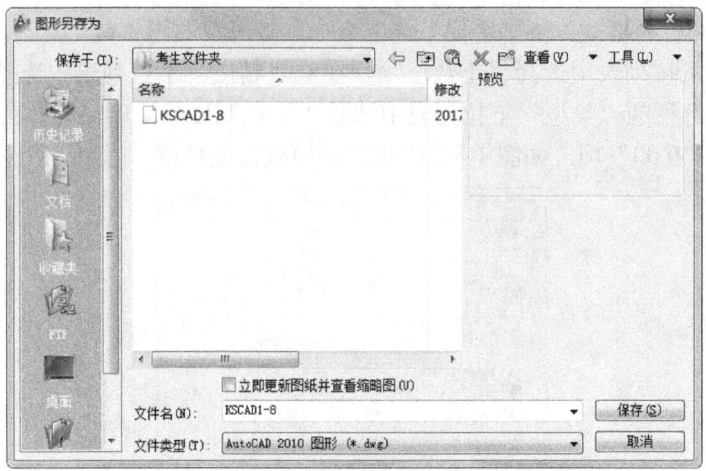

图 1-8F　"图形另存为"对话框

1.9　第 9 题（机械类）解答

步骤 1　执行"开始"→"所有程序"→"Autodesk"→"AutoCAD 2012-Simplified Chinese"→"AutoCAD 2012-Simplified Chinese"菜单命令，打开 AutoCAD 2012 软件。

步骤 2　单击 AutoCAD 2012 操作界面快捷菜单工具栏中的"新建"按钮 （或执行"文件"→"新建"菜单命令），打开"选择样板"对话框，选择 acadiso.dwt 模板文件，再单击"打开"按钮，新建图形文件，如图 1-9A 所示。

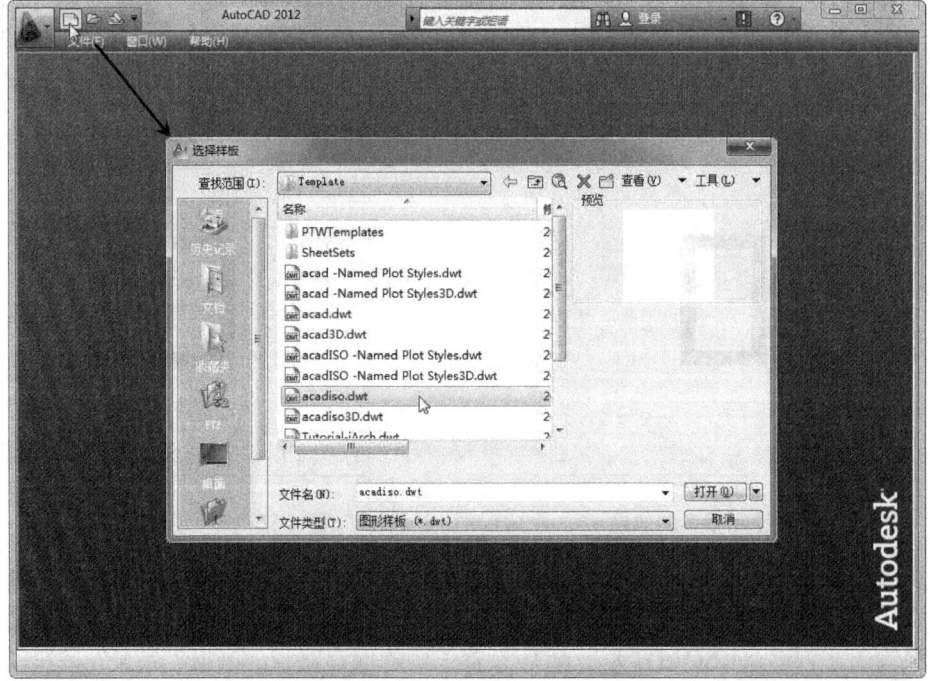

图 1-9A　新建空白图形文件操作

步骤3 执行"格式"→"图形界限"菜单命令（或在命令行执行 limits 命令），在输入（0,0）后按 Enter 键，设置图形界限的左下角点，然后输入（148,210），按 Enter 键，设置图形界限的右上角点，如图 1-9B 所示，设置模板的图形范围为 148×210。

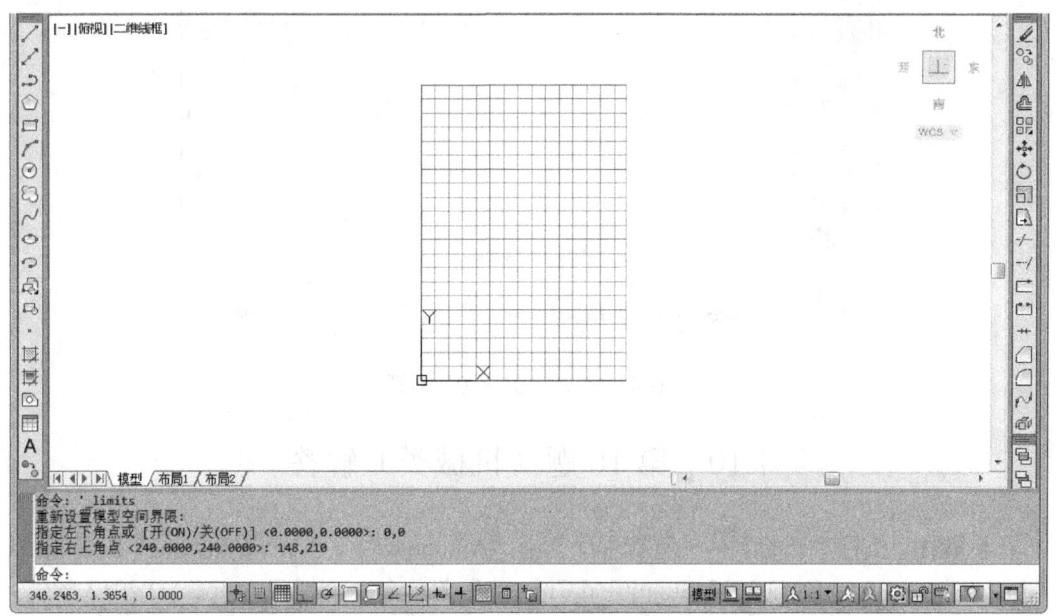

图 1-9B　设置模板的图形范围操作和设置效果

步骤4 执行"格式"→"线宽"菜单命令，打开"线宽设置"对话框，在"线宽"栏选择"默认"项，再在"默认"下拉列表中选择"0.30mm"项，将默认线宽设置为 0.3mm，单击"确定"按钮，保存设置，如图 1-9C 所示。

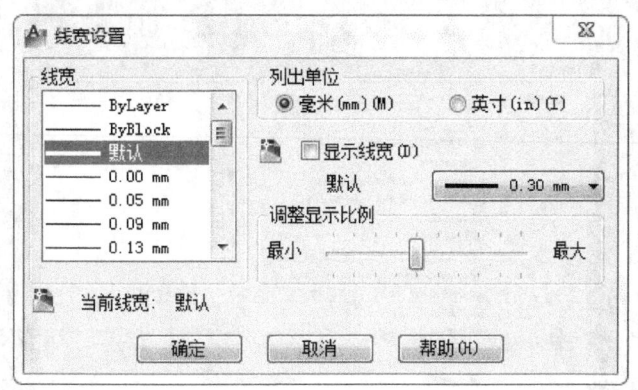

图 1-9C　"线宽设置"对话框

步骤5 执行"文件"→"另存为"菜单命令，打开"图形另存为"对话框，在"文件类型"下拉列表中选择"AutoCAD 图形样板（*.dwt）"列表项，再在"文件名"文本框中输入文件名"KSCAD1-9"，然后设置正确的保存路径，单击"保存"按钮，将文件保存在考生文件夹中，如图 1-9D 所示。

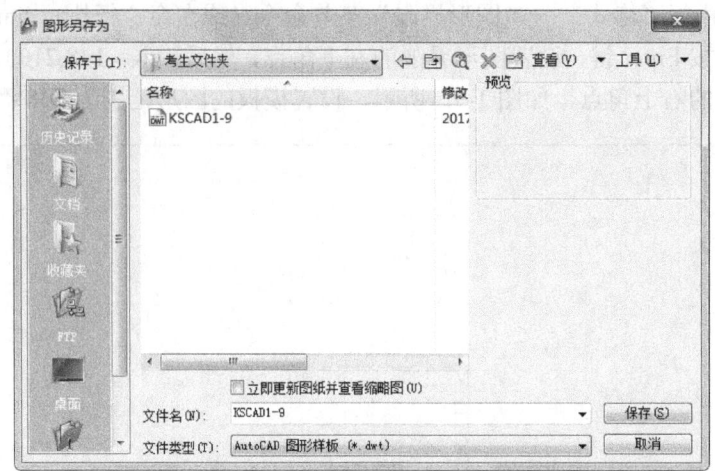

图 1-9D　"图形另存为"对话框

1.10　第 10 题（机械类）解答

步骤 1　执行"开始"→"所有程序"→"Autodesk"→"AutoCAD 2012-Simplified Chinese"→"AutoCAD 2012-Simplified Chinese"菜单命令，打开 AutoCAD 2012 软件。

步骤 2　单击 AutoCAD 2012 操作界面快捷菜单工具栏中的"新建"按钮 （或执行"文件"→"新建"菜单命令），打开"选择样板"对话框，选择 acadiso.dwt 模板文件，再单击"打开"按钮，新建图形文件，如图 1-10A 所示。

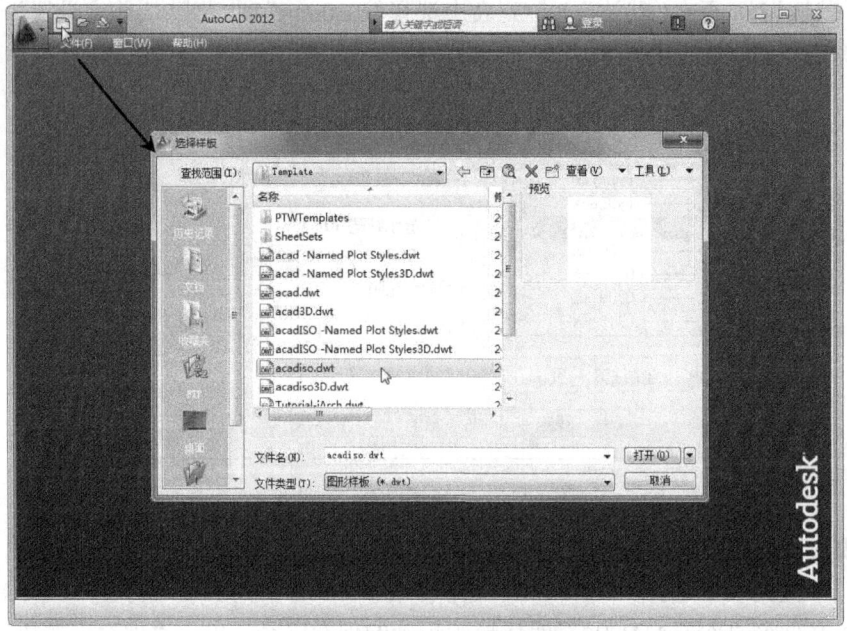

图 1-10A　新建空白图形文件操作

步骤 3 执行"格式"→"图形界限"菜单命令(或在命令行执行 limits 命令),在输入(0,0)后按 Enter 键,设置图形界限的左下角点,然后输入(420,297),按 Enter 键,设置图形界限的右上角点,如图 1-10B 所示,设置模板的图形范围为 420×297。

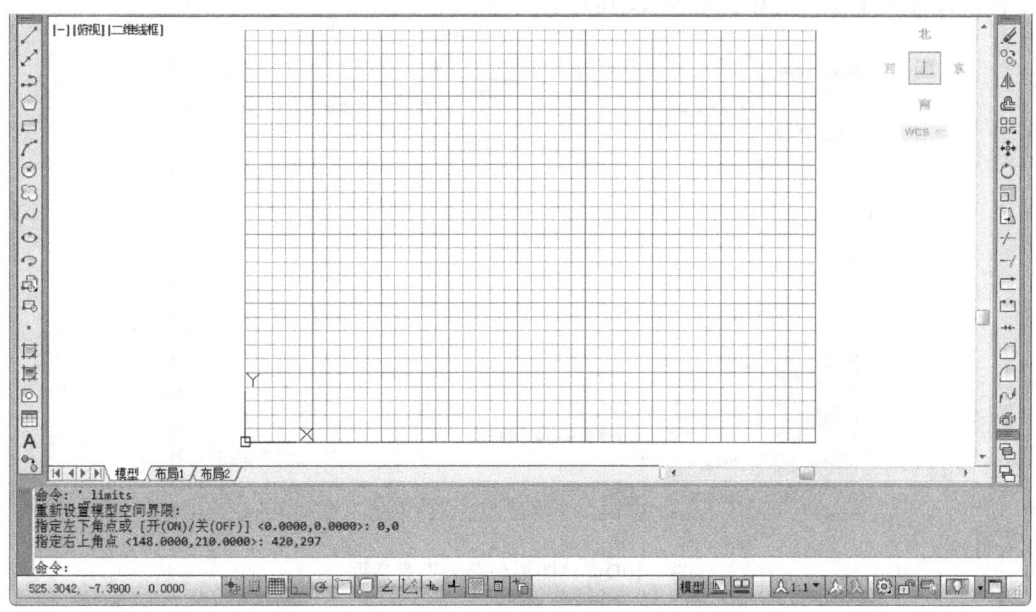

图 1-10B　设置模板的图形范围操作和设置效果

步骤 4 执行"绘图"→"椭圆"→"圆心"菜单命令(或在命令行执行 EL 命令),首先在命令行中输入 C 后按 Enter 键,然后在绘图界限内(大概中心点位置处)单击一点确定椭圆圆心的位置,然后向右平移鼠标,输入 60,按 Enter 键,再向上移动鼠标,输入 30,分别确定椭圆长轴和短轴的长度,按 Enter 键,绘制椭圆,完成后的图形如图 1-10C 所示。

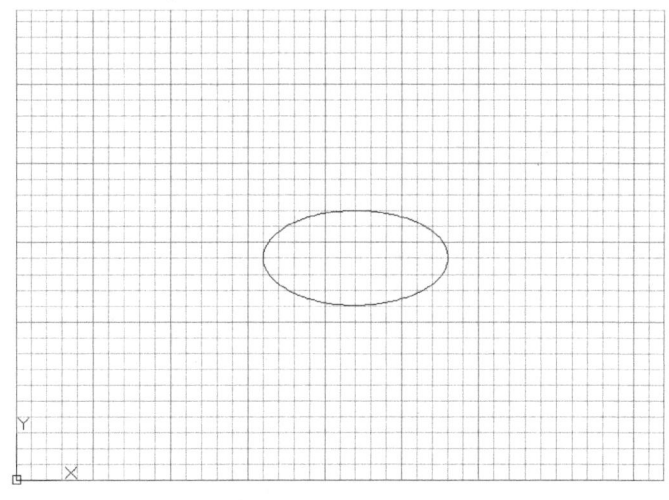

图 1-10C　椭圆绘制的效果

步骤 5 执行"文件"→"另存为"菜单命令,打开"图形另存为"对话框,在"文件类型"下拉列表中选择"AutoCAD 2010 图形(*.dwg)"列表项,再在"文件名"文本框中输入文件名"KSCAD1-10",然后设置正确的保存路径,单击"保存"按钮,将文件保存在考生文件夹中,如图 1-10D 所示。

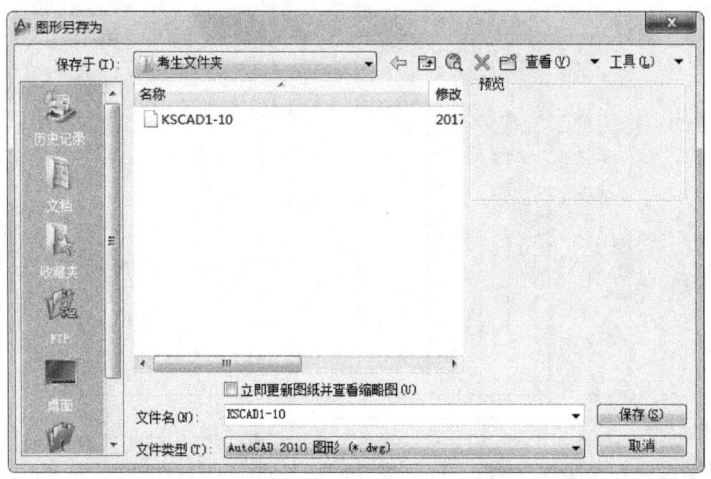

图 1-10D "图形另存为"对话框

第 2 单元　简单绘图

2.1　第 1 题（机械类）解答

步骤 1　建立新文件，执行"格式"→"图形界限"菜单命令（或执行 limits 命令），在命令行输入（0,0），按 Enter 键，再输入（100,200），按 Enter 键，设置模板的图形范围为 100×200，如图 2-1A 所示。

步骤 2　执行"绘图"→"矩形"菜单命令（或执行 REC 命令），在绘图界限内先单击一点确定左下角点，然后输入"50,9"，按 Enter 键，确定右上角点，绘制一个长为 50、宽为 9 的矩形；执行"绘图"→"圆"→"圆心、直径"菜单命令（或执行 C 命令），捕捉矩形下部边线中点为圆心点，绘制两个同圆心的圆，直径分别为 15 和 30，如图 2-1B 所示。

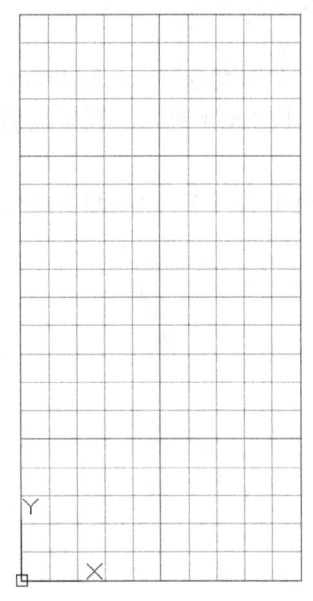
图 2-1A　绘图区域的设置效果

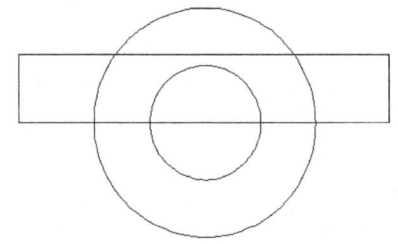
图 2-1B　绘制矩形和 2 个圆效果

步骤 3　执行"修改"→"移动"菜单命令（或执行 M 命令），选中绘制的矩形，通过捕捉同心圆的圆心，然后向下移动的方式，将所绘制的矩形移动到距圆心下方 45 处，如图 2-1C 所示。

步骤 4　执行"绘图"→"直线"菜单命令（或执行 L 命令），捕捉矩形的两侧上部边角，绘制两条与大圆相切的直线，完成图形的绘制，如图 2-1D 所示。

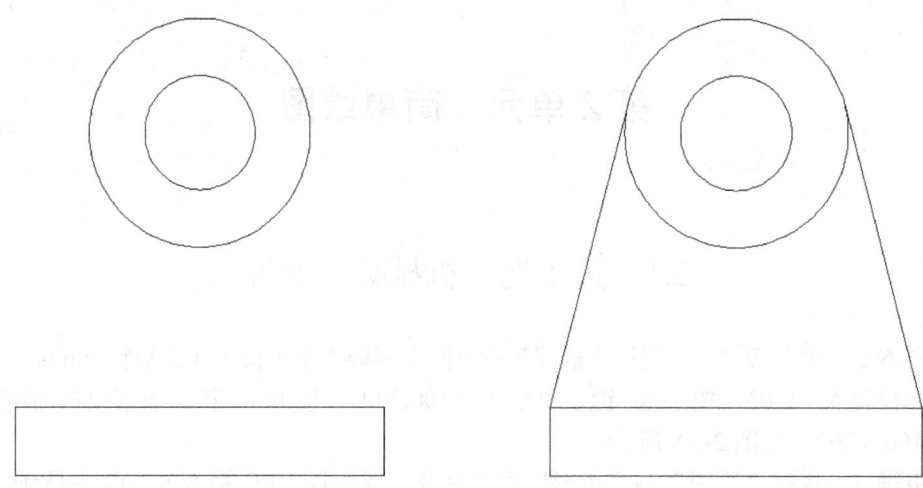

图 2-1C 移动矩形效果   图 2-1D 绘制相切线效果

步骤 5 完成后将图形存入考生文件夹，并命名为 KSCAD2-1.dwg。

2.2 第 2 题（机械类）解答

步骤 1 建立新文件，执行"格式"→"图形界限"菜单命令（或执行 limits 命令），在命令行输入（0,0），按 Enter 键，再输入（560,400），按 Enter 键，设置模板的图形范围为 560×400，如图 2-2A 所示。

步骤 2 执行"绘图"→"直线"菜单命令（或执行 L 命令），绘制两条成任意角度且顶点相连的线，如图 2-2B 所示。

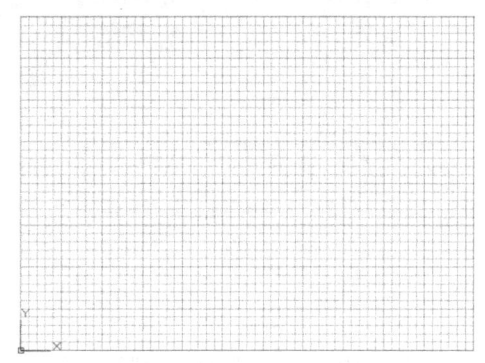 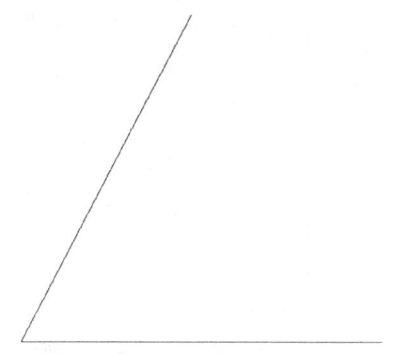

图 2-2A 绘图区域的设置效果   图 2-2B 绘制两条相交的直线

步骤 3 执行"绘图"→"构造线"菜单命令（或执行 XL 命令），输入 B 后按 Enter 键，然后先选择"步骤 2"所绘图形的顶点，再分别选中两个端点，绘制一条角平分构造线；然后使用相同操作，绘制另外两条角平分线，如图 2-2C 所示。

步骤 4 以线的交点为端点，绘制一个小于"步骤 1"直线长度的圆，执行"修改"→"修剪"菜单命令（或执行 TR 命令），通过选中所有图形，然后单击修剪的方式，对图形进行修剪，完成图形的绘制，如图 2-2D 所示。

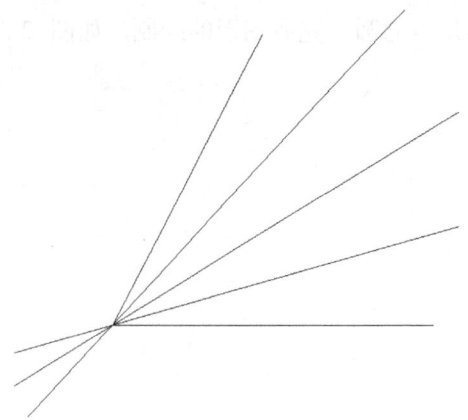
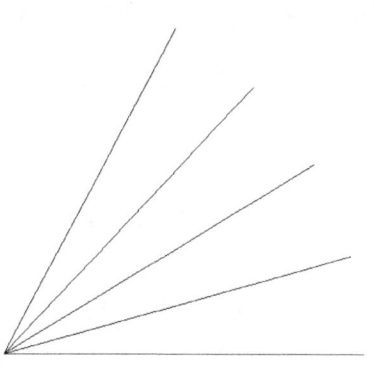

图 2-2C　绘制角平分线效果　　　　　　　图 2-2D　图形修剪效果

步骤 5　完成后将图形存入考生文件夹，并命名为 KSCAD2-2.dwg。

2.3　第 3 题（机械类）解答

步骤 1　建立新文件，执行"格式"→"图形界限"菜单命令（或执行 limits 命令），在命令行输入（0,0），按 Enter 键，再输入（1000,707），按 Enter 键，设置模板的图形范围为 1000×707，如图 2-3A 所示。

步骤 2　执行"绘图"→"圆"→"圆心、直径"菜单命令（或执行 C 命令），绘制一个直径为 198 的圆；执行"绘图"→"多边形"菜单命令（或执行 PLO 命令），以圆心点为中心点，绘制一个三角形；再次执行"绘图"→"多边形"菜单命令（或执行 PLO 命令），以圆心点为中心点，绘制一个六边形，如图 2-3B 所示。在绘制过程中，调整正确多边形的方向。

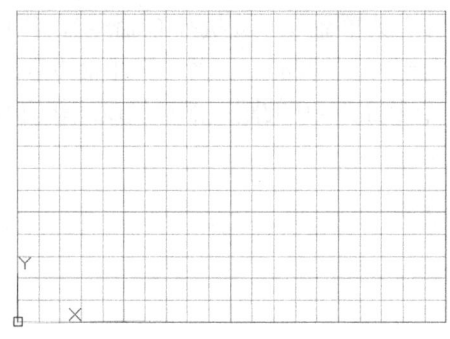
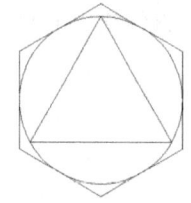

图 2-3A　绘图区域的设置效果　　　　　　图 2-3B　绘制三角形、圆和六边形效果

步骤 3　执行"绘图"→"多边形"菜单命令（或执行 PLO 命令），设置好边数后，输入 E 后按 Enter 键，然后选择"步骤 2"绘制的正六边形一边的两个端点，绘制正五边形，如图 2-3C 所示。

步骤 4　执行"修改"→"阵列"→"环形阵列"菜单命令（或执行 AR 命令），选择"步骤 3"绘制的五边形，然后输入阵列个数为 6 个，再输入阵列总角度为 360 度，执行阵列操作；最后绘制一个外接所有五边形顶点的圆，完成图形的绘制，如图 2-3D 所示。

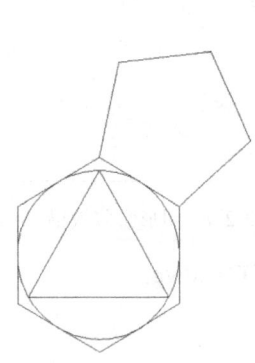
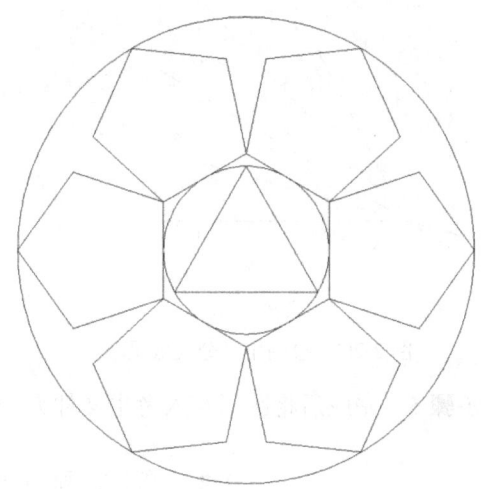

图 2-3C　绘制五边形效果　　　　　　　　图 2-3D　阵列五边形并绘制圆效果

步骤 5　完成后将图形存入考生文件夹，并命名为 KSCAD2-3.dwg。

2.4　第 4 题（机械类）解答

步骤 1　建立新文件，执行"格式"→"图形界限"菜单命令（或执行 limits 命令），在命令行输入（0,0），按 Enter 键，再输入（148,105），按 Enter 键，设置模板的图形范围为 148×105，如图 2-4A 所示。

步骤 2　首先执行"绘图"→"直线"菜单命令（或执行 L 命令），绘制一条长度为 65 的水平直线；然后执行"修改"→"偏移"菜单命令（或执行 O 命令），将直线向上偏移 50 个图形单位；再执行"绘图"→"圆"→"圆心、半径"菜单命令（或执行 C 命令），以直线左侧端点为圆心点，绘制一个半径为 60 的圆；然后绘制连接直线端点与圆和上部直线交点的直线，如图 2-4B 所示。

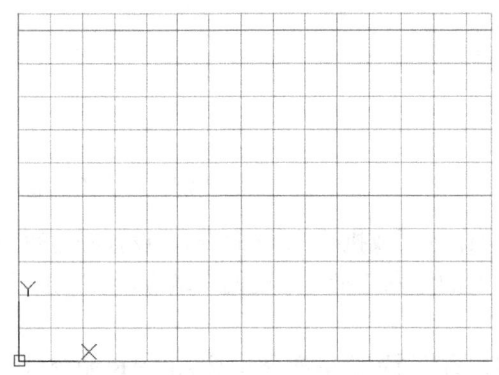
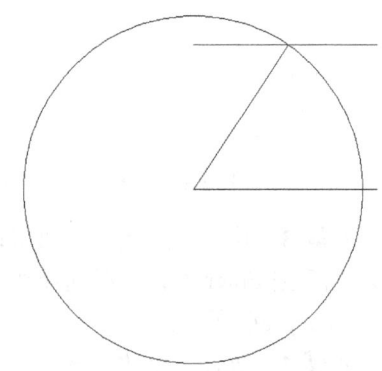

图 2-4A　绘图区域的设置效果　　　　　图 2-4B　绘制直线、偏移直线和绘制辅助圆效果

步骤 3　删除"步骤 2"绘制的辅助圆,执行"修改"→"修剪"菜单命令(或执行 TR 命令),选择绘制的图线,使用倾斜的直线对顶部直线进行修剪;然后执行"修改"→"复制"菜单命令(或执行 C 命令),捕捉倾斜直线左下角点,复制一条直线到右侧角点位置处;再执行"修改"→"延伸"菜单命令(或执行 EX 命令),对顶部直线进行延伸,完成平行四边形的绘制,如图 2-4C 所示。

步骤 4　选中右侧倾斜线,在"线型"下拉列表中设置线型为 DASHED。如无此线型,可执行"格式"→"线型"菜单命令,打开"线型管理器"对话框,加载要使用的线型。然后执行"绘图"→"点"→"定数等分"菜单命令,选择右侧虚线,输入 3,创建 2 个等分点,如图 2-4D 所示。

步骤 5　执行"绘图"→"圆弧"→"起点、端点、半径"菜单命令(或执行 ARC 命令),首先捕捉直线端点和均分点,输入 15,绘制 2 个劣弧,然后捕捉两个均分点,输入-15,绘制优弧,完成图形的绘制,如图 2-4E 所示。

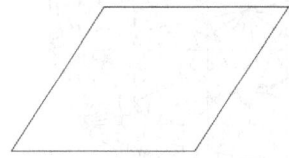 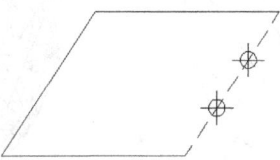 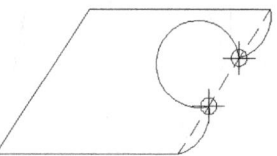

图 2-4C　绘制的平行四边形　　　图 2-4D　三分线段效果　　　图 2-4E　绘制圆弧效果

步骤 6　完成后将图形存入考生文件夹,并命名为 KSCAD2-4.dwg。

2.5　第 5 题(机械类)解答

步骤 1　建立新文件,执行"格式"→"图形界限"菜单命令(或执行 limits 命令),在命令行输入(0,0),按 Enter 键,再输入(1200,1000),按 Enter 键,设置模板的图形范围为 1200×1000,如图 2-5A 所示。

步骤 2　执行"绘图"→"多边形"菜单命令(或执行 POL 命令),在输入 16 后按 Enter 键(确定多边形的边数),然后在命令行输入 E 按 Enter 键,再在绘图区左下角位置处(离角稍微有一段距离)单击,再水平向右拖动,输入 100 后单击(确定多边形一条边的长度),绘制一个边长为 100 的正 16 边形,如图 2-5B 所示。

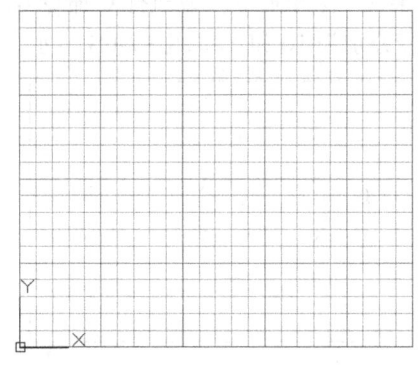 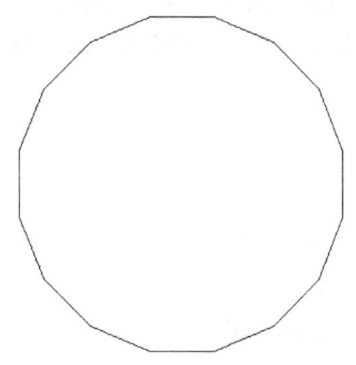

图 2-5A　绘图区域的设置效果　　　　　　图 2-5B　绘制六边形效果

步骤 3 执行"绘图"→"直线"菜单命令(或执行 L 命令),绘制直线,连接"步骤 2"中绘制的多边形的所有端点,可完成图形的绘制。这一方法太过繁琐,且容易漏掉需要绘制的线,所以可先绘制如图 2-5C 所示的直线,然后继续操作。

步骤 4 执行"修改"→"阵列"→"环形阵列"菜单命令(或执行 AR 命令),选择"步骤 3"绘制的多条直线,按 Enter 键,然后选择最左侧直线的中点为阵列中心点,再输入阵列个数(16 个),按 Enter 键,最后输入阵列总角度(360 度),执行阵列操作,完成图形的绘制,如图 2-5D 所示。

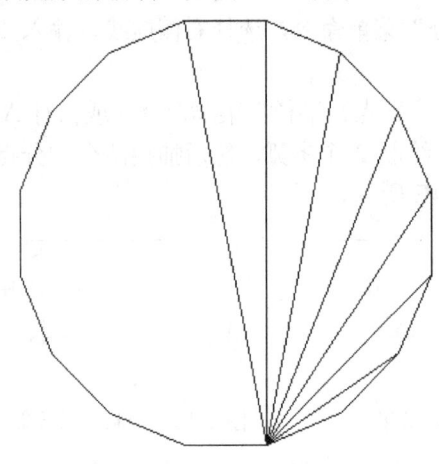

图 2-5C 绘制直线效果

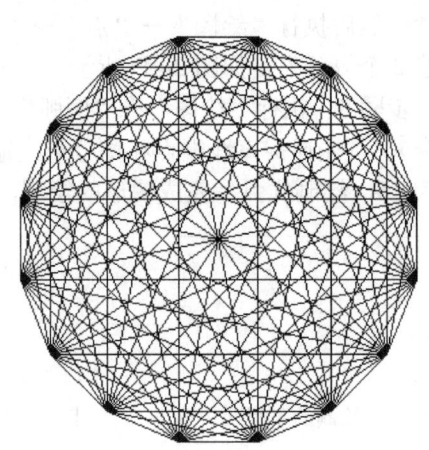

图 2-5D 阵列直线效果

步骤 5 完成后将图形存入考生文件夹,并命名为 KSCAD2-5.dwg。

2.6 第 6 题(机械类)解答

步骤 1 建立新文件,执行"格式"→"图形界限"菜单命令(或执行 limits 命令),在命令行输入(0,0),按 Enter 键,再输入(100,100),按 Enter 键,设置模板的图形范围为 100×100,如图 2-6A 所示。

步骤 2 执行"绘图"→"矩形"菜单命令(或执行 REC 命令),在绘图界限内先单击一点确定左下角点,然后输入"60,30",按 Enter 键,确定右上角点,绘制一个长为 60、宽为 30 的矩形;执行"绘图"→"圆"→"圆心、半径"菜单命令(或执行 C 命令),捕捉矩形中心点为圆心点,绘制两个同圆心的圆,半径分别为 10 和 5,如图 2-6B 所示。

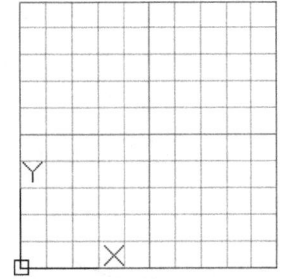

图 2-6A 绘图区域的设置效果

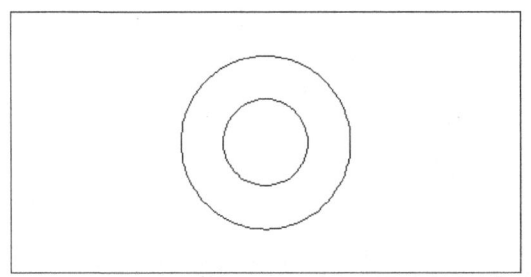

图 2-6B 绘制矩形和两个圆效果

步骤 3 执行"修改"→"分解"菜单命令（或执行 EXP 命令），选择矩形将其分解为线段，然后执行"绘图"→"点"→"定数等分"菜单命令，选择底部边线，输入 8，创建 7 个等分点，如图 2-6C 所示。

步骤 4 执行"绘图"→"直线"菜单命令（或执行 L 命令），以"步骤 3"绘制的两侧 8 等分点位置处为起点，绘制两条与大圆相切的线，完成图形的绘制，如图 2-6D 所示。

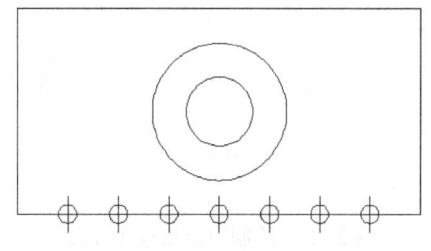 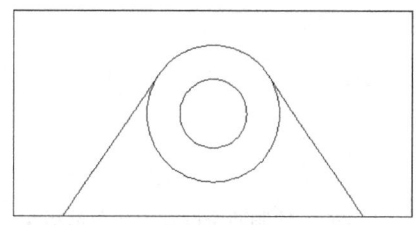

图 2-6C 绘制等分点效果　　　　　　　　图 2-6D 绘制切线效果

步骤 5 完成后将图形存入考生文件夹，并命名为 KSCAD2-6.dwg。

2.7 第 7 题（机械类）解答

步骤 1 建立新文件，执行"格式"→"图形界限"菜单命令（或执行 limits 命令），在命令行输入（0,0），按 Enter 键，再输入（200,200），按 Enter 键，设置模板的图形范围为 200×200，如图 2-7A 所示。

步骤 2 执行"绘图"→"直线"菜单命令（或执行 L 命令），在绘图区中首先绘制一条竖直直线，长度为 28，然后再以其底部端点为起点绘制一条水平直线，长度为 90，再绘制以水平直线右侧端点为起点，长度超过 100，与水平直线成 75 度夹角的直线，如图 2-7B 所示。

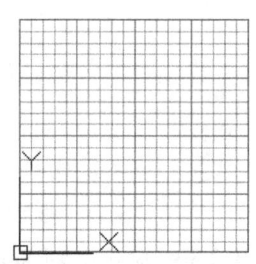 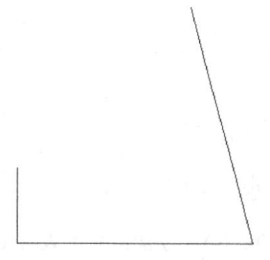

图 2-7A 绘图区域的设置效果　　　　　　图 2-7B 绘制三条线效果

步骤 3 执行"绘图"→"圆"→"圆心、半径"菜单命令（或执行 C 命令），以左侧竖直直线的上部端点为圆心，绘制半径为 60 的圆，再以水平直线右侧端点为圆心，绘制半径为 80 的圆，然后捕捉圆上交点为起点，绘制水平直线，如图 2-7C 所示。

步骤 4 首先删除"步骤 3"绘制的圆弧，然后执行"修改"→"修剪"菜单命令（或执行 TR 命令），对图线进行修剪，修剪效果如图 2-7D 左图所示；然后执行"绘图"→

"圆弧"→"起点、端点、角度"菜单命令（或执行 ARC 命令），以图形开口处的两个端点为圆弧的起点和端点，角度设置为 60 度，绘制圆弧；然后执行 L 命令，绘制连接圆弧圆心和圆弧端点的直线，完成图形的绘制，如图 2-7D 右图所示。

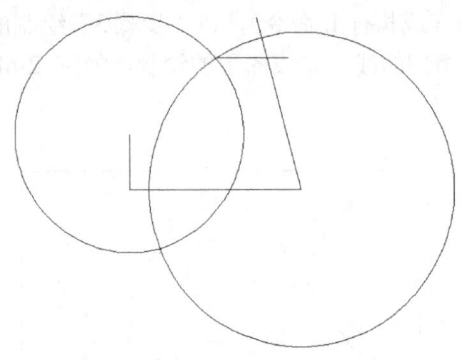
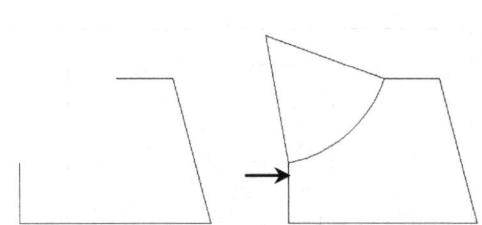

图 2-7C　绘制两个圆和一条直线效果　　　　　图 2-7D　绘制圆弧和直线效果

步骤 5　完成后将图形存入考生文件夹，并命名为 KSCAD2-7.dwg。

2.8　第 8 题（机械类）解答

步骤 1　建立新文件，执行"格式"→"图形界限"菜单命令（或执行 limits 命令），在命令行输入（0,0），按 Enter 键，再输入（200,200），按 Enter 键，设置模板的图形范围为 200×200，如图 2-8A 所示。

步骤 2　执行"绘图"→"多边形"菜单命令（或执行 PLO 命令），输入 7，按 Enter 键，设置多边形边数，然后输入 E，按 Enter 键，在绘图区绘制一个长度为 20，倾斜度为 30 度的直线，绘制一个七边形，如图 2-8B 所示。

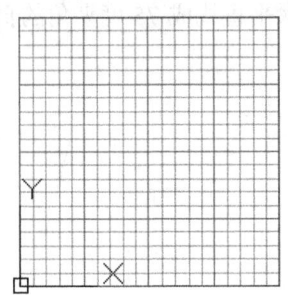
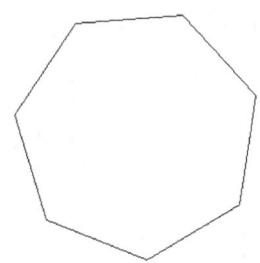

图 2-8A　绘图区域的设置效果　　　　　　　图 2-8B　绘制七边形效果

步骤 3　执行"绘图"→"圆"→"圆心、半径"菜单命令（或执行 C 命令），通过捕捉边线中点垂线确定圆心位置，先绘制一个以七边形中点为圆心、半径为 10 的圆，然后再绘制一个与正七边形的外接的圆，如图 2-8C 所示。

步骤 4　执行"修改"→"偏移"菜单命令（或执行 O 命令），选择"步骤 2"绘制的七边形，然后输入 10 后按 Enter 键，执行偏移操作，偏移出一个正七边形，完成图形的绘制，如图 2-8D 所示。

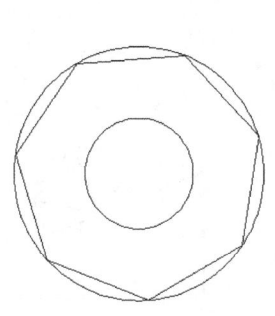
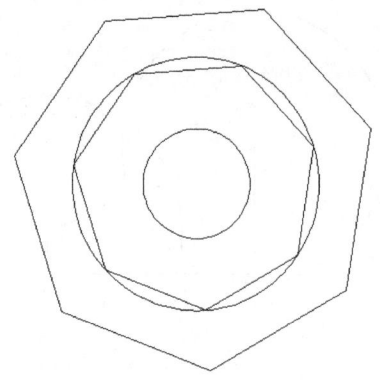

图 2-8C 绘制两个圆效果　　　　　　　　图 2-8D 偏移七边形效果

步骤 5 完成后将图形存入考生文件夹，并命名为 KSCAD2-8.dwg。

2.9 第 9 题（机械类）解答

步骤 1 建立新文件，执行"格式"→"图形界限"菜单命令（或执行 limits 命令），在命令行输入 (0,0)，按 Enter 键，再输入 (400,400)，按 Enter 键，设置模板的图形范围为 400×400，如图 2-9A 所示。

步骤 2 执行"绘图"→"直线"菜单命令（或执行 L 命令），在绘图区中首先绘制一条竖直直线，长度为 168，然后再以其底部端点为起点绘制一条水平直线，长度为 280，再以竖直直线顶部端点为起点，绘制与垂直方向成 68 度的线，然后在右侧绘制竖直直线；然后执行"修改"→"修剪"菜单命令（或执行 TR 命令），对图线进行修剪，绘制一个不规则的四边形，如图 2-9B 所示。

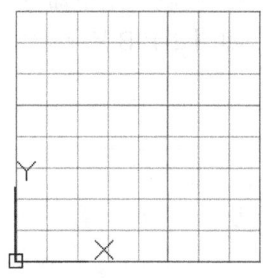
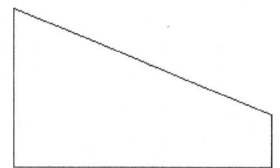

图 2-9A 绘图区域的设置效果　　　　　　图 2-9B 绘制不规则四边形效果

步骤 3 执行"绘图"→"圆"→"圆心、半径"菜单命令（或执行 C 命令），分别以倾斜线的两个端点为圆心点，绘制两个半径分别为 180 的圆，如图 2-9C 所示。

步骤 4 执行"绘图"→"直线"菜单命令（或执行 L 命令，需要执行多次），首先捕捉斜线端点和两个圆的上部交点绘制两条直线，然后删除圆，再执行多次绘制直线命令，绘制连接直线交点和斜线中点的线（以及垂线等），完成图形的绘制，如图 2-9D 所示。

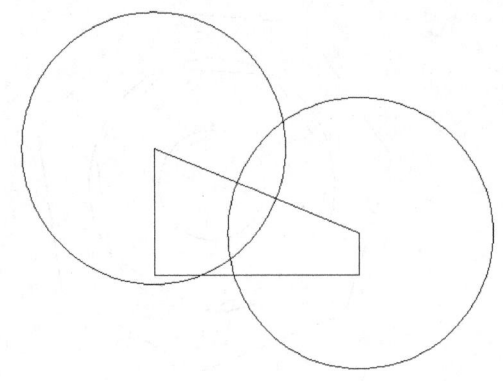
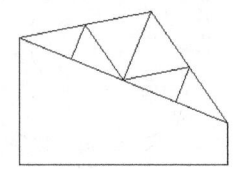

图 2-9C　绘制两个圆效果　　　　　　　　图 2-9D　绘制多条直线效果

步骤 5　完成后将图形存入考生文件夹,并命名为 KSCAD2-9.dwg。

在执行"步骤 4"时,可首先执行"工具"→"绘图设置"菜单命令,打开"草图设置"对话框,然后切换到"对象捕捉"选项卡,设置对"中点""垂足"等对象点进行捕捉。如默认设置了捕捉这些对象点,则可省略这一操作。

2.10　第 10 题(机械类)解答

步骤 1　建立新文件,执行"格式"→"图形界限"菜单命令(或执行 limits 命令),在命令行输入(0,0),按 Enter 键,再输入(240,200),按 Enter 键,设置模板的图形范围为 240×200,如图 2-10A 所示。

步骤 2　执行"绘图"→"圆"→"圆心、半径"菜单命令(或执行 C 命令),在绘图区首先绘制一个直径为 10 的圆,然后执行"编辑"→"复制"菜单命令(或执行 CO 命令),选择圆的左侧端点为基点,复制 4 个相切圆,如图 2-10B 所示。

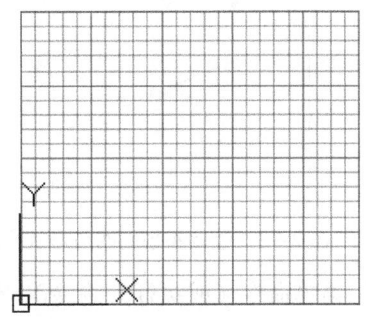
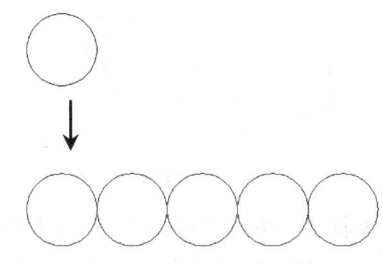

图 2-10A　绘图区域的设置效果　　　　　　图 2-10B　绘制圆并复制多个

步骤 3　执行"绘图"→"圆"→"相切、相切、半径"菜单命令(或执行 C 命令),选择"步骤 2"所绘圆左侧的两个圆,绘制半径为 10 的相切圆,然后同样执行 CO 命令,复制出 3 个相切圆,如图 2-10C 左图所示;然后再使用相同操作,绘制出所有相切圆,如图 2-10C 右图所示。

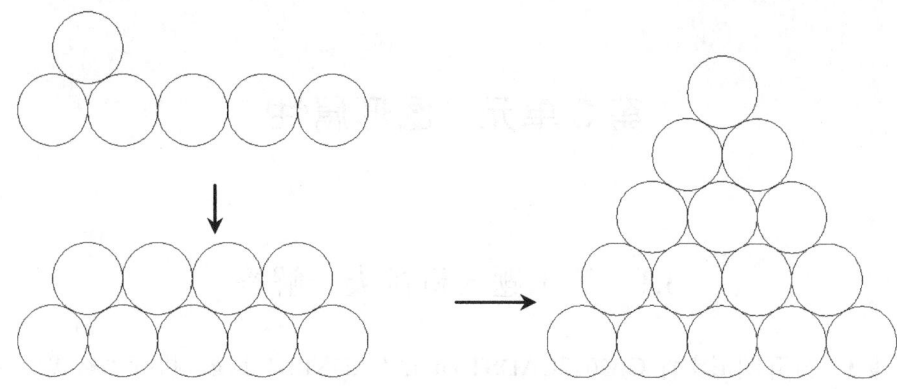

图 2-10C 绘制相切圆并复制多个以及所有圆效果

步骤 4 执行"绘图"→"直线"菜单命令（或执行 L 命令），然后输入 tan，按 Enter 键，捕捉侧边的一个圆单击，再输入 tan，按 Enter 键，捕捉侧边的另外一个圆单击，绘制一条切线，然后使用相同操作绘制所绘圆外侧的三条切线，如图 2-10D 所示。

步骤 5 执行"修改"→"倒角"菜单命令（或执行 CHA 命令），输入 D 后按 Enter 键，设置两个倒角距离都为 0，然后选择"步骤 4"绘制的切线，执行倒角操作（执行 3 次倒角操作），令直线延伸相交，如图 2-10E 所示。

步骤 6 执行"修改"→"缩放"菜单命令（或执行 SC 命令），选择前面操作绘制所有图线，按 Enter 键，选择三角形左侧端点为基点，然后输入 R，按 Enter 键（表示进行参照缩放），顺次单击底部边线的两个端点（表示参照该边线进行缩放），然后输入 100（表示将该边线缩放为 100 个图形单位）后按 Enter 键，完成图形的绘制，如图 2-10F 所示。

步骤 7 完成后将图形存入考生文件夹，并命名为 KSCAD2-10.dwg。

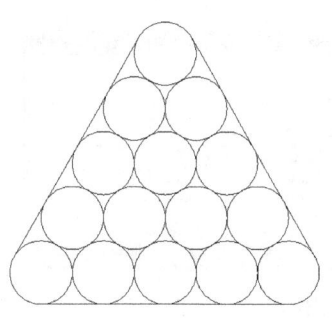 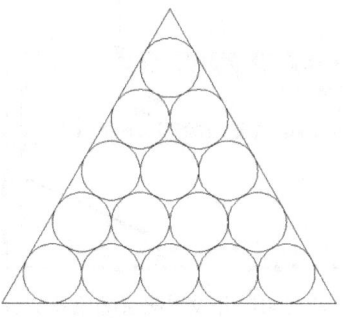 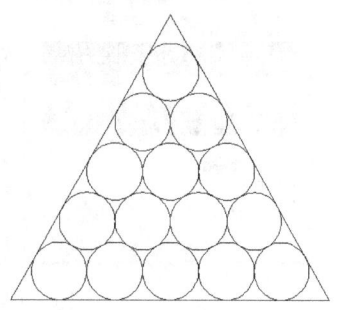

图 2-10D 绘制切线效果　　　　图 2-10E 切线延伸效果　　　　图 2-10F 图形整体缩放效果

第 3 单元　图形属性

3.1　第 1 题（机械类）解答

步骤 1　打开图形文件 C:\2012CADST\Unit3\CADST3-1.dwg，执行"格式"→"图层"菜单命令（或执行 LA 命令），打开"图层特性管理器"，单击"新建图层"按钮，创建"点划线"图层，然后单击新创建图层的颜色图块，在打开的"选择颜色"对话框中，设置图层颜色为洋红；再单击线型列表项，打开"选择线型"对话框，单击"加载"按钮，打开"加载或重载线型"对话框，加载 ACAD_ISO04W100 线型，并选用该线型（线宽可使用默认，也可通过单击"线宽"项，在打开的"线宽"对话框中，设置为 0.25mm），如图 3-1A 所示。

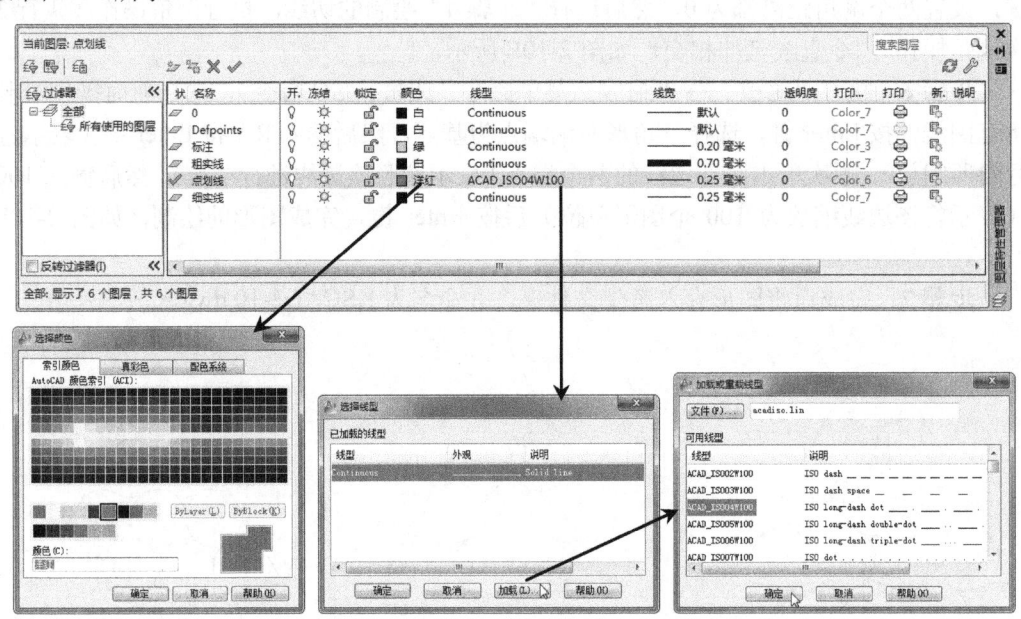

图 3-1A　新建图层并设置图层颜色及加载线型操作

步骤 2　选中水平、竖直和倾斜 45 度的线，如图 3-1B 左图所示，在"图层"工具栏的"图层控制"下拉列表中，选中"点划线"图层，如图 3-1B 中图所示，将选中的图线移动到新创建的"点划线"图层中，完成对图形的调整，效果如图 3-1B 右图所示。

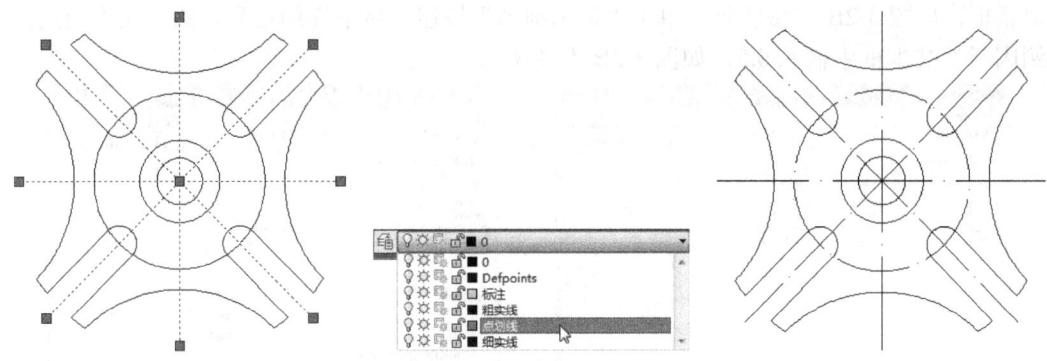

图 3-1B　更改图线图层操作和效果

步骤 3　完成后将图形存入考生文件夹，并命名为 KSCAD3-1.dwg。

3.2　第 2 题（机械类）解答

步骤 1　打开图形文件 C:\2012CADST\Unit3\CADST3-2.dwg，执行"格式"→"图层"菜单命令（或执行 LA 命令），打开"图层特性管理器"，单击"新建图层"按钮，创建"轮廓线""填充线"和"中心线"图层，然后单击"中心线"图层的颜色图块，在打开的"选择颜色"对话框中，设置图层颜色为红色；再单击线型列表项，打开"选择线型"对话框，单击"加载"按钮，打开"加载或重载线型"对话框，加载 ACAD_ISO10W100 线型，并选用该线型；最后单击"轮廓线"图层的线宽项，在打开的"线宽"对话框中，设置线宽为 0.30mm，如图 3-2A 所示。

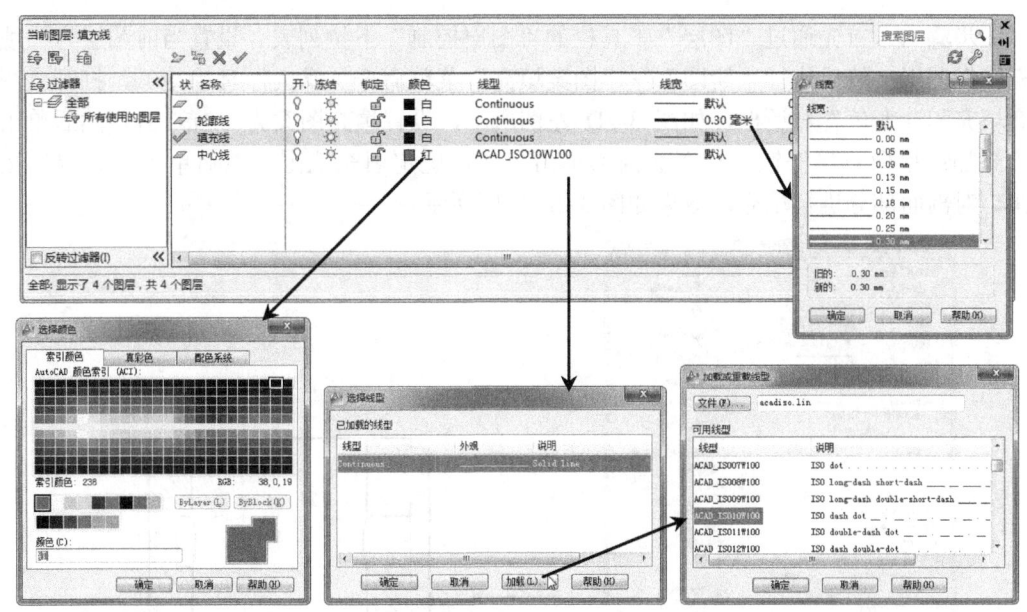

图 3-2A　新建图层并设置图层特性操作

步骤 2　执行"格式"→"线型"菜单命令（或执行 LT 命令），打开"线型管理器"

对话框，如图 3-2B 左图所示，单击"显示细节"按钮，显示详细信息，然后在"全局比例因子"文本框中输入 0.5，如图 3-2B 右图所示。

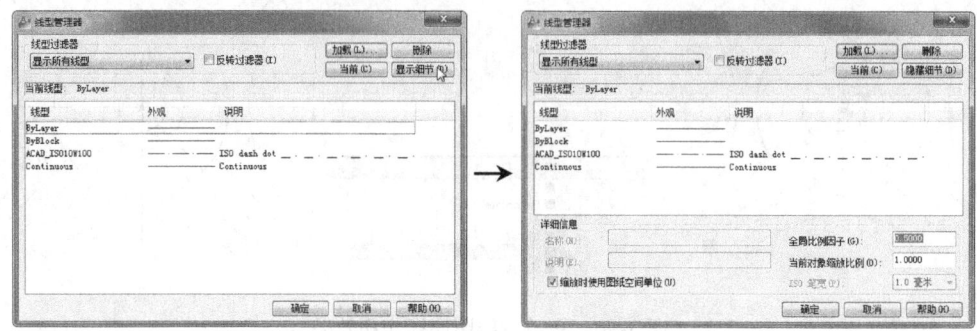

图 3-2B　设置全局比例因子

步骤 3　选中图形中的中心线，在"图层"工具栏的"图层控制"下拉列表中，选中"中心线"图层，将选中的图线移动到新创建的"中心线"图层中；使用相同操作，将轮廓线移动到"轮廓线"图层，如图 3-2C 所示。

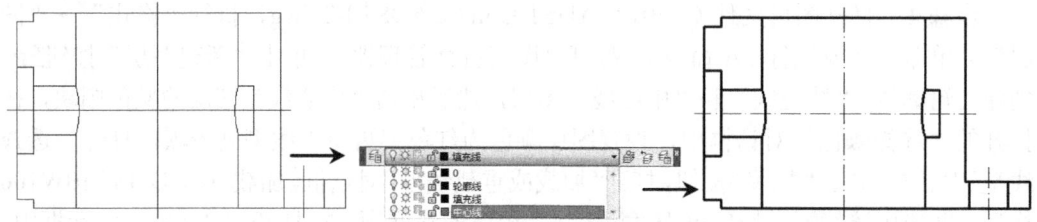

图 3-2C　更改图线图层操作和效果

步骤 4　首先通过"图层"工具栏的"图层控制"下拉列表，设置当前图层为"填充线"图层；然后执行"绘图"→"图案填充"菜单命令（或执行 H 命令），打开"图案填充和渐变色"对话框，如图 3-2D 左图所示，设置填充图案为 ANST31，然后单击"添加：拾取点"按钮，在图线内部单击多次，确定填充范围，然后单击"确定"按钮，对剖面部分进行填充，效果如图 3-2D 右图所示。

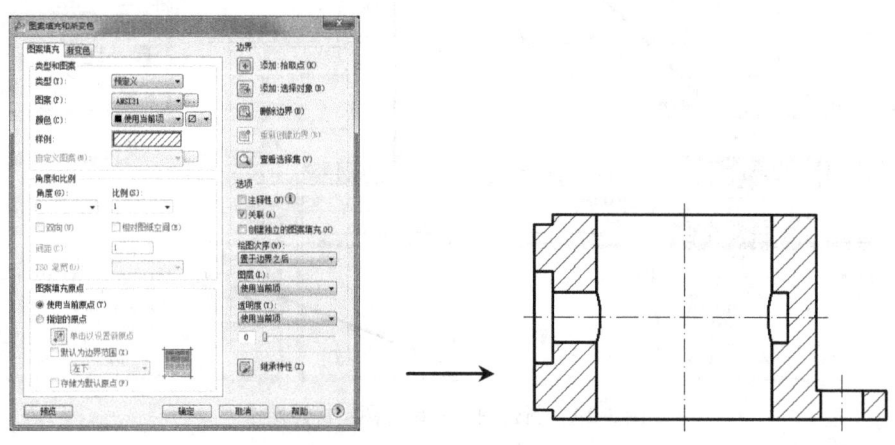

图 3-2D　执行填充操作效果

步骤 5　完成后将图形存入考生文件夹，并命名为 KSCAD3-2.dwg。

3.3　第3题（机械类）解答

步骤 1　打开图形文件 C:\2012CADST\Unit3\CADST3-3.dwg，框选所有图形，执行"绘图"→"块"→"创建"菜单命令（或执行 B 命令），打开"块定义"对话框，设置块名称为"粗糙度"，单击"拾取点"按钮，然后捕捉图形底部的端点为图块基点，单击"确定"按钮，创建"粗糙度"图块，如图 3-3A 所示。

图 3-3A　创建图块操作

步骤 2　执行"插入"→"块"菜单命令（或执行 I 命令），打开"插入"对话框，在"名称"下拉列表中选中"粗糙度"图块，单击"确定"按钮，然后在绘图区中单击一点（确定图块插入位置），然后输入 Ra0.8，按 Enter 键，插入一图块，如图 3-3B 所示。

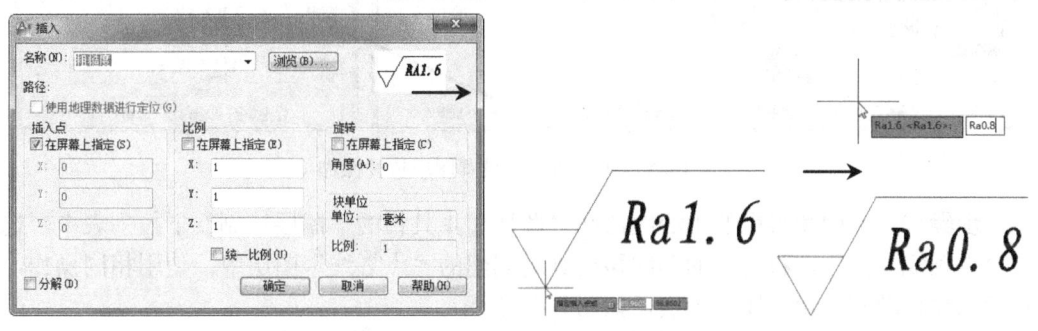

图 3-3B　绘图区域的设置效果

步骤 3　双击插入的图块，打开"增强属性编辑器"对话框，切换到"文字选项"选项卡，设置文字高度为 3.5，如图 3-3C 所示，完成对图形的调整。

步骤 4　完成后将图形存入考生文件夹，并命名为 KSCAD3-3.dwg。

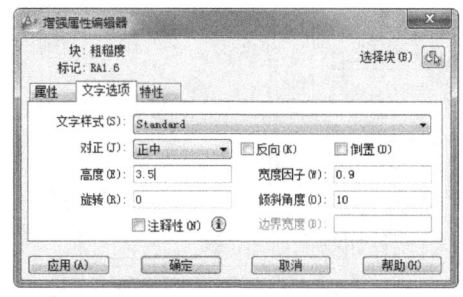

图 3-3C　"增强属性编辑器"对话框

3.4 第4题（机械类）解答

步骤 1 打开图形文件 C:\2012CADST\Unit3\CADST3-4.dwg，执行"格式"→"图层"菜单命令（或执行 LA 命令），打开"图层特性管理器"，单击"新建图层"按钮，创建"点划线"和"轮廓线"图层，然后单击"点划线"图层的颜色图块，在打开的"选择颜色"对话框中，设置图层颜色为红色；再单击线型列表项，打开"选择线型"对话框，单击"加载"按钮，打开"加载或重载线型"对话框，加载 CENTER 线型，并选用该线型；最后单击"轮廓线"图层的线宽项，在打开的"线宽"对话框中，设置线宽为 0.50mm，如图 3-4A 所示。

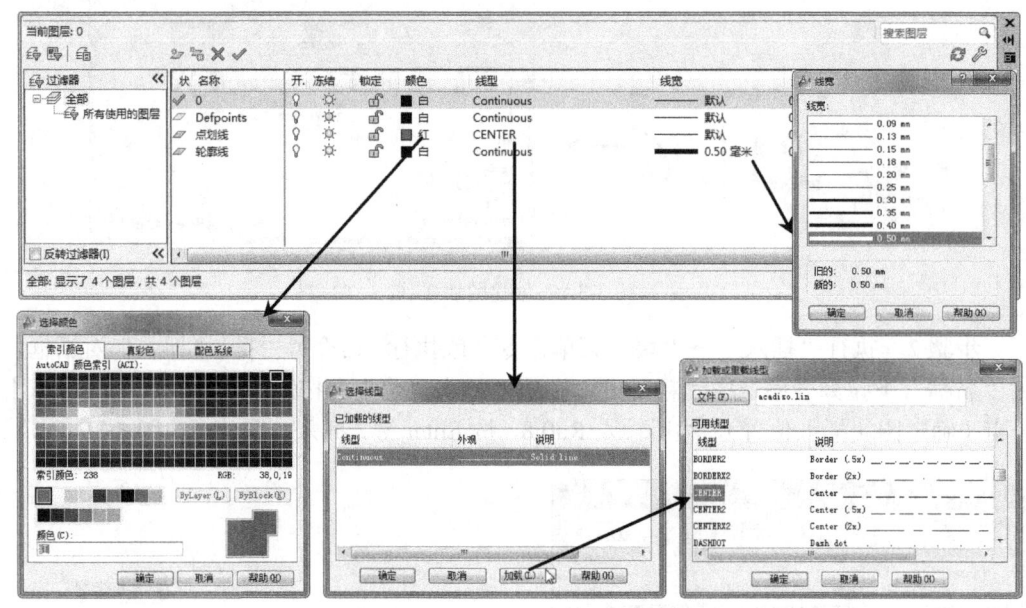

图 3-4A 新建图层并设置图层特性操作

步骤 2 选中图形中的中心线，在"图层"工具栏的"图层控制"下拉列表中，选中"点划线"图层，将选中的图线移动到新创建的"点划线"图层中；使用相同操作，将轮廓线移动到"轮廓线"图层，如图 3-4B 所示。

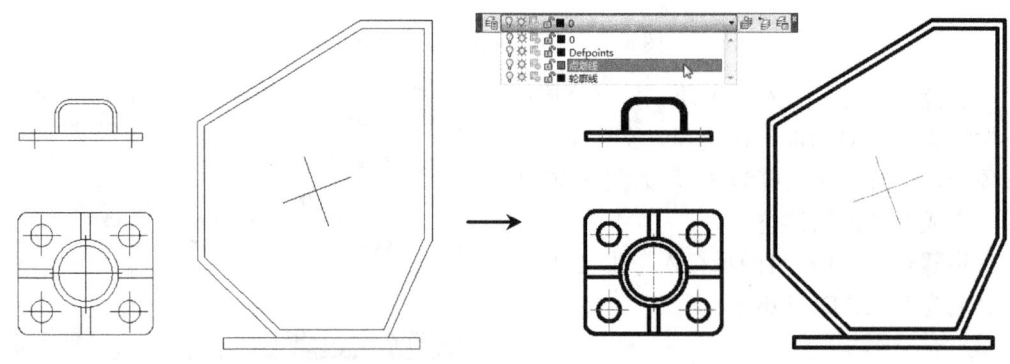

图 3-4B 更改图线图层操作和效果

步骤 3 框选把手图形,执行"绘图"→"块"→"创建"菜单命令(或执行 B 命令),打开"块定义"对话框,设置块名称为"把手",单击"拾取点"按钮,然后捕捉图形左下角端点为图块基点,单击"确定"按钮,创建"把手"图块,如图 3-4C 所示。

步骤 4 通过与"步骤 3"相同的操作,框选所有"盖"图线,执行"绘图"→"块"→"创建"菜单命令(或执行 B 命令),捕捉其中点为基点,创建"盖"图块,如图 3-4D 所示。

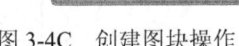
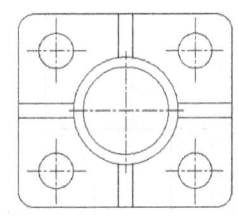

图 3-4C 创建图块操作　　　　　　　　图 3-4D 创建的另外一个块

步骤 5 执行"插入"→"块"菜单命令(或执行 I 命令),打开"插入"对话框,在"名称"下拉列表中选中"把手"图块,单击"确定"按钮,然后在绘图区中单击左上角点插入该图块;使用相同操作,插入"盖"图块(块置于十字光标位置处),如图 3-4E 所示。

步骤 6 执行"修改"→"旋转"菜单命令(或执行 RO 命令),选择插入的图块(选择块的基点为旋转基点),执行旋转操作,完成图形调整操作,如图 3-4F 所示。

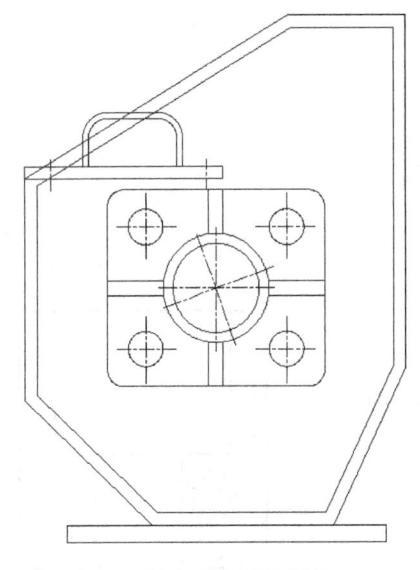
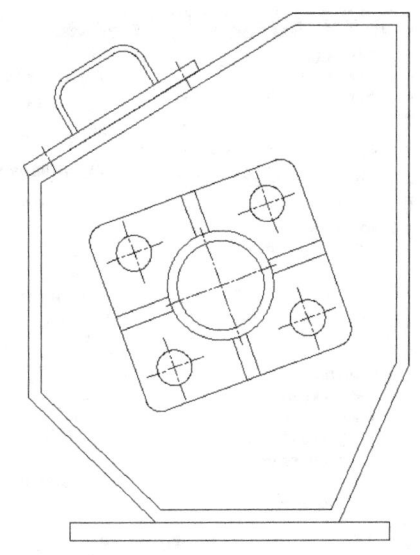

图 3-4E 插入图块　　　　　　　　　　图 3-4F 旋转图块效果

步骤 7 完成后将图形存入考生文件夹,并命名为 KSCAD3-4.dwg。

3.5 第5题(机械类)解答

步骤1 打开图形文件 C:\2012CADST\Unit3\CADST3-5.dwg,选中图形中的轮廓线,在"图层"工具栏的"图层控制"下拉列表中,选中"B"图层,将轮廓线移动到该图层中;使用相同操作,将"中心线"移动到"A"图层;然后在"图层控制"下拉列表中,单击"A"图层前的开关按钮,关闭该图层,效果如图 3-5A 所示。

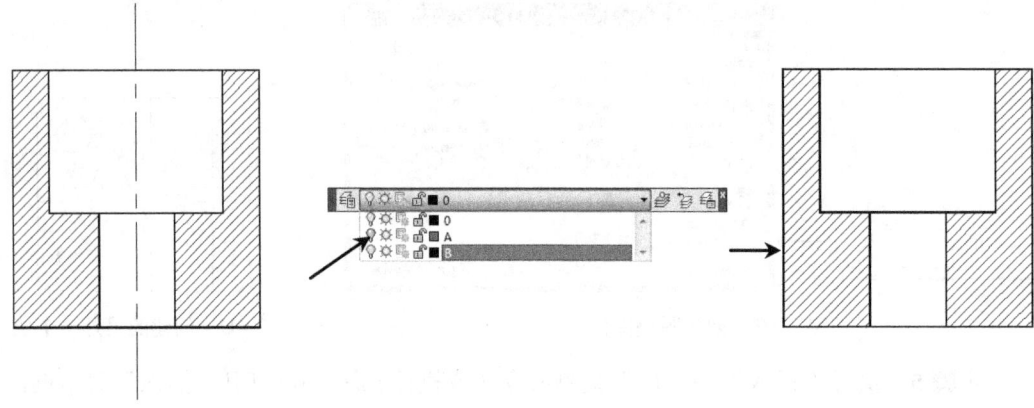

图 3-5A 更改图线图层操作和效果

步骤2 右击"填充线",执行"图案填充编辑"菜单命令,打开"图案填充编辑"对话框,如图 3-5B 左图所示,设置图线的旋转角度为 90 度(其他选项不变),单击"确定"按钮,调整填充图线的方向,如图 3-5B 右图所示。

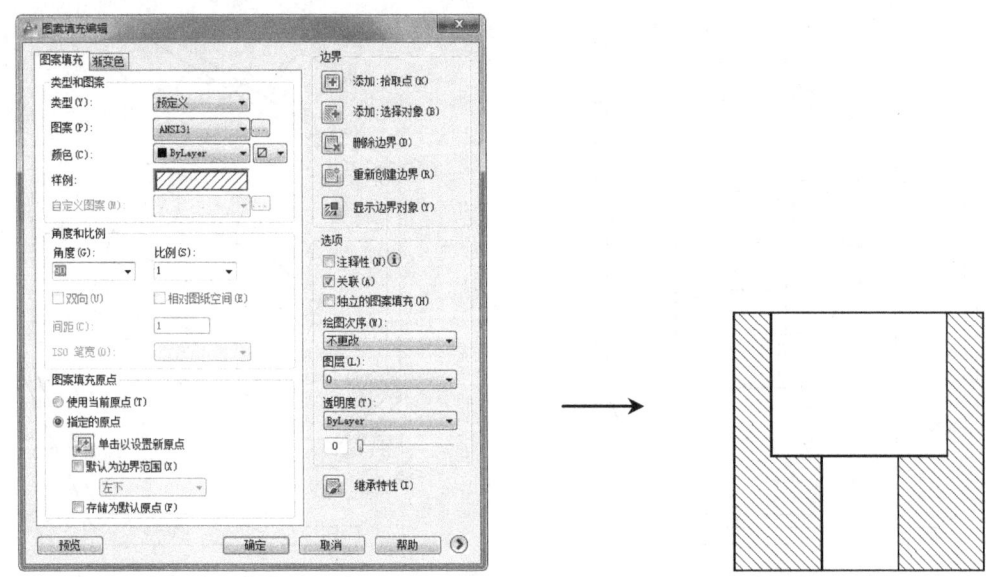

图 3-5B 编辑图案填充操作和效果

步骤3 完成后将图形存入考生文件夹,并命名为 KSCAD3-5.dwg。

3.6 第 6 题（机械类）解答

步骤 1 打开图形文件 C:\2012CADST\Unit3\CADST3-6.dwg，执行"格式"→"图层"菜单命令（或执行 LA 命令），打开"图层特性管理器"，单击"新建图层"按钮，创建"HATCH"图层，然后单击"HATCH"图层的颜色图块，在打开的"选择颜色"对话框中，设置图层颜色为红色，如图 3-6A 所示。

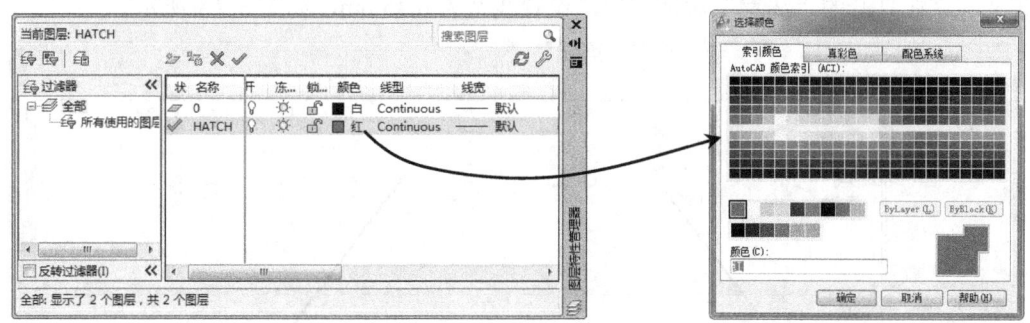

图 3-6A 新建图层并设置颜色效果

步骤 2 执行"绘图"→"图案填充"菜单命令（或执行 H 命令），打开"图案填充和渐变色"对话框，如图 3-6B 左图所示，设置填充图案为 ANST31，在颜色下拉列表中设置填充线的颜色为蓝色，然后单击"添加：拾取点"按钮，在图线外侧框内单击，确定填充范围，然后单击"确定"按钮，对剖面部分进行填充，效果如图 3-6B 右图所示。

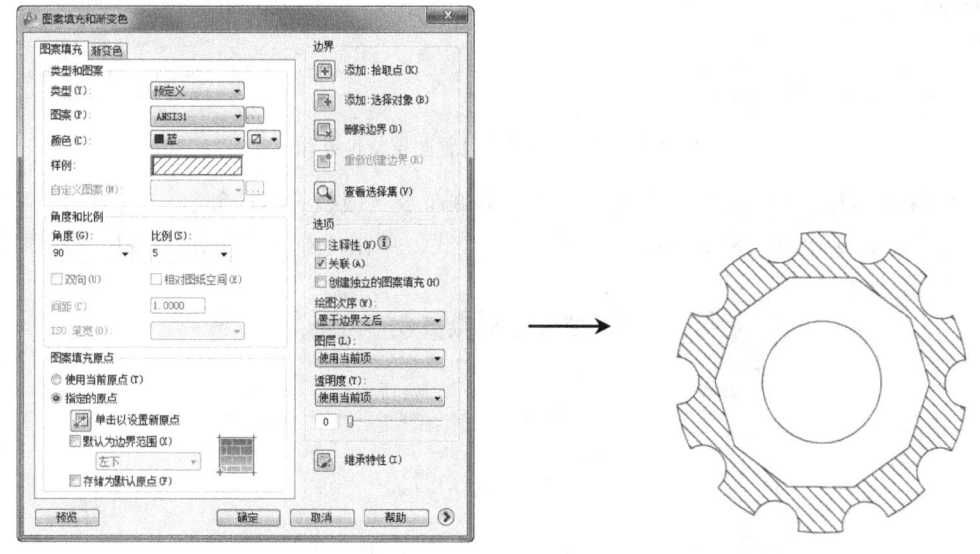

图 3-6B 进行图案填充和填充效果

步骤 3 完成后将图形存入考生文件夹，并命名为 KSCAD3-6.dwg。

3.7 第 7 题（机械类）解答

步骤 1 打开图形文件 C:\2012CADST\Unit3\CADST3-7.dwg，执行"格式"→"图层"菜单命令（或执行 LA 命令），打开"图层特性管理器"，单击"新建图层"按钮，创建"填充"图层，然后单击"填充"图层的颜色图块，在打开的"选择颜色"对话框中，设置图层颜色为青色；最后将"轮廓线层"更改为"粗实线"图层，并单击该层的线宽项，在打开的"线宽"对话框中，设置线宽为 0.35mm，如图 3-7A 所示。

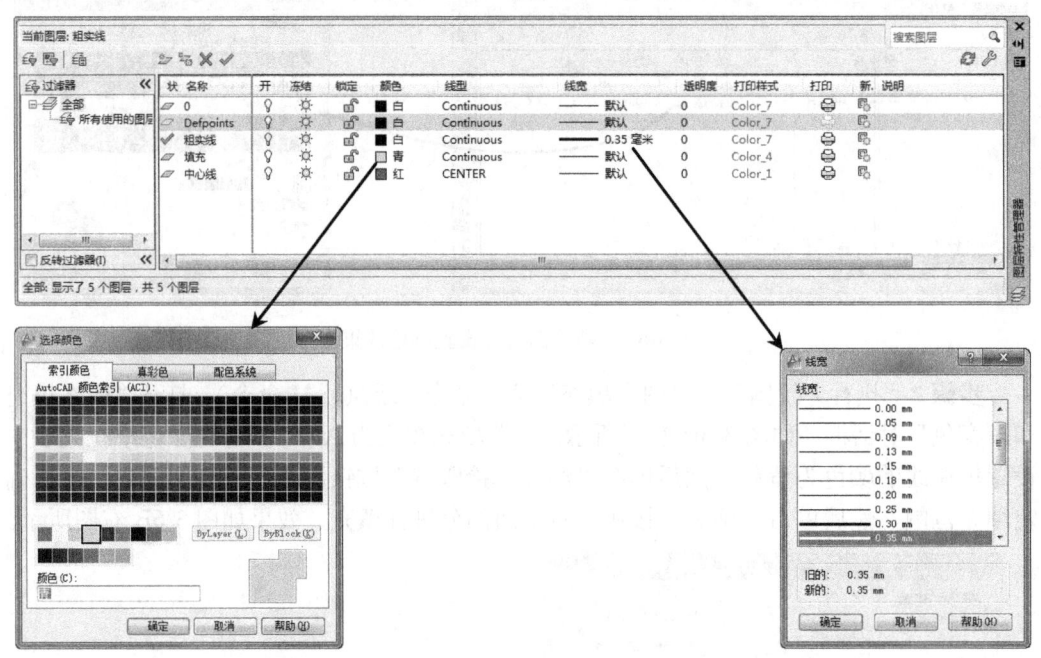

图 3-7A　新建图层并设置图层特性操作

步骤 2 执行"格式"→"文字样式"菜单命令（或执行 ST 命令），打开"文字样式"对话框，选中除"Standard"之外的文字样式，单击"删除"按钮，将其依次删除，如图 3-7B 所示。

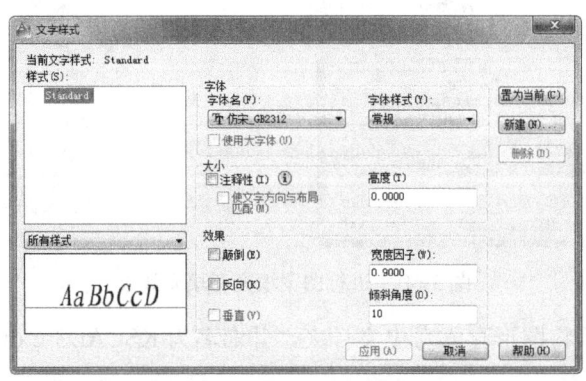

图 3-7B　"文字样式"对话框

步骤 3 执行"绘图"→"图案填充"菜单命令（或执行 H 命令），打开"图案填充和渐变色"对话框，如图 3-7C 上图所示，设置填充图案为 LINE，设置选择角度为 45 度，比例设置为 0.35，然后单击"添加：拾取点"按钮，在图线内部单击多次，确定填充范围，然后单击"确定"按钮，对剖面部分进行填充，效果如图 3-7C 下图所示。

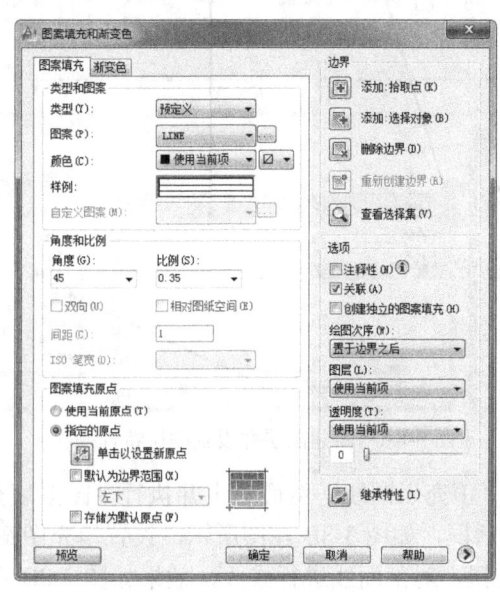

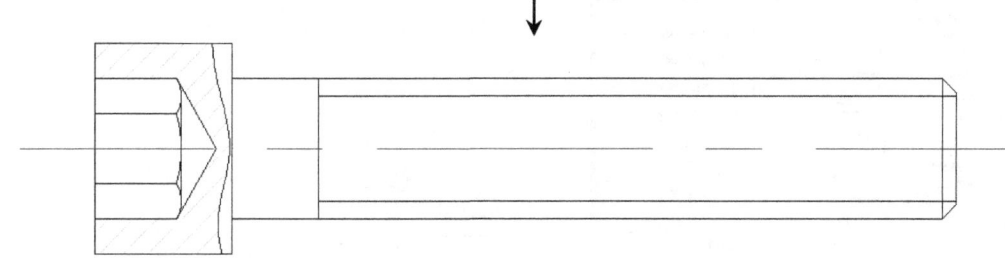

图 3-7C 执行填充操作效果

步骤 4 完成后将图形存入考生文件夹，并命名为 KSCAD3-7.dwg。

3.8 第 8 题（机械类）解答

步骤 1 打开图形文件 C:\2012CADST\Unit3\CADST3-8.dwg，执行"格式"→"图层"菜单命令（或执行 LA 命令），打开"图层特性管理器"，单击"2"图层的颜色图块，在打开的对话框中，设置图层颜色为白色；再单击"1"图层的线型列表项，打开"选择线型"对话框，单击"加载"按钮，加载 CENTER 线型，并选用该线型；最后通过单击"开"列和"锁定"列的相关按钮，关闭"1"图层并锁定"标注"图层，如图 3-8A 所示。

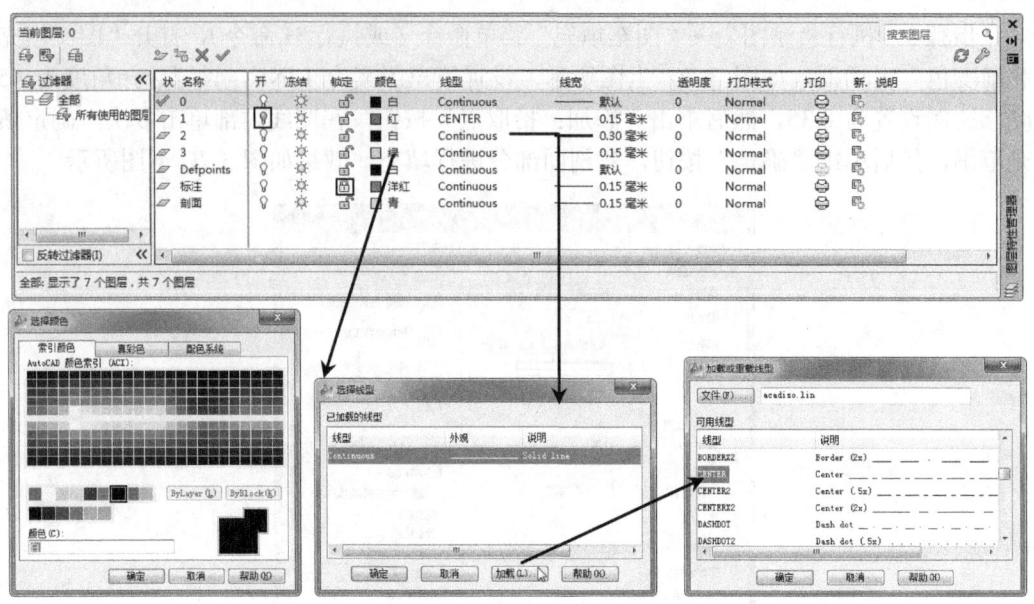

图 3-8A　新建图层并设置图层特性操作

步骤 2　首先选中"填充"图线,然后右击并执行"图案填充编辑"菜单命令,打开"图案填充编辑"对话框,如图 3-8B 左图所示,设置填充图案为 ANSI31,设置比例为 30,单击"确定"按钮,对剖面线进行修改,效果如图 3-8B 右图所示。

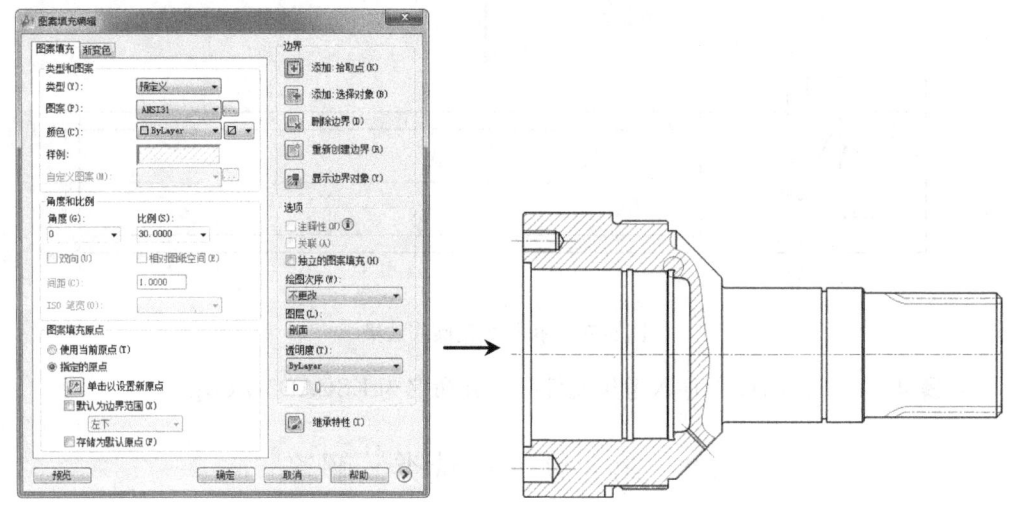

图 3-8B　修改填充操作效果

步骤 3　完成后将图形存入考生文件夹,并命名为 KSCAD3-8.dwg。

3.9　第 9 题(机械类)解答

步骤 1　打开图形文件 C:\2012CADST\Unit3\CADST3-9.dwg,执行"格式"→"图形界限"菜单命令(或执行 limits 命令),在命令行输入(0,0),按 Enter 键,再输入(420,297),

按 Enter 键，更改模板的图形范围为 420×297，如图 3-9A 所示。

步骤 2 执行"格式"→"单位"菜单命令，打开"图形单位"对话框，在"长度"栏的"类型"下拉列表中选择"小数"项，再在其"精度"下拉列表中选择"0.00"项，如图 3-9B 所示，为模板设置精度。

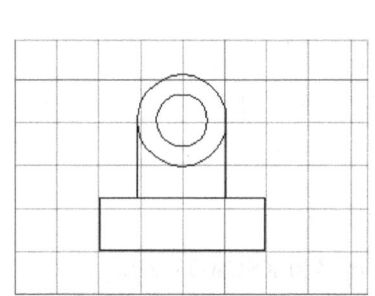
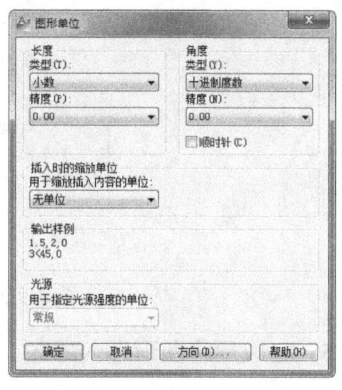

图 3-9A　绘图区域的设置效果　　　　　图 3-9B　"图形单位"对话框

步骤 3 执行"格式"→"图层"菜单命令（或执行 LA 命令），打开"图层特性管理器"，单击"新建图层"按钮，创建"A"图层，单击颜色图块，在打开的对话框中，设置图层颜色为绿色；再单击线型列表项，打开"选择线型"对话框，单击"加载"按钮，加载 ACAD_ISO02W100 线型，并选用该线型，如图 3-9C 所示。

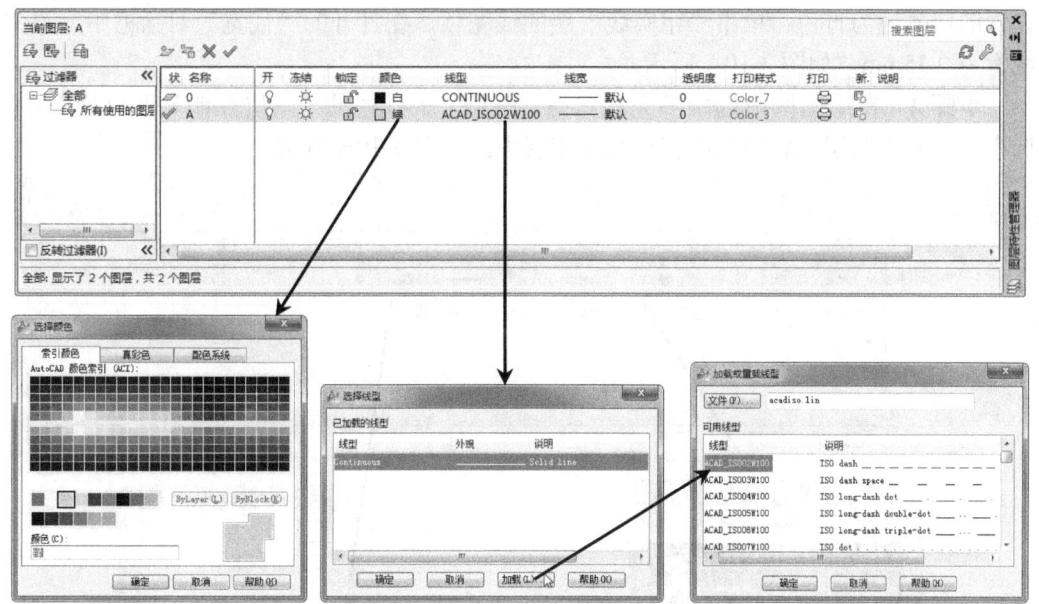

图 3-9C　新建图层并设置图层特性操作

步骤 4 将"A"图层设置为当前图层，然后执行"绘图"→"直线"菜单命令（或执行 L 命令），通过捕捉圆的中心点、端点和矩形中点等，绘制需要补充的图线，完成对图形的调整，如图 3-9D 所示。

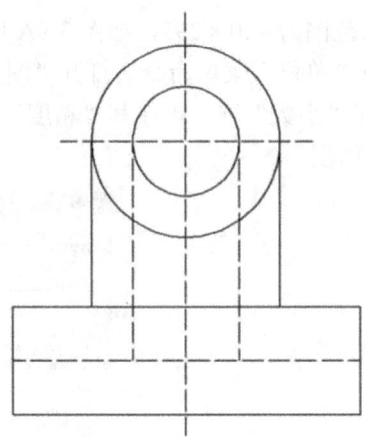

图 3-9D　修改填充操作效果

步骤 5　完成后将图形存入考生文件夹，并命名为 KSCAD3-9.dwg。

3.10　第 10 题（机械类）解答

步骤 1　打开图形文件 C:\2012CADST\Unit3\CADST3-10.dwg，执行"格式"→"图层"菜单命令（或执行 LA 命令），打开"图层特性管理器"，单击"新建图层"按钮，创建"粗实线"和"填充"图层，单击"填充"图层的颜色图块，在打开的对话框中，设置图层颜色为青色；单击"粗实线"层的线宽项，在打开的"线宽"对话框中，设置线宽为 0.35mm，如图 3-10A 所示。

步骤 2　在绘图区中选中填充线，在"图层"工具栏的"图层控制"下拉列表中，选中"填充"图层，将填充线移动到该图层中，如图 3-10B 所示。

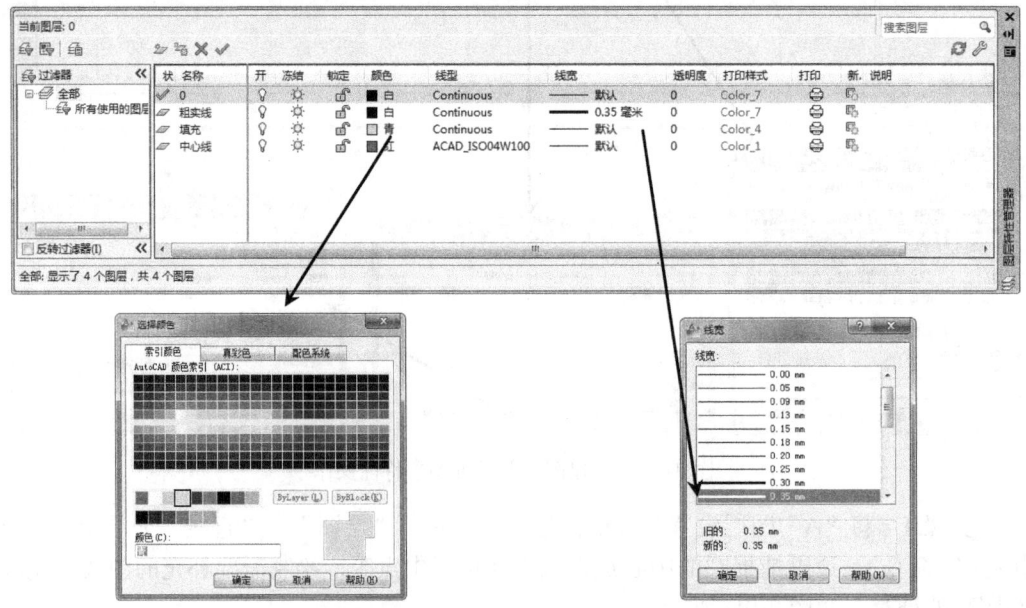

图 3-10A　新建图层并设置图层特性操作

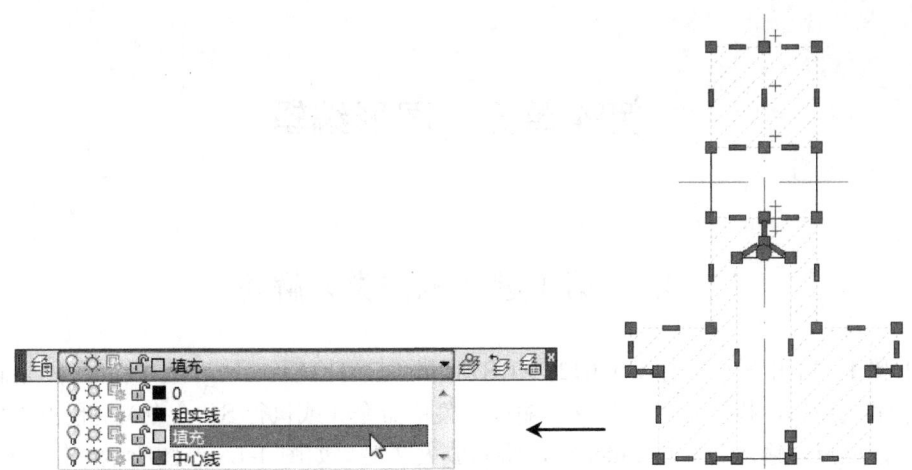

图 3-10B　选中填充线更改图层操作

步骤 3　框选左侧图形所有图线，执行"绘图"→"块"→"创建"菜单命令，打开"块定义"对话框，如图 3-10C 左图所示，单击"拾取点"按钮，单击选中图形中圆的中心点为块的基点（名称为"侧视图"），单击"确定"按钮，创建块，如图 3-10C 右图所示。

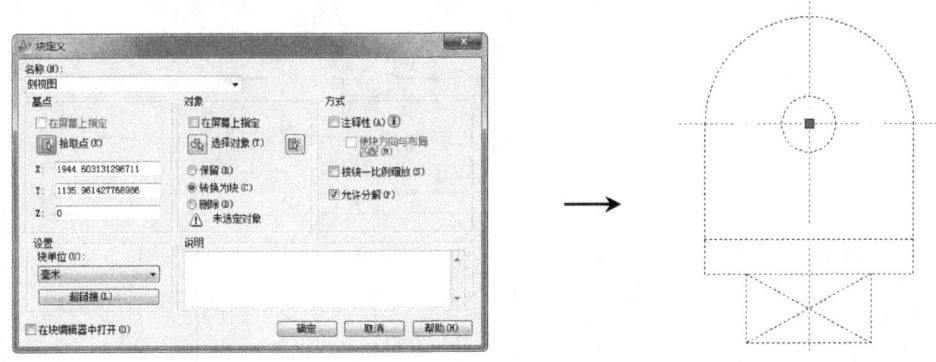

图 3-10C　定义块操作

步骤 4　完成后将图形存入考生文件夹，并命名为 KSCAD3-10.dwg。

第 4 单元　图形编辑

4.1　第 1 题（机械类）解答

步骤 1　打开图形文件 C:\2012CADST\Unit4\CADST4-1.dwg，选中图形中顶部四角处一个螺栓图形，执行"修改"→"缩放"菜单命令（或执行 SC 命令），捕捉圆的圆心为缩放基准点，输入 2 后按 Enter 键，将其放大 2 倍，如图 4-1A 左图所示；使用相同操作，将其他 3 个角点处的图形也放大 2 倍，如图 4-1A 右图所示。

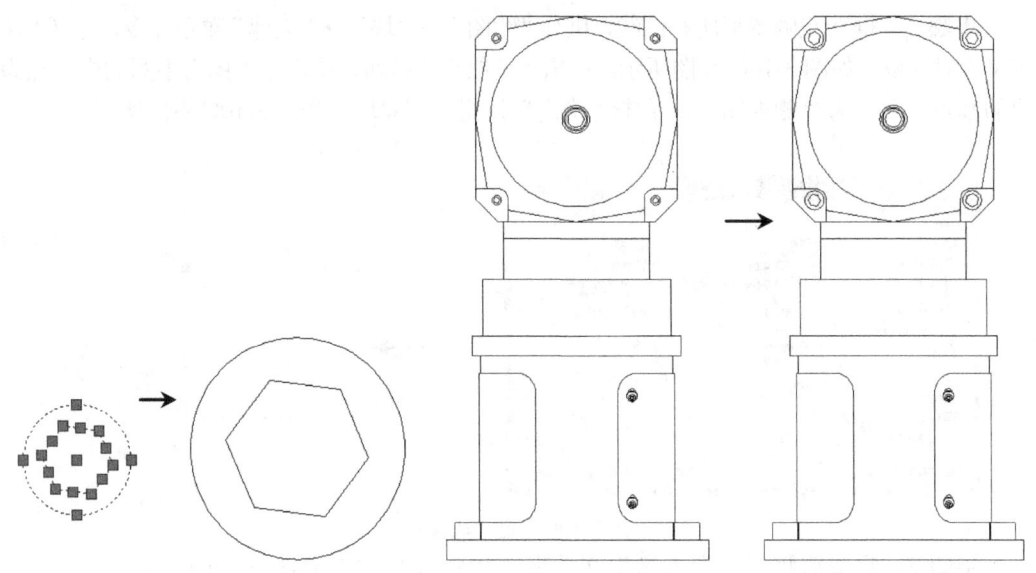

图 4-1A　放大角点图形操作

步骤 2　选中顶部中心的 4 个圆，执行"修改"→"缩放"菜单命令（或执行 SC 命令），捕捉圆的圆心为缩放基准点，输入 5 后按 Enter 键，将其放大 5 倍，如图 4-1B 所示。

步骤 3　框选螺栓图形，执行"修改"→"旋转"菜单命令（或执行 RO 命令），捕捉内部六边形顶部横线的中点为基准点，将其向右旋转 90 度，如图 4-1C 所示。使用相同操作，旋转另外一个螺栓图形。

步骤 4　执行"修改"→"镜像"菜单命令（或执行 MI 命令），选择右侧的两个螺栓，以竖向中点连线为镜像线执行镜像操作，完成对图形的调整，如图 4-1D 所示。

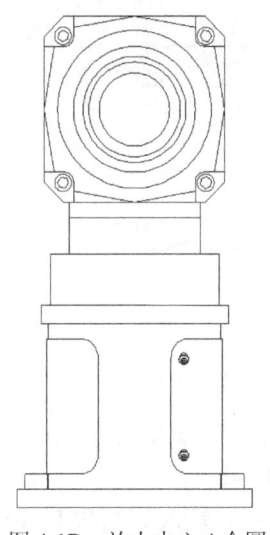 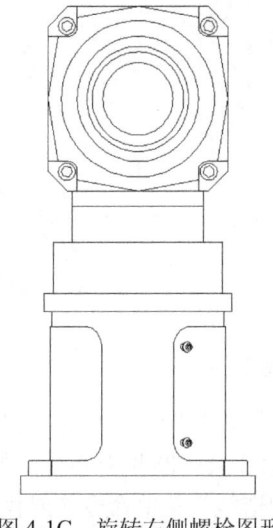 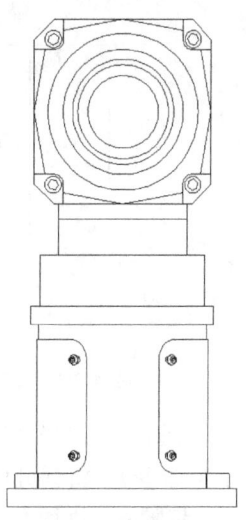

图 4-1B　放大中心 4 个圆　　　　图 4-1C　旋转右侧螺栓图形　　　　图 4-1D　镜像螺栓图形

步骤 5　完成后将图形存入考生文件夹，并命名为 KSCAD4-1.dwg。

4.2　第 2 题（机械类）解答

步骤 1　打开图形文件 C:\2012CADST\Unit4\CADST4-2.dwg，选中图形内的凹槽图形，执行"修改"→"阵列"→"环形阵列"菜单命令（或执行 AR 命令），捕捉圆的圆心为阵列中心点，设置阵列个数为 6、阵列总角度为 360 度，执行阵列操作，如图 4-2A 所示。

步骤 2　选择"步骤 1"创建的阵列图形，执行"修改"→"分解"菜单命令（或执行 X 命令），将阵列分解，然后执行"修改"→"修剪"菜单命令（或执行 TR 命令），使用分解后的图线对所在圆执行修剪操作，如图 4-2B 所示。

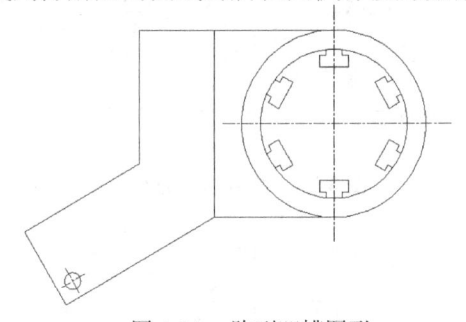 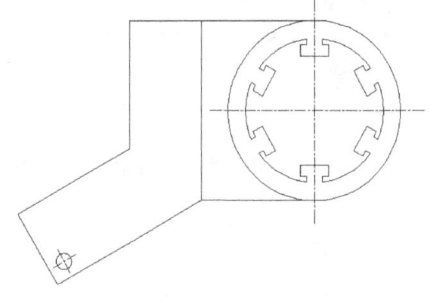

图 4-2A　阵列凹槽图形　　　　　　　图 4-2B　修剪图形操作

步骤 3　执行"修改"→"阵列"→"矩形阵列"菜单命令（或执行 AR 命令），选择左侧小圆和小圆中心线，然后输入 A，通过捕捉参照线设置阵列方向（可首先执行 CO 命令，复制倾斜线作为阵列方向线），然后大致拖出 5 个图形和大致的间距，然后在弹出的快捷菜单中执行"列"命令，设置阵列间距为 28，执行阵列操作，如图 4-2C 所示。

步骤 4　执行"修改"→"镜像"菜单命令（或执行 MI 命令），选择"步骤 3"阵列的图线，以左侧直线中点为起点，以其垂直线为镜像线，执行镜像操作，如图 4-2D 所示。

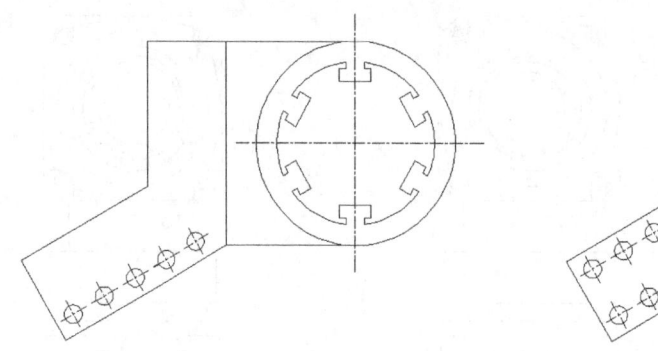
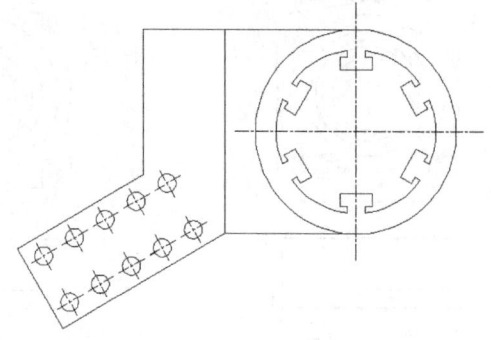

图 4-2C　阵列圆和中心线操作　　　　图 4-2D　镜像图形操作

步骤 5　选择"步骤 4"镜像的阵列图形,执行"修改"→"分解"菜单命令(或执行 X 命令),将其分解,然后删除多余的圆和中心线,如图 4-2E 所示。

步骤 6　执行"绘图"→"构造线"菜单命令(或执行 XL 命令),输入 B 后按 Enter 键,然后选择图形左侧角点为角的顶点(如图 4-2F 所示),单击两侧边线上的任一点为起点和端点,创建角平分线。

步骤 7　执行"修改"→"镜像"菜单命令(或执行 MI 命令),以"步骤 6"绘制的角平分线为镜像线,对上面一列圆和其中心线执行镜像操作,效果如图 4-2G 左图所示;然后通过相同的镜像操作,以经过顶部直线中点的竖直线为镜像线(可绘制一条辅助线),对镜像过来的图线,再执行一次镜像操作,效果如图 4-2G 右图所示。

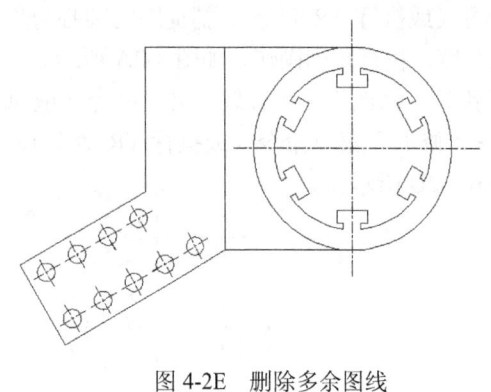
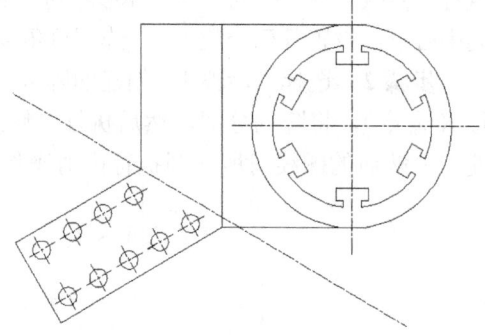

图 4-2E　删除多余图线　　　　图 4-2F　绘制角平分线

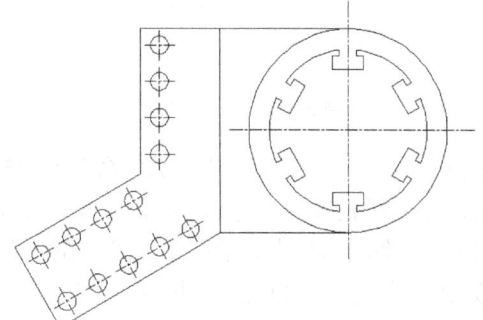
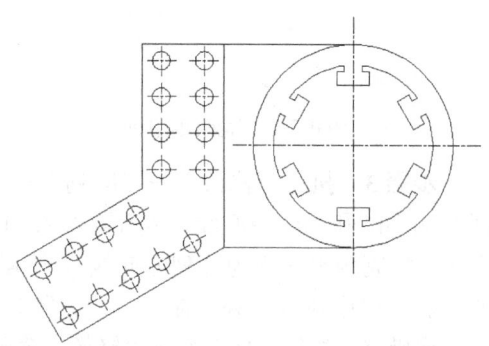

图 4-2G　两次镜像圆操作和效果

步骤 8 执行"修改"→"复制"菜单命令（或执行 CO 命令），竖直复制（等距）一个右侧的圆和中心线，完成所有图线的绘制，如图 4-2H 所示。

步骤 9 完成后将图形存入考生文件夹，并命名为 KSCAD4-2.dwg。

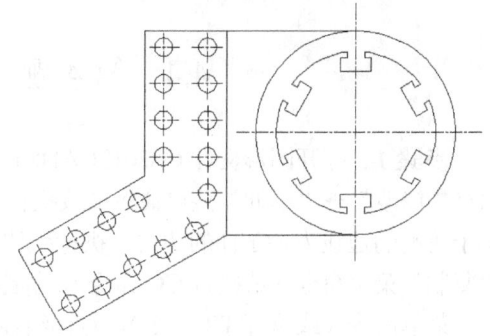

图 4-2H 复制圆和中心线效果

4.3 第 3 题（机械类）解答

步骤 1 打开图形文件 C:\2012CADST\Unit4\CADST4-3.dwg，选中左侧矩形，执行"修改"→"旋转"菜单命令（或执行 RO 命令），捕捉矩形中心点为基准点，将其旋转 90 度，如图 4-3A 所示。

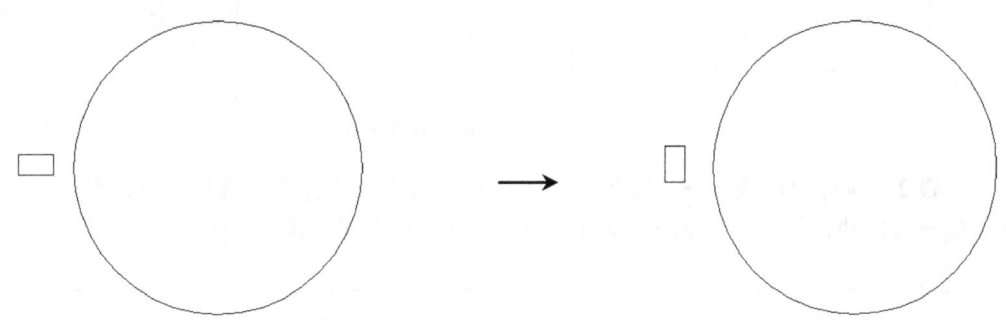

图 4-3A 旋转矩形操作

步骤 2 选中旋转后的矩形，执行"修改"→"阵列"→"环形阵列"菜单命令（或执行 AR 命令），捕捉圆的圆心为阵列中心点，设置阵列个数为 8、阵列总角度为 270 度，执行阵列操作，如图 4-3B 所示。

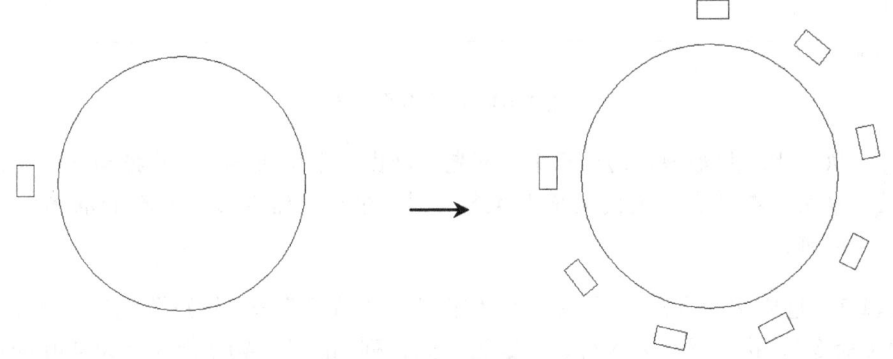

图 4-3B 旋转阵列操作

步骤 3 完成后将图形存入考生文件夹，并命名为 KSCAD4-3.dwg。

4.4 第4题（机械类）解答

步骤1 打开图形文件 C:\2012CADST\Unit4\CADST4-4.dwg（如图 4-4A 左图所示），执行"修改"→"延伸"菜单命令（或执行 EX 命令），以顶部直线为边界线，选择左下角梯子两侧的边线为要延伸的边线，执行延伸操作（如图 4-4A 中图所示）；执行"修改"→"复制"菜单命令（或执行 CO 命令），等距复制多条横向梯线；然后执行"修改"→"修剪"菜单命令（或执行 TR 命令），对梯线经过的位置进行修剪，效果如图 4-4A 右图所示。

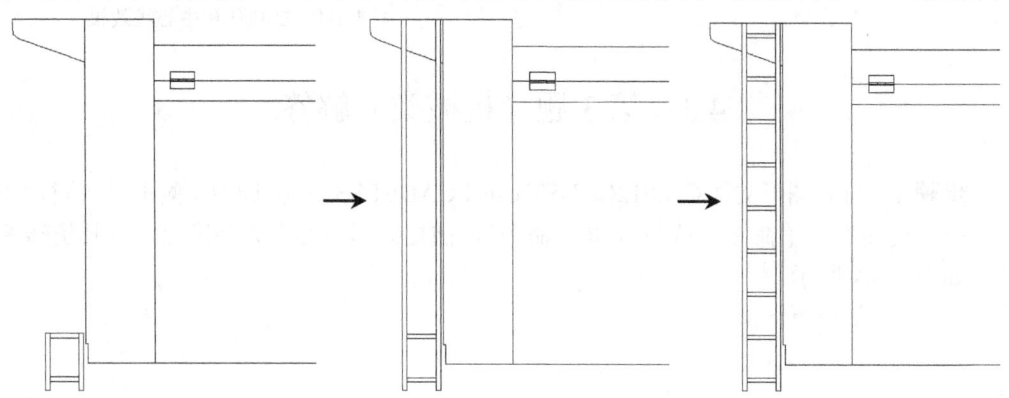

图 4-4A　延伸、剪裁和复制梯子效果

步骤2 执行"修改"→"阵列"→"矩形阵列"菜单命令（或执行 AR 命令），选择左侧合页图块，执行个数为 5、间距为 1150 的横向阵列操作，如图 4-4B 所示。

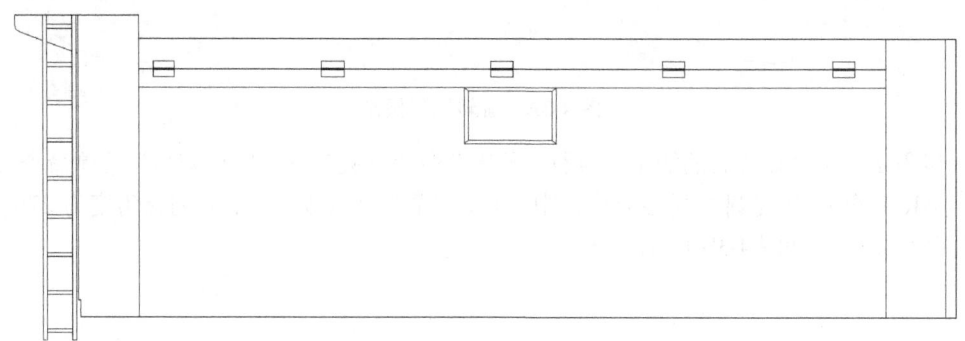

图 4-4B　阵列合页效果

 执行上述矩形操作的过程中，可先拖动出 5 个图块单击，再拖动一个大概位置单击，在弹出的快捷菜单中执行"列"命令，然后设置列数和准确的列间距即可。

步骤3 选中中间方框图形，执行"修改"→"阵列"→"矩形阵列"菜单命令（或执行 AR 命令），执行行数为 3 行、列数为 4 列、列间距为 740、行间距为-490 的矩形阵列操作，如图 4-4C 所示。

步骤4 执行"修改"→"镜像"菜单命令（或执行 MI 命令），选择"步骤3"阵列的图线,以中间方框图形的经过中心点竖直线为镜像线,执行镜像操作;然后执行"修改"→"分解"菜单命令(或执行 X 命令),将阵列图形分解,然后删除两侧多余的图线,并执行 EX 延伸和 TR 修剪命令,对图线进行适当调整,完成对图形的调整,如图 4-4D 所示。

步骤 5 完成后将图形存入考生文件夹,并命名为 KSCAD4-4.dwg。

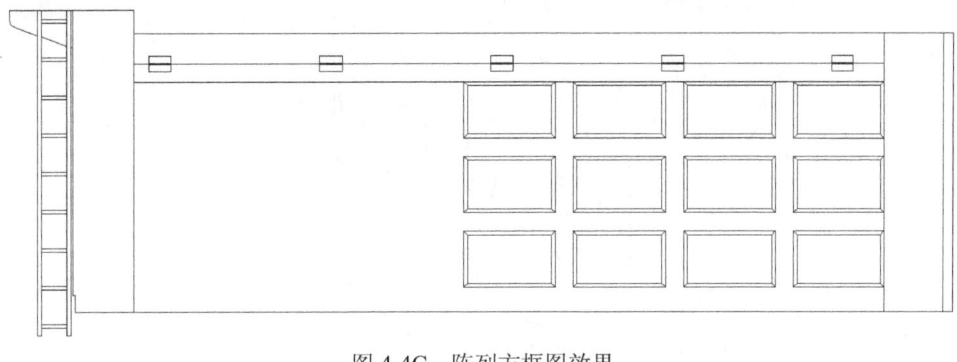

图 4-4C 阵列方框图效果

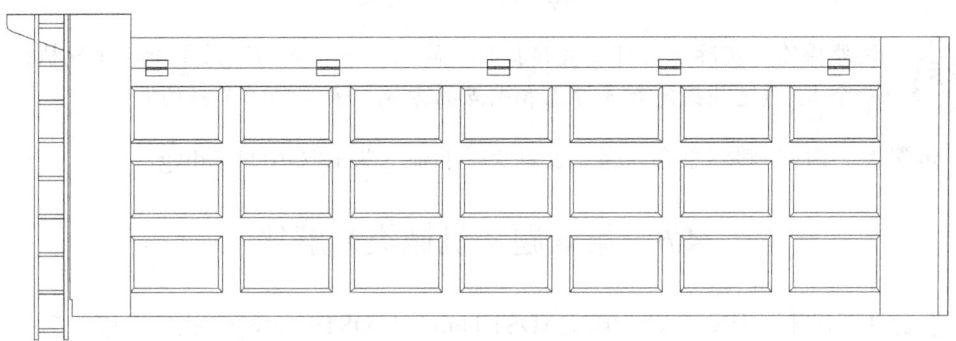

图 4-4D 镜像方框图并进行调整效果

4.5 第 5 题(机械类)解答

步骤 1 打开图形文件 C:\2012CADST\Unit4\CADST4-5.dwg(如图 4-5A 左图所示),执行"绘图"→"点"→"定数等分"菜单命令,选择倾斜直线,输入 6 个,创建 5 个等分点,如图 4-5A 右图所示。

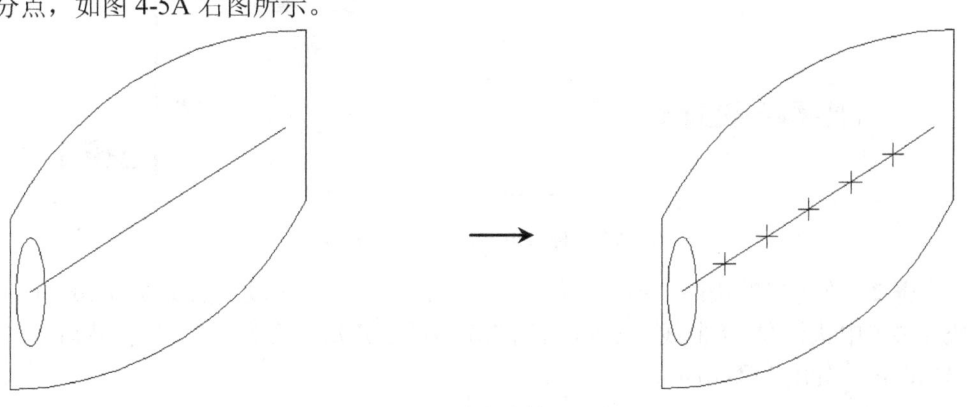

图 4-5A 创建定数等分点效果

步骤 2 执行"修改"→"阵列"→"矩形阵列"菜单命令（或执行 AR 命令），选择椭圆，然后输入 A，通过捕捉倾斜直线设置阵列方向，拖出 7 个椭圆，再单击直线的末尾端点，执行阵列操作，如图 4-5B 所示。

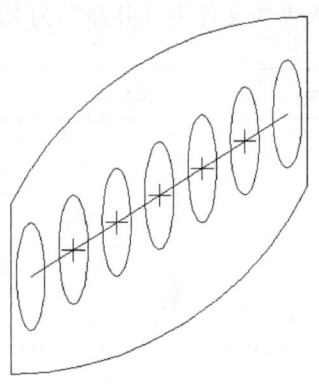

图 4-5B 执行阵列操作效果

 该处操作，实际上也可以直接执行"修改"→"复制"菜单命令（或执行 CO 命令），通过捕捉定数等分点和端点的方式，来复制多个椭圆。

步骤 3 完成后将图形存入考生文件夹，并命名为 KSCAD4-5.dwg。

4.6 第 6 题（机械类）解答

步骤 1 打开图形文件 C:\2012CADST\Unit4\CADST4-6.dwg，执行"修改"→"对象"→"多段线"菜单命令，选择三角形的一条线段，在弹出的文本框中输入 Y 后按 Enter 键，将其转变为多段线；然后在弹出的快捷菜单中执行"合并"命令，选择三角形的另外两条边线，按 Enter 键，将其合并到该多段线内，如图 4-6A 所示。

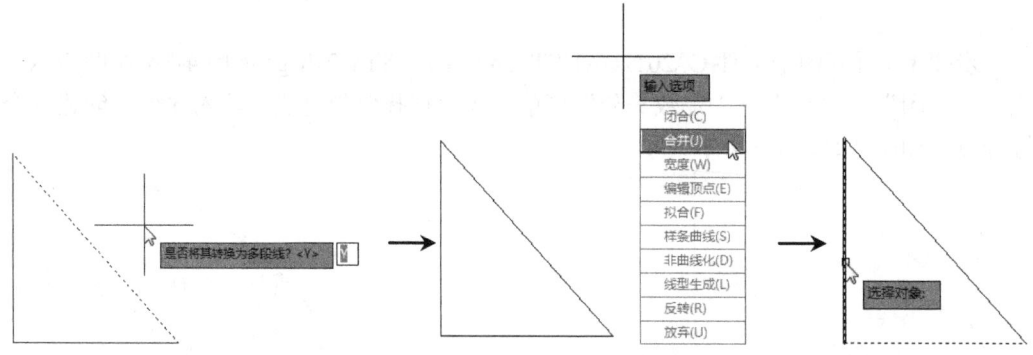

图 4-6A 将三角形转变为多段线操作

步骤 2 在弹出的快捷菜单中执行"宽度"命令，设置多段线的宽度为 10；在弹出的快捷菜单中执行"样条曲线"命令，将当前多段线三角形转变为样条曲线，然后按 Enter 键退出即可，如图 4-6B 所示。

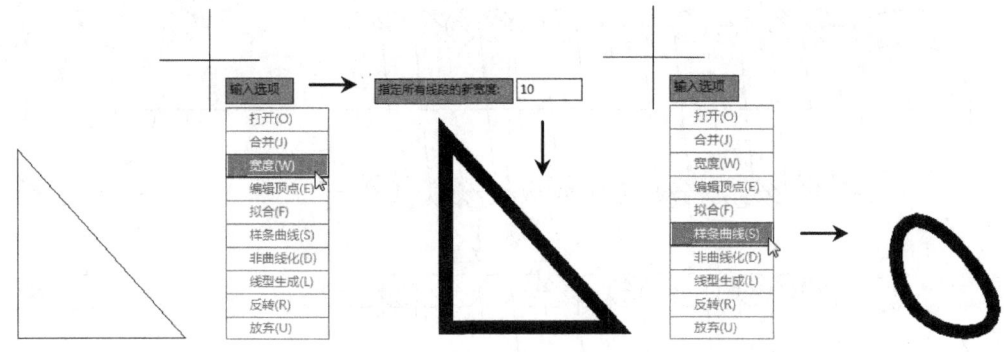

图 4-6B 设置多段线宽度并转换为样条曲线操作

步骤 3 完成后将图形存入考生文件夹，并命名为 KSCAD4-6.dwg。

4.7 第 7 题（机械类）解答

步骤 1 打开图形文件 C:\2012CADST\Unit4\CADST4-7.dwg，执行"修改"→"阵列"→"矩形阵列"菜单命令（或执行 AR 命令），选择左侧一圈弹簧截面图形，鼠标向右拖动，单击两次，然后在弹出的快捷菜单中执行"列"命令，依次输入 14 后按 Enter 键（设置阵列个数），输入 8 后按 Enter 键（设置阵列间距），执行横向阵列操作，如图 4-7A 所示。

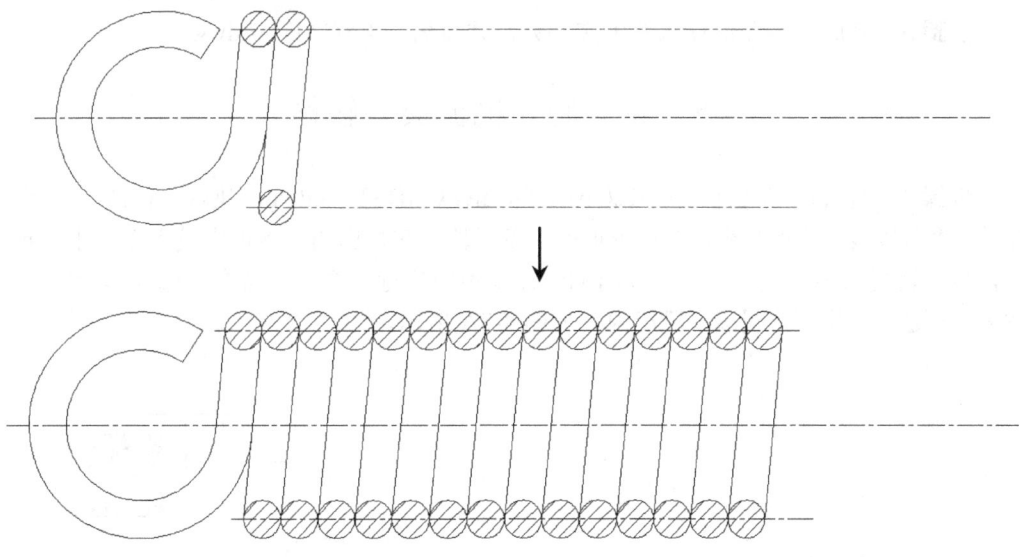

图 4-7A 执行矩形阵列效果

步骤 2 执行"修改"→"镜像"菜单命令（或执行 MI 命令），对左侧挂钩处的轮廓执行镜像操作（镜像线可设置的向右一些）；然后选择横向中心线执行镜像操作（操作完成时，选择删除镜像的源对象）；最后框选右侧镜像的挂钩处的轮廓线，通过捕捉相应端点，将其移动到对应位置处，完成所有操作，如图 4-7B 所示。

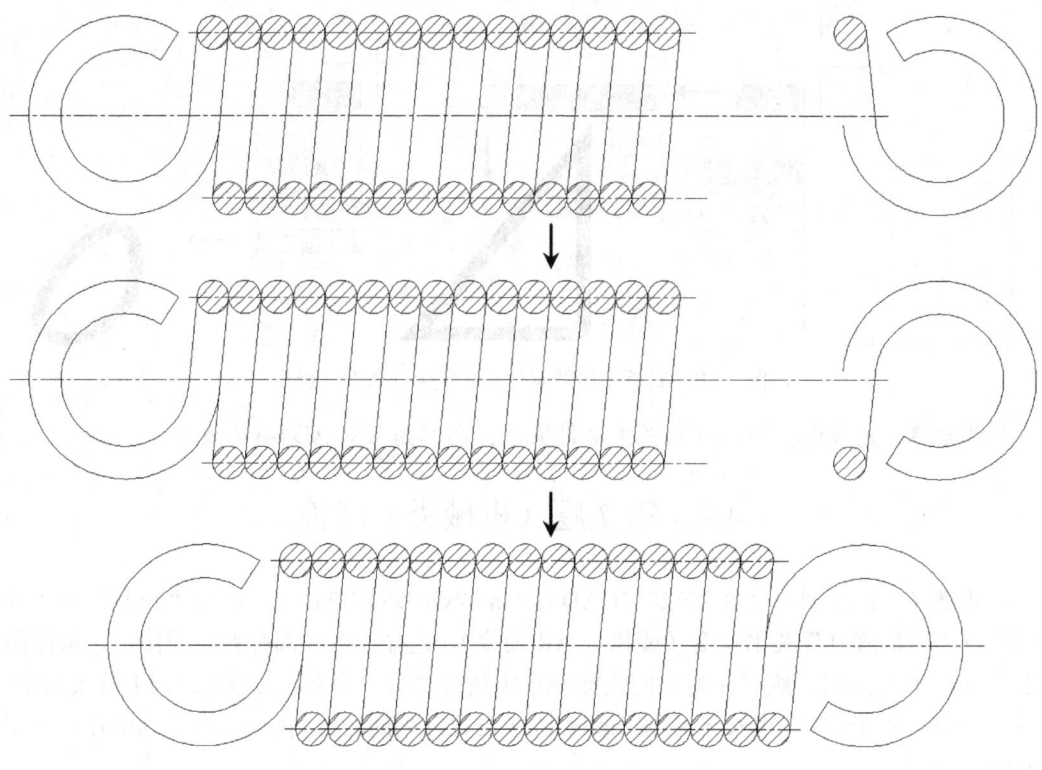

图 4-7B 执行两次镜像和移动效果

步骤 3 完成后将图形存入考生文件夹,并命名为 KSCAD4-7.dwg。

4.8 第 8 题(机械类)解答

步骤 1 打开图形文件 C:\2012CADST\Unit4\CADST4-8.dwg,执行"修改"→"对象"→"多段线"菜单命令,选择图形的一条线段,在弹出的文本框中输入 Y 后按 Enter 键,将其转变为多段线;然后在弹出的快捷菜单中执行"合并"命令,选择其余图线,按 Enter 键,将其合并到该多段线内,如图 4-8A 所示。

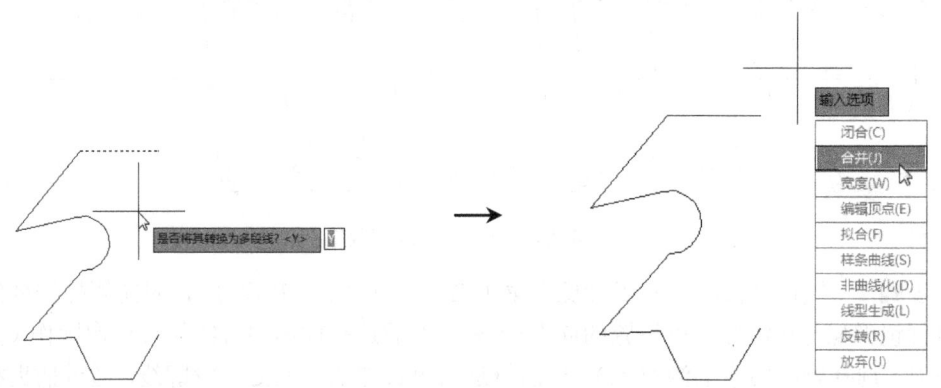

图 4-8A 将图线转变为多段线并合并其余图线

步骤 2 执行"修改"→"镜像"菜单命令（或执行 MI 命令），选择图形右侧端点执行镜像操作；然后双击镜像后的图线，在弹出的快捷菜单中执行"合并"命令，将两端多段线合并到一起，如图 4-8B 所示。

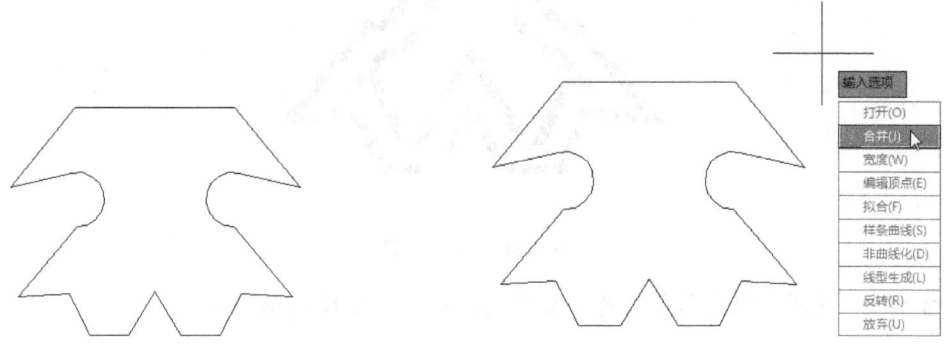

图 4-8B 镜像图线并合并操作

步骤 3 执行"修改"→"偏移"菜单命令（或执行 OF 命令），框选当前多段线，向内偏移 15 个图形单位；然后双击多段线，在弹出的快捷菜单中执行"宽度"命令，设置两段多段线的宽度都为 0.5，如图 4-8C 所示。

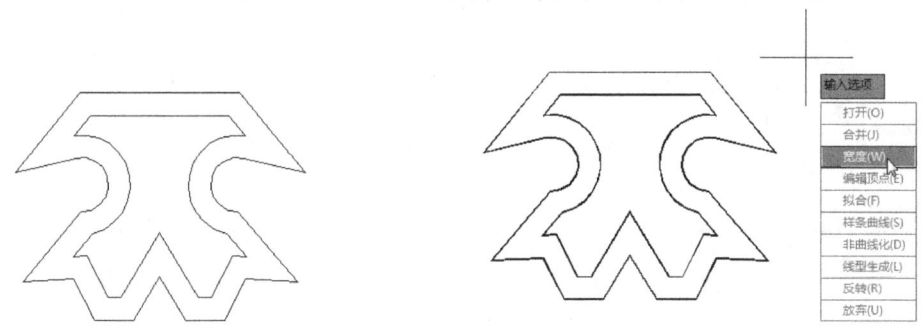

图 4-8C 偏移和设置图线宽度操作

步骤 4 单击状态栏的"线宽"按钮（如图 4-8D 左图所示），或者执行"格式"→"线宽"菜单命令，打开"线宽设置"对话框（如图 4-8D 右图所示），勾选"显示线宽"复选框，单击"确定"按钮，显示出多段线的线宽，如图 4-8E 所示。

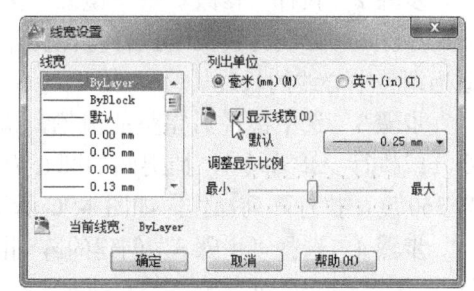

图 4-8D 显示图线宽度操作

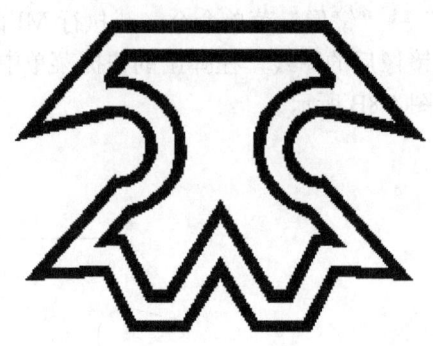

图 4-8E 最终效果

步骤 5 完成后将图形存入考生文件夹，并命名为 KSCAD4-8.dwg。

4.9 第 9 题（机械类）解答

步骤 1 打开图形文件 C:\2012CADST\Unit4\CADST4-9.dwg，选中图形中最外侧大圆，执行"修改"→"缩放"菜单命令（或执行 SC 命令），捕捉圆的圆心为缩放基准点，输入 2/3 后按 Enter 键，将圆缩小到原来的 2/3 大小，如图 4-9A 所示。

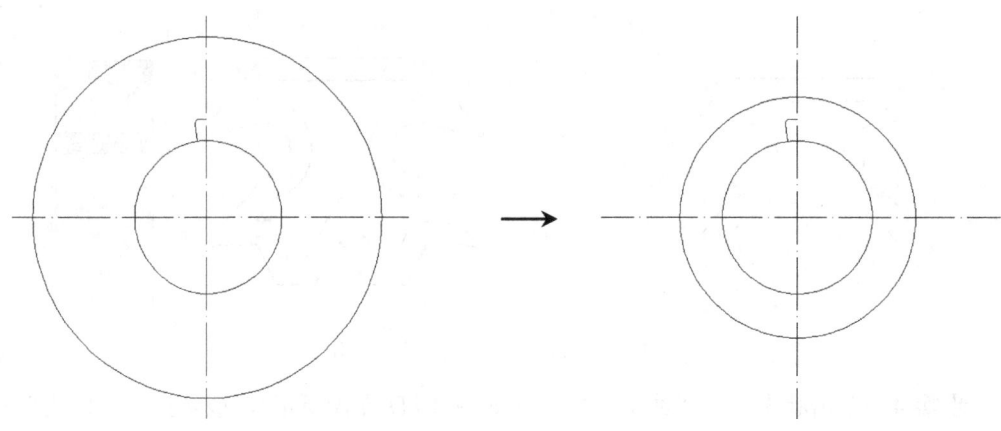

图 4-9A 缩放圆操作

步骤 2 执行"修改"→"镜像"菜单命令（或执行 MI 命令），选择左侧的齿槽部分，以竖向中心线为镜像线执行镜像操作，得到完整的齿槽，如图 4-9B 所示。通过拖动，适当调整中心线的长度。

步骤 3 选中镜像后完整的齿槽，执行"修改"→"阵列"→"环形阵列"菜单命令（或执行 AR 命令），捕捉圆的圆心为阵列中心点，设置阵列个数为 12、阵列总角度为 360 度，执行阵列操作，如图 4-9C 所示。

步骤 4 选择"步骤 3"创建的阵列图形，执行"修改"→"分解"菜单命令（或执行 X 命令），将阵列分解；然后执行"修改"→"修剪"菜单命令（或执行 TR 命令），使用分解后的图线对小圆执行修剪操作，完成图形的绘制，如图 4-9D 所示。

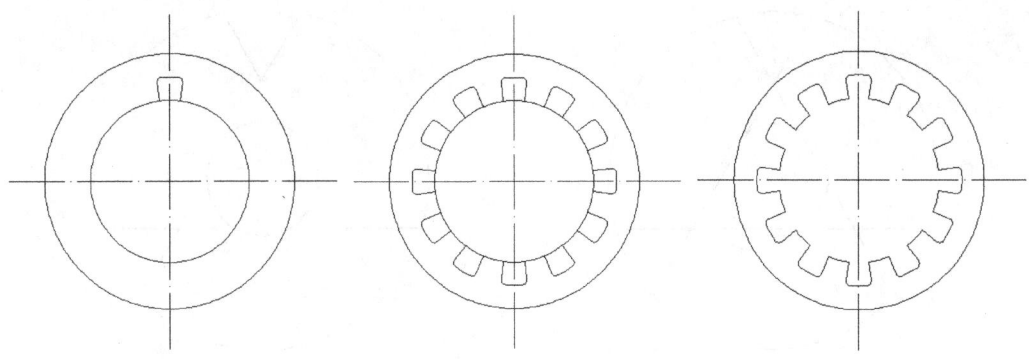

图 4-9B 镜像操作效果　　　图 4-9C 阵列操作效果　　　图 4-9D 修剪图形效果

步骤 5　完成后将图形存入考生文件夹，并命名为 KSCAD4-9.dwg。

4.10　第 10 题（机械类）解答

步骤 1　打开图形文件 C:\2012CADST\Unit4\CADST4-10.dwg，选中图形中的圆，执行"修改"→"复制"菜单命令（或执行 CO 命令），在原位置复制一个圆；然后选中复制后的圆，执行"修改"→"缩放"菜单命令（或执行 SC 命令），捕捉圆的圆心为缩放基准点，输入 1/3 后按 Enter 键，将复制的圆缩小到原来的 1/3 大小，如图 4-10A 所示。

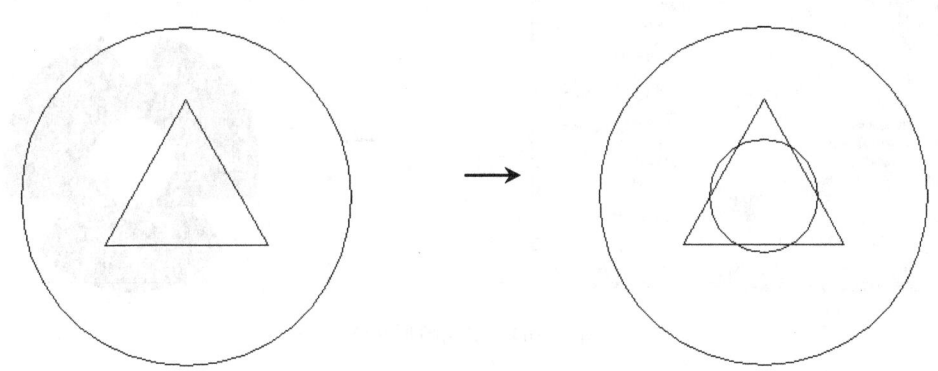

图 4-10A　复制和缩放圆操作

步骤 2　执行"修改"→"分解"菜单命令（或执行 X 命令），将三角形分解；然后执行"修改"→"延伸"菜单命令（或执行 S 命令），对三角形图线延伸到圆线，如图 4-10B 所示。

步骤 3　执行"修改"→"修剪"菜单命令（或执行 TR 命令），以互相修剪的方式对三角形图线和外圆图线等进行修剪，如图 4-10C 所示。

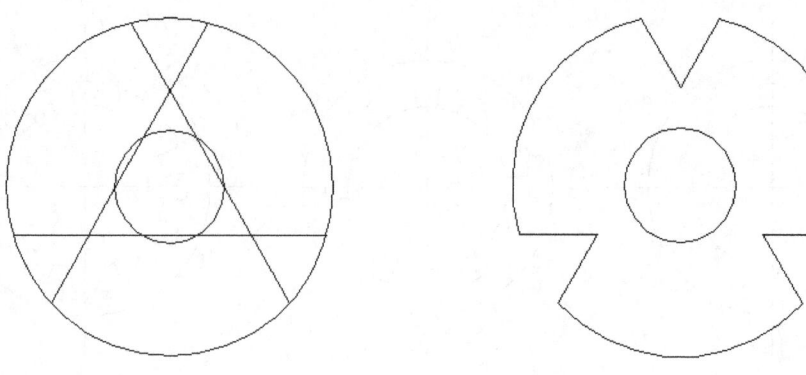

图 4-10B　延伸图线操作　　　　　　图 4-10C　修剪图线操作

步骤4　执行"绘图"→"图案填充"菜单命令,打开"图案填充和渐变色"对话框,如图 4-10D 左图所示,选用 SOLID 图案,然后单击"添加:拾取点"按钮,在图形内单击确定填充范围,单击"确定"按钮,执行填充操作,完成图形的绘制,如图 4-10D 右图所示。

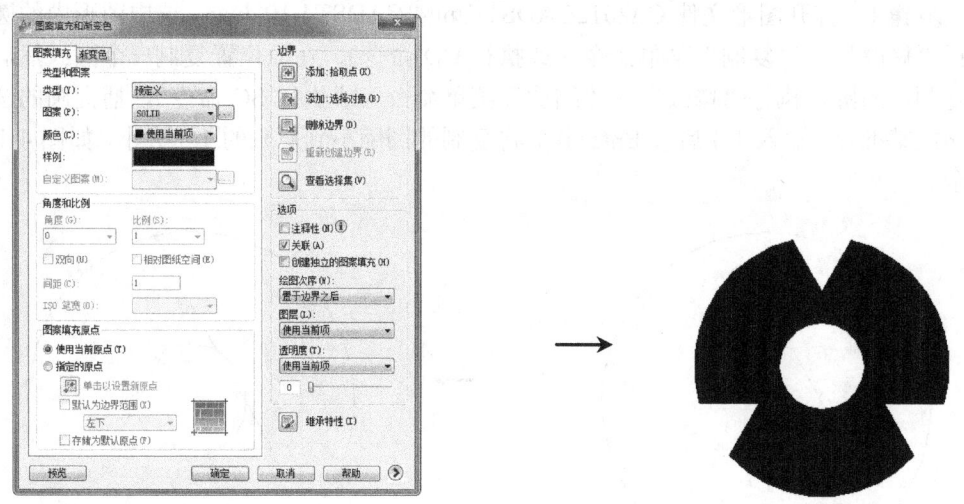

图 4-10D　填充图形操作

步骤5　完成后将图形存入考生文件夹,并命名为 KSCAD4-10.dwg。

第 5 单元　精确绘图

5.1　第 1 题（机械类）解答

步骤 1　建立新文件，执行"格式"→"图形界限"菜单命令（或执行 limits 命令），在命令行输入（0,0），按 Enter 键，再输入（200,200），按 Enter 键，设置模板的图形范围为 200×200，如图 5-1A 所示。

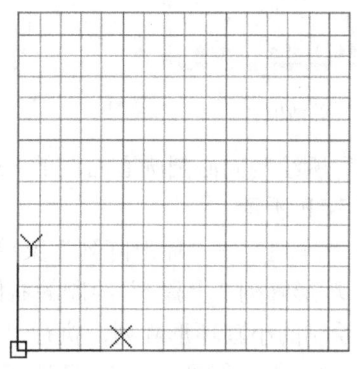

图 5-1A　绘图区域的设置效果

步骤 2　执行"格式"→"图层"菜单命令，打开"图层特性管理器"，单击"新建图层"按钮，创建"中心线"图层，图层颜色设置为红色，图层线型设置为 CENTER，如图 5-1B 所示。

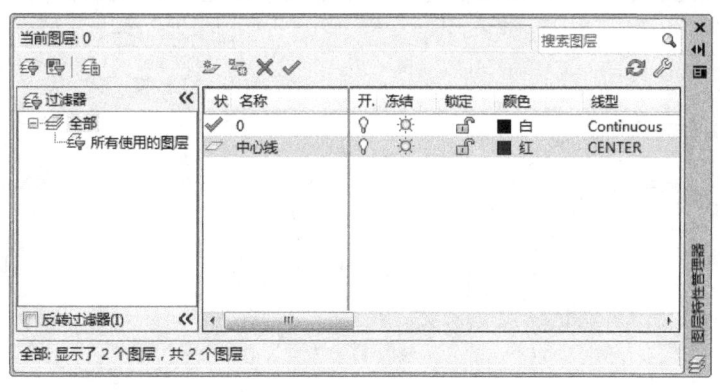

图 5-1B　图层特性管理器

步骤 3　执行"格式"→"线型"菜单命令，打开"线型管理器"对话框，设置"全局比例因子"为 0.2，设置当前 CENTER 线型的缩放比例为 2，如图 5-1C 所示。

步骤 4 将当前图层设置为"0"图层，执行"绘图"→"圆"→"圆心、半径"菜单命令（或执行 C 命令），在绘图界限内（靠绘图界限中心点位置处）单击一点确定圆心位置，输入 50，按 Enter 键，绘制一个圆。使用相同操作，再绘制 2 个半径分别为 53 和 78 的同心圆。完成后的图形如图 5-1D 所示。

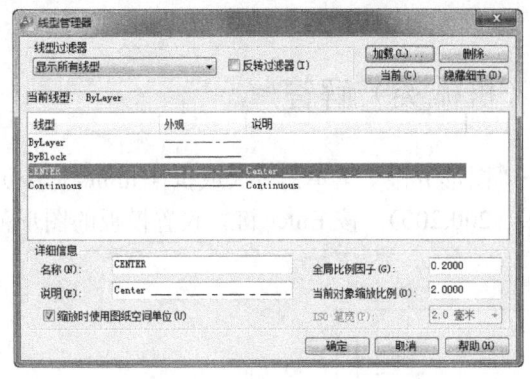

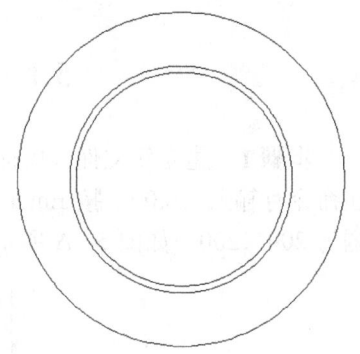

图 5-1C "线型管理器"对话框   图 5-1D 绘制 3 个圆效果

步骤 5 在距离"步骤 4"所绘制同心圆圆心右侧的 83 图形单位处，绘制一个半径为 14 个图形单位的圆，如图 5-1E 所示。

步骤 6 执行"修改"→"阵列"→"环形阵列"菜单命令，以同心圆圆心为阵列中心点，阵列个数设置为 12，环形阵列"步骤 5"绘制的右侧小圆，效果如图 5-1F 所示。

步骤 7 选择"步骤 6"绘制的小圆环形阵列，执行"修改"→"分解"菜单命令，将此环形阵列分解，并执行修剪操作，得到如图 5-1G 所示的图形。

步骤 8 以相对位置的方式，以距离同心圆圆心（@24,26）位置处，绘制两个直径分别为 9 和 6 的同心圆，如图 5-1H 所示。

 这一操作的过程为：先执行 C 命令，在命令行输入 from，按 Enter 键，然后输入"@24,26"，确定圆心位置，最后输入半径值，绘制圆即可。

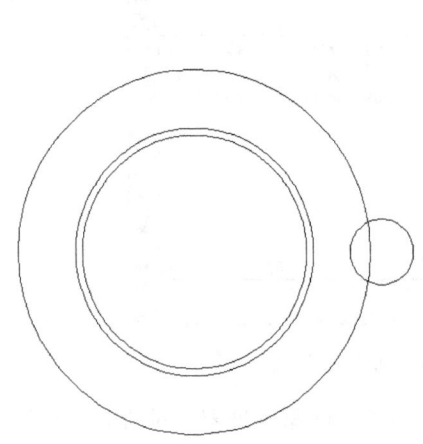

图 5-1E 绘制右侧圆效果   图 5-1F 阵列右侧圆效果

图 5-1G　阵列分解图形效果

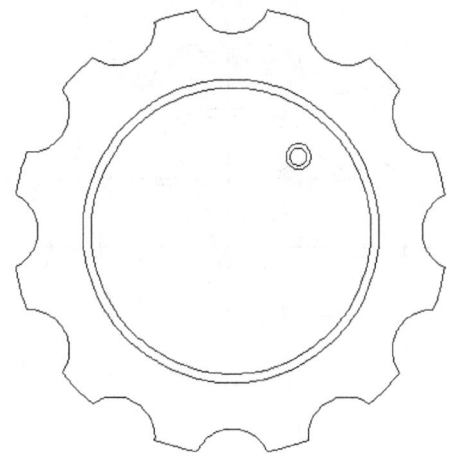
图 5-1H　绘制小同心圆效果

步骤 9　执行"修改"→"镜像"菜单命令（或执行 MI 命令），分别以"步骤 4"绘制的同心圆圆心为起点的水平和竖直线为镜像线，对"步骤 8"绘制的同心圆执行镜像操作，效果如图 5-1I 所示。

步骤 10　将当前图层设置为"中心线"图层，绘制经过"步骤 4"绘制的同心圆圆心的水平中心线，然后执行偏移操作（O 命令）将水平中心线分别向上下两侧偏移 26 个图形单位，如图 5-1J 所示。

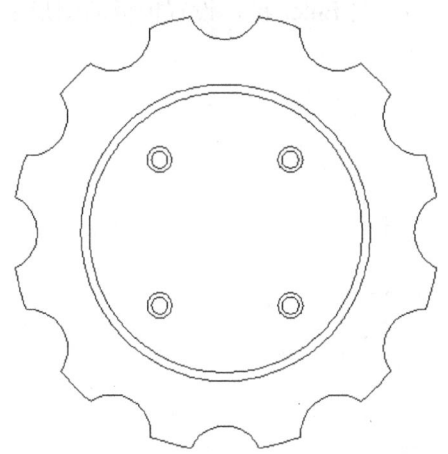
图 5-1I　镜像小同心圆效果

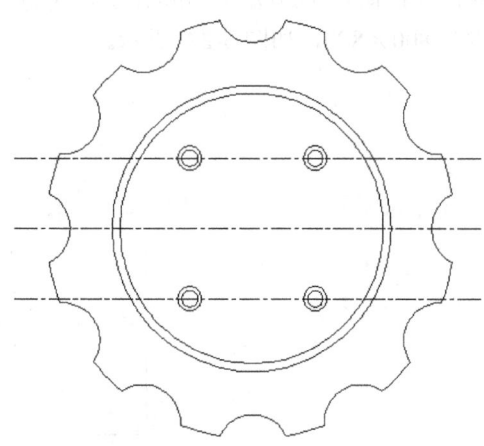
图 5-1J　偏移水平中心线效果

步骤 11　以"步骤 4"绘制的同心圆圆心为阵列中心点，阵列个数设置为 6，项目间角度设置为 30 度，对经过同心圆圆心的水平中心线执行环形阵列操作；绘制以"步骤 4"绘制的同心圆圆心为圆心、半径为 35 的圆，效果如图 5-1K 所示。

步骤 12　先分解"步骤 11"绘制的中心线的环形阵列，然后执行修剪操作，以相互修剪的方式对相应图线进行修剪。修剪完成后调整相关图线的长度，完成图形绘制，如图 5-1L 所示。

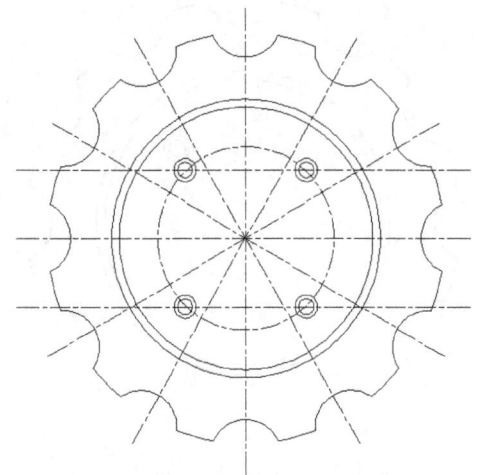
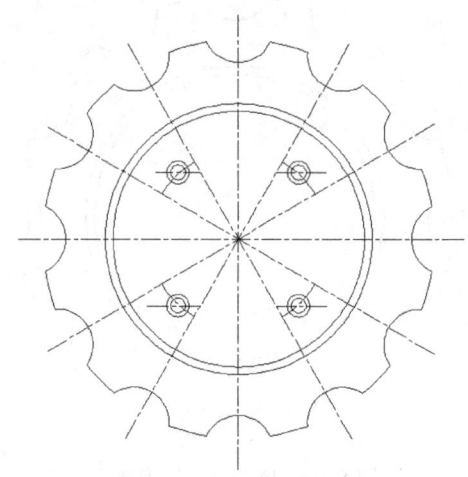

图 5-1K 绘制右侧圆效果　　　　　　　　图 5-1L 绘制右侧圆效果

步骤 13　完成后将图形存入考生文件夹，并命名为 KSCAD5-1.dwg。

5.2　第 2 题（机械类）解答

步骤 1　建立新文件，执行"格式"→"图形界限"菜单命令（或执行 limits 命令），在命令行输入（0,0），按 Enter 键，再输入（800,800），按 Enter 键，设置模板的图形范围为 800×800，如图 5-2A 所示。

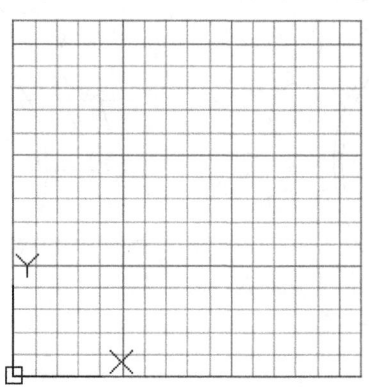

图 5-2A　绘图区域的设置效果

步骤 2　执行"格式"→"图层"菜单命令，打开"图层特性管理器"，多次单击"新建图层"按钮，创建"剖面线"和"中心线"图层，并将"中心线"图层的线型设置为 ACAD_ISO10W100、"0"图层线宽设置为 0.50mm，如图 5-2B 所示。

步骤 3　执行"格式"→"线型"菜单命令，打开"线型管理器"对话框，设置"全局比例因子"为 3，如图 5-2C 所示。

步骤 4　将当前图层设置为"0"图层，执行"绘图"→"矩形"菜单命令（或执行 REC 命令），在绘图界限内（绘图区域左下角位置处）单击一点，再输入（420,350），按

Enter 键,绘制一矩形;然后将当前图层设置为"中心线"层,绘制一条经过矩形两条竖线中点的水平中心线,如图 5-2D 所示。

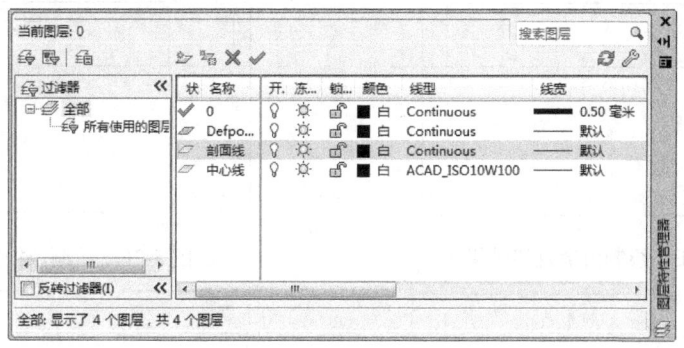

图 5-2B 图层特性管理器

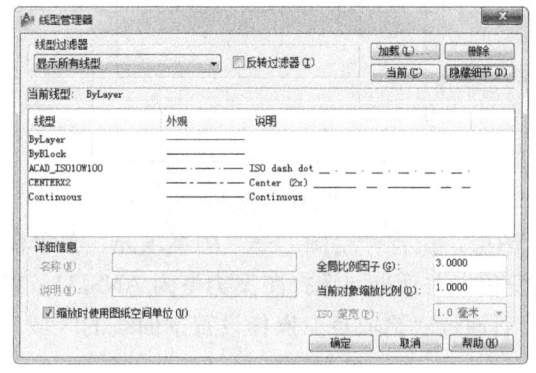

图 5-2C "线型管理器"对话框

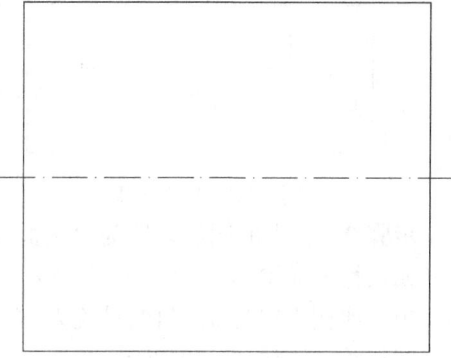

图 5-2D 绘制矩形效果

步骤 5 将当前图层重新设置为"0"图层,执行"绘图"→"直线"菜单命令(或执行 L 命令),以相对位置的方式,在距离左边竖线中点(@20,0)位置处,作为起点,向上平移鼠标,输入 125,按 Enter 键,向右平移鼠标,输入 80,按 Enter 键,向下平移鼠标到中心线交点单击鼠标;然后再次执行 L 命令,以相对位置的方式,以距离上面所绘直线终点处(@0,75)位置为起点,向右平移鼠标,输入 290,按 Enter 键,向下平移鼠标到中心线交点处,单击鼠标,完成该处图形绘制,如图 5-2E 所示。

步骤 6 执行"绘图"→"直线"菜单命令(或执行 L 命令),以"步骤 5"所绘制的图形的左上角点为起点,输入 100,按 Tab 键,输入 135,按 Enter 键;重复执行直线绘制命令,以"步骤 5"所绘制的图形的右上角点为起点,输入 100,按 Tab 键,输入 60,按 Enter 键;执行"修改"→"修剪"菜单命令,对图线进行适当修剪,效果如图 5-2F 所示。

步骤 7 执行"修改"→"镜像"菜单命令(或执行 MI 命令),以"步骤 4"绘制的中心线为镜像线,镜像"步骤 6"绘制的图形,得到如图 5-2G 所示的图形。

步骤 8 执行"修改"→"倒角"菜单命令(或执行 CHA 命令),对"步骤 4"所绘制的矩形的左侧直角进行距离为 20、角度为 45 度的倒角操作,如图 5-2H 所示。

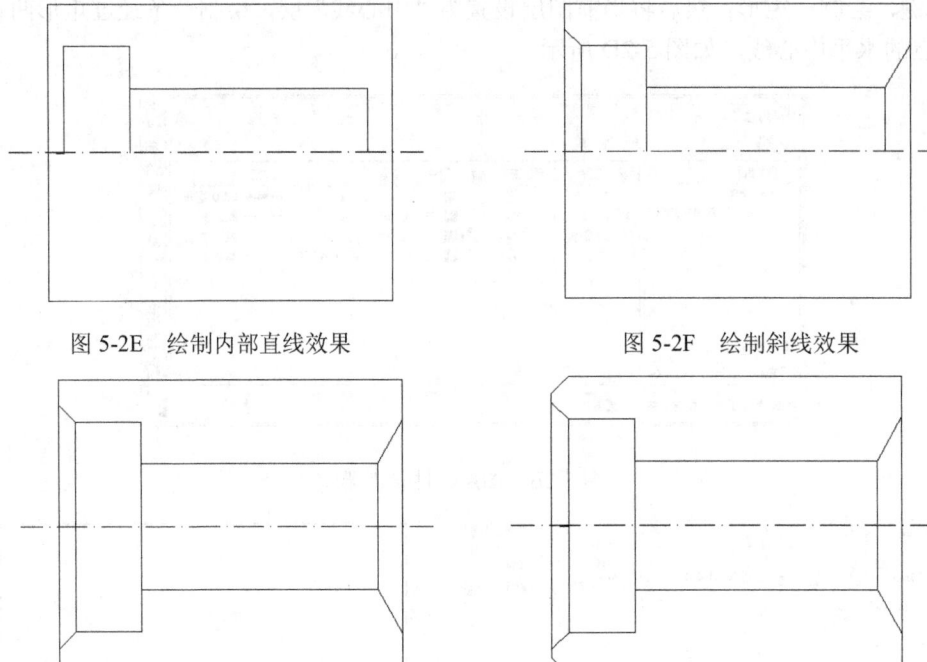

图 5-2E 绘制内部直线效果　　　　图 5-2F 绘制斜线效果

图 5-2G 镜像效果　　　　图 5-2H 绘制倒角效果

步骤 9　将当前图层设置为"剖面线"图层,执行"绘图"→"图案填充"菜单命令(或执行 H 命令),打开"图案填充和渐变色"对话框,选择图案类型为 ANSI31,将图案填充比例设置为 3,角度设置为 90,然后通过"拾取点"操作设置剖面线的区域,完成图形绘制,如图 5-2I 所示。

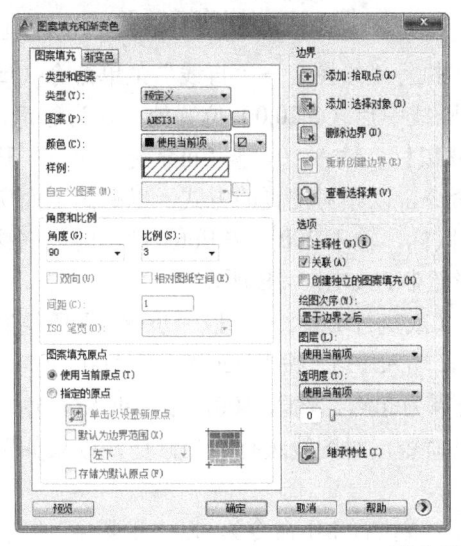 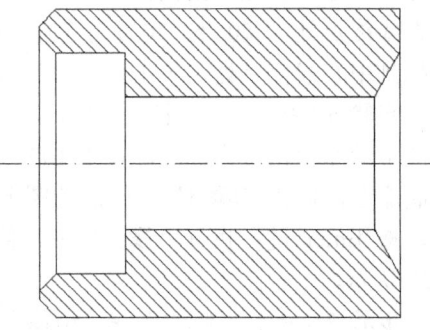

图 5-2I 图案填充效果

步骤 10　完成后将图形存入考生文件夹,并命名为 KSCAD5-2.dwg。

5.3 第 3 题（机械类）解答

步骤 1 建立新文件，执行"格式"→"图形界限"菜单命令（或执行 limits 命令），在命令行输入（0,0），按 Enter 键，再输入（200,200），按 Enter 键，设置模板的图形范围为 200×200，如图 5-3A 所示。

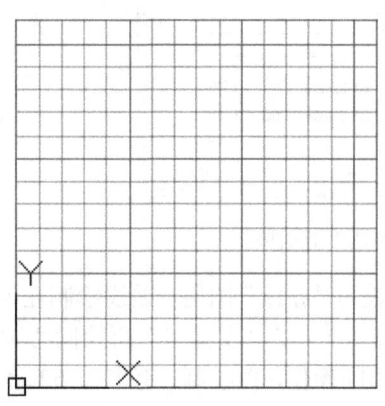

图 5-3A 绘图区域的设置效果

步骤 2 执行"格式"→"图层"菜单命令，打开"图层特性管理器"，通过单击"新建图层"按钮，分别创建"轮廓线""虚线"和"中心线"图层，其中，"中心线"图层的颜色设置为洋红色、线型设置为 CENTER，"虚线"图层的线型设置为 DASHEDX2，"轮廓线"的线宽设置为 0.30mm，如图 5-3B 所示。

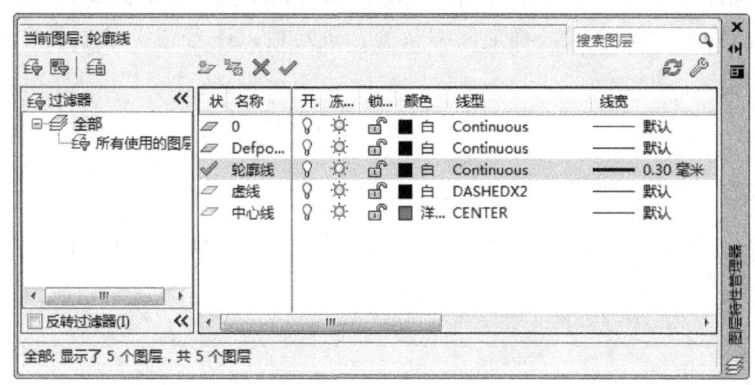

图 5-3B 图层特性管理器

步骤 3 执行"格式"→"线型"菜单命令，打开"线型管理器"对话框，设置"全局比例因子"为 0.05，如图 5-3C 所示。

步骤 4 将当前图层设置为"轮廓线"图层（所有轮廓线绘制在该图层），执行"绘图"→"圆"→"圆心、直径"菜单命令（或执行 C 命令），在绘图界限内（绘图界限靠左侧位置处）单击一点确定圆心位置，输入 31，按 Enter 键，绘制一个圆；执行相同操作，再绘制 2 个直径分别为 44 和 104 的同心圆。完成后的图形如图 5-3D 所示。

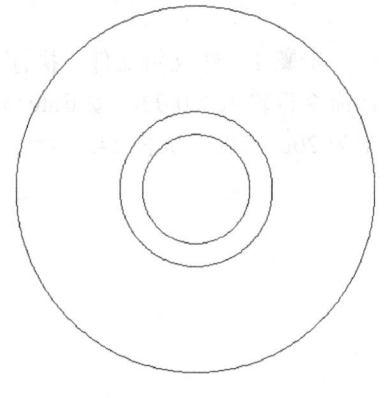

图 5-3C "线型管理器"对话框   图 5-3D 绘制 3 个圆效果

步骤 5 将当前图层设置为"虚线"图层（虚线绘制在该图层），执行"绘图"→"直线"菜单命令（或执行 L 命令），以"步骤 4"所绘同心圆的圆心为起点，绘制长度为52、角度为 8 的虚线；执行相同操作，再绘制一条长度 52、角度-8 的虚线；然后执行"修改"→"修剪"菜单命令，执行修剪操作，得到如图 5-3E 所示的图形。

步骤 6 以相对位置的方式，在距离同心圆圆心（@19,0）位置处，绘制直径为 3 的圆；执行相同操作，在距离同心圆（@43,0）位置处，绘制直径为 7 的圆；再执行"修改"→"阵列"→"环形阵列"菜单命令，绘制以同心圆圆心为阵列中心点、阵列个数设置为 4、环形阵列直径为 3 的圆，效果如图 5-3F 所示。

 先执行 C 命令，在命令行输入 from，按 Enter 键，然后选择同心圆的圆心为基点，输入"@19,0"，确定圆心位置，最后输入半径值，绘制圆即可。

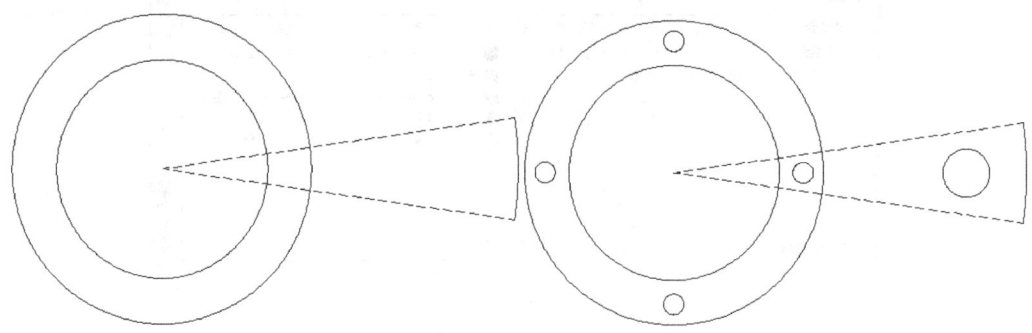

图 5-3E 绘制虚线和圆弧效果   图 5-3F 绘制大小圆效果

步骤 7 以相对位置的方式，在距离同心圆圆心（@-5,24）位置处，绘制一条长度为 13 的直线；执行"绘图"→"直线"菜单命令，连接长度为 13 的直线的右端点和半径 52 的圆弧的上端点；执行"修改"→"圆角"菜单命令，绘制半径为 8 的圆角；以相对位置的方式，在距离长度为 13 的直线的左端点（@0,4）位置处为圆心绘制直径为 4 的圆；执行"修改"→"裁剪"菜单命令，修剪掉多余的线条，得到如图 5-3G 所示的图形。

步骤 8 执行"修改"→"镜像"菜单命令（或执行 MI 命令），以"步骤 4"绘制的同心圆圆心为起点的水平线为镜像线，对"步骤 7"绘制的图形执行镜像操作，效果如图 5-3H 所示。

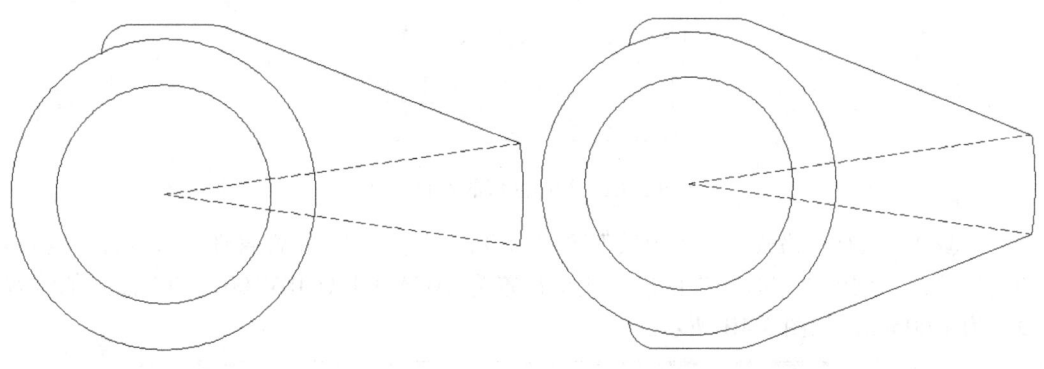

图 5-3G 绘制上侧圆形效果　　　　　图 5-3H 镜像图形效果

步骤 9 将当前图层设置为"虚线"图层，执行"绘图"→"圆"→"圆心、直径"菜单命令（或执行 C 命令），以"步骤 4"绘制的同心圆的圆心为圆心，输入 38，按 Enter 键，绘制虚线圆，如图 5-3I 所示。

步骤 10 将当前图层设置为"中心线"图层，执行"绘图"→"直线"菜单命令（或执行 L 命令），捕捉相关点绘制中心线，完成图形绘制，效果如图 5-3J 所示。

步骤 11 完成后将图形存入考生文件夹，并命名为 KSCAD5-3.dwg。

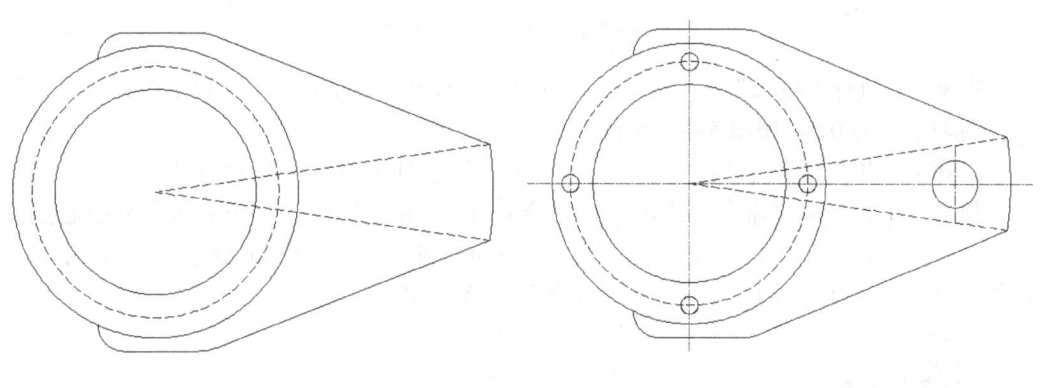

图 5-3I 绘制虚线圆效果　　　　　图 5-3J 绘制中心线效果

5.4 第 4 题（机械类）解答

步骤 1 建立新文件，执行"格式"→"图形界限"菜单命令（或执行 limits 命令），在命令行输入（0,0），按 Enter 键，再输入（200,200），按 Enter 键，设置模板的图形范围为 200×200，如图 5-4A 所示。

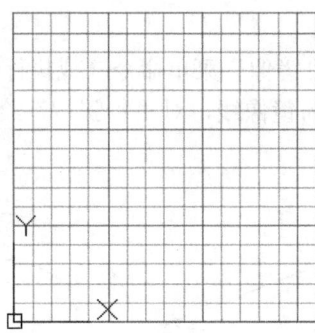

图 5-4A　绘图区域的设置效果

步骤 2　执行"格式"→"图层"菜单命令,打开"图层特性管理器",单击"新建图层"按钮,创建"中心线"图层,线型设置为 ACAD_ISO10W100,"0"图层的线宽设置为 1.00mm,如图 5-4B 所示。

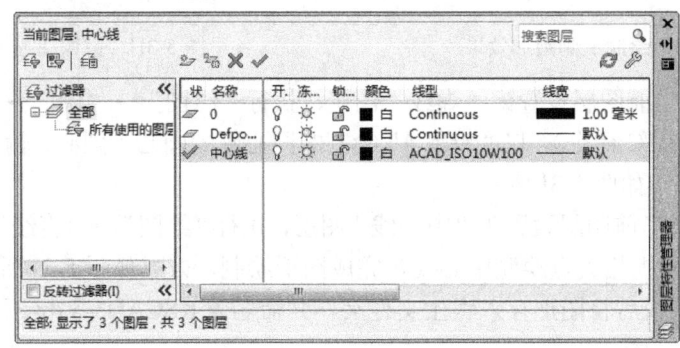

图 5-4B　图层特性管理器

步骤 3　执行"格式"→"线型"菜单命令,打开"线型管理器"对话框,设置"全局比例因子"为 0.5,如图 5-4C 所示。

步骤 4　将当前图层设置为"0"图层(轮廓线绘制在该图层),执行"绘图"→"圆"→"圆心、半径"菜单命令(或执行 C 命令),在绘图界限内("图形界限"靠中心点位置处)单击一点确定圆心位置,输入 10,按 Enter 键,绘制一个圆,执行相同操作,再绘制一个半径为 20 的同心圆。完成后的图形如图 5-4D 所示。

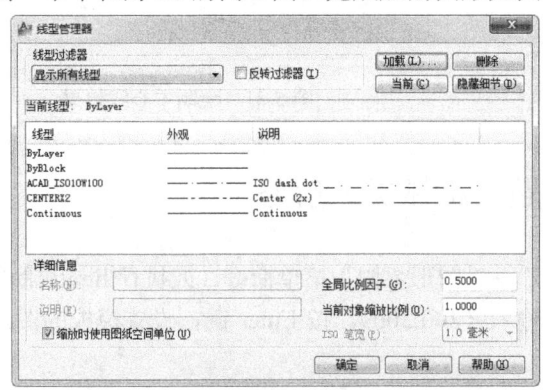

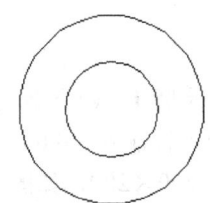

图 5-4C　"线型管理器"对话框　　　　　图 5-4D　绘制同心圆效果

步骤 5 将当前图层设置为"中心线"图层,然后绘制经过"步骤 4"绘制的同心圆圆心的中心线,如图 5-4E 所示。

步骤 6 执行"修改"→"偏移"菜单命令(或执行 O 命令),将竖直中心线向左侧偏移 10 个图形单位,将偏移得到的直线的图层改为"0"图层,并修剪图线,效果如图 5-4F 所示。

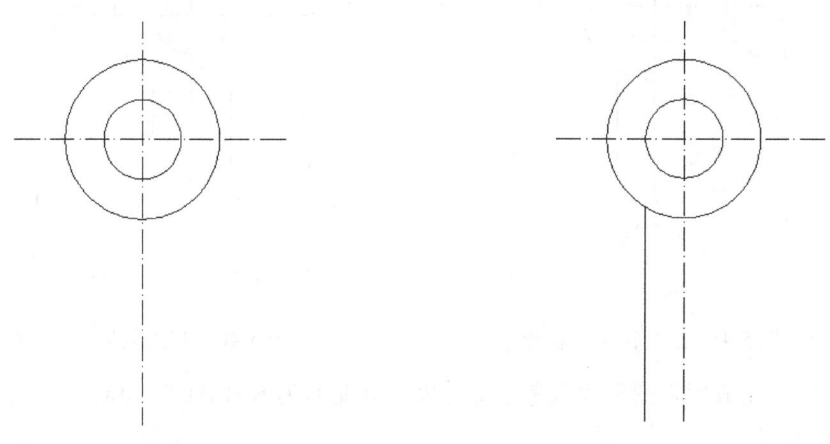

图 5-4E 绘制中心线效果　　　　　　　　图 5-4F 直线偏移效果

步骤 7 以相对位置的方式,以距离同心圆圆心(@20,40)位置处为圆心,绘制一个直径为 20 的圆;再在以距离同心圆圆心(@20,47)位置处为圆心,绘制一个直径为 40 的圆;然后执行"绘图"→"圆"→"相切、相切、半径"菜单命令,选择上面两个圆为相切圆,设置半径为 4,绘制圆,如图 5-4G 所示。

步骤 8 执行"修改"→"修剪"菜单命令,对图形进行修剪,得到如图 5-4H 所示的图形。

步骤 9 执行"修改"→"镜像"菜单命令(或执行 MI 命令),以竖直中心线为镜像线,对"步骤 7"和"步骤 8"绘制的图形执行镜像操作,效果如图 5-4I 所示。

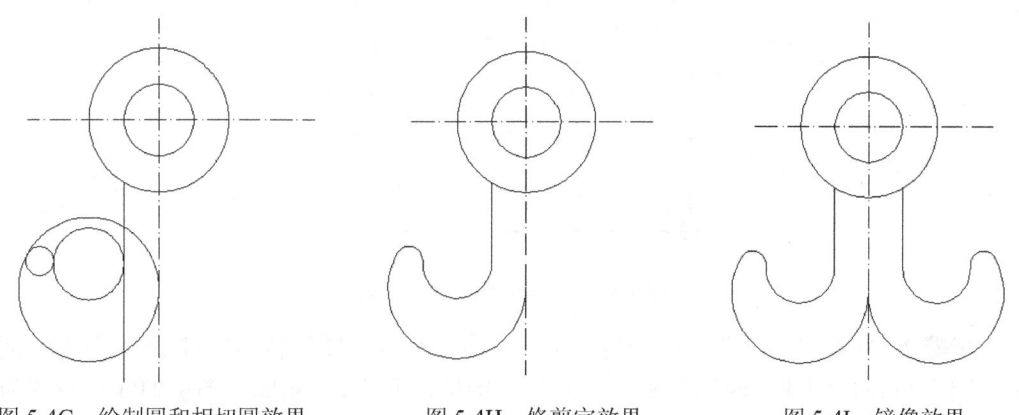

图 5-4G 绘制圆和相切圆效果　　　图 5-4H 修剪完效果　　　图 5-4I 镜像效果

步骤 10 执行"绘图"→"圆"→"相切、相切、半径"菜单命令,绘制半径为 10 的相切圆,如图 5-4J 所示。

步骤 11 执行修剪操作,以相互修剪方式,对相应图线进行修剪,然后执行"修改"→"圆角"菜单命令,绘制半径为 6 的圆角,完成图形绘制,如图 5-4K 所示。

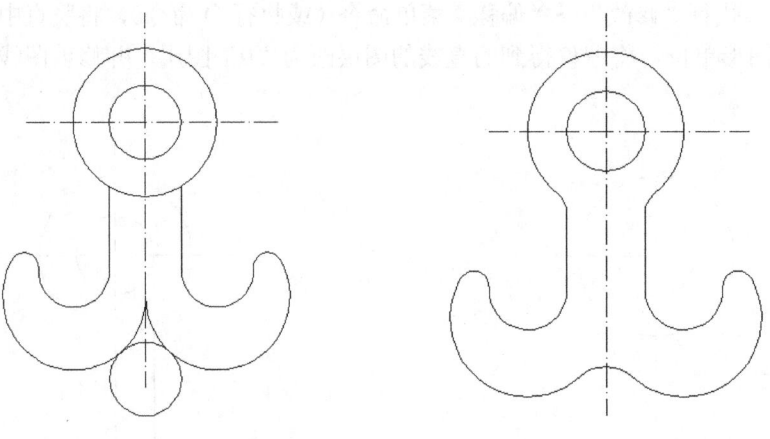

图 5-4J 绘制相切圆效果　　　　　图 5-4K 修剪效果

步骤 12 完成后将图形存入考生文件夹,并命名为 KSCAD5-4.dwg。

5.5　第 5 题(机械类)解答

步骤 1 建立新文件,执行"格式"→"图形界限"菜单命令(或执行 limits 命令),在命令行输入(0,0),按 Enter 键,再输入(200,200),按 Enter 键,设置模板的图形范围为 200×200,如图 5-5A 所示。

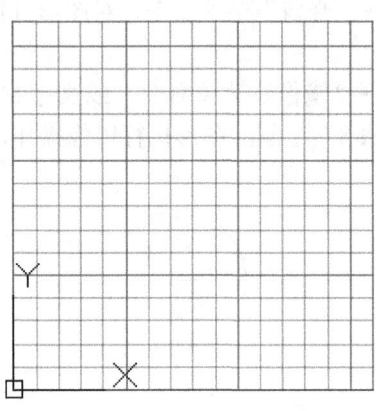

图 5-5A 绘图区域的设置效果

步骤 2 执行"格式"→"图层"菜单命令,打开"图层特性管理器",单击"新建图层"按钮,创建"轮廓"和"中心线"图层,其中,"轮廓"图层的线宽设置为 0.40mm,"中心线"图层的颜色设置为红色,线型设置为 ACAD_ISO10W100,如图 5-5B 所示。

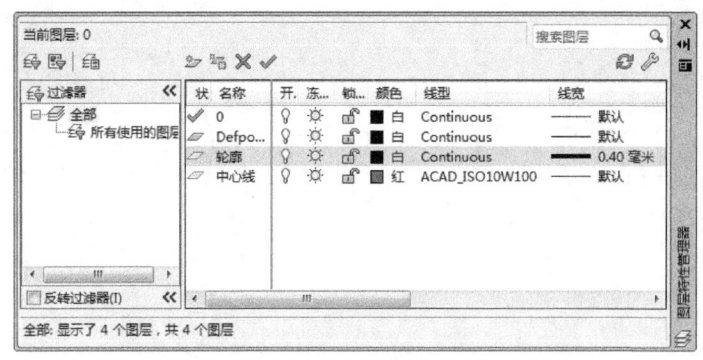

图 5-5B　图层特性管理器

步骤 3　执行"格式"→"线型"菜单命令,打开"线型管理器"对话框,设置"全局比例因子"为 0.5,如图 5-5C 所示。

步骤 4　将当前图层设置为"轮廓"图层,执行"绘图"→"圆"→"圆心、半径"菜单命令(或执行 C 命令),在绘图界限内("图形界限"靠中心点位置处)单击一点确定圆心位置,输入 22.5,按 Enter 键,绘制一个圆,完成后的图形如图 5-5D 所示。

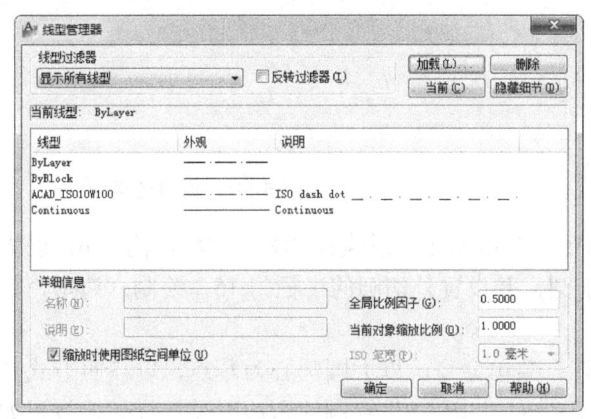

图 5-5C　"线型管理器"对话框　　　　　图 5-5D　绘制圆效果

步骤 5　以相对位置的方式,在距离"步骤 4"所绘圆圆心(@37.5,22.5)位置处,绘制两个半径分别为 5 和 10 的同心圆,再以相对位置的方式,在距离"步骤 4"所绘圆圆心(@-37.5,-22.5)位置处,绘制两个半径分别为 5 和 10 的同心圆,完成后的图形如图 5-5E 所示。

步骤 6　执行"绘图"→"直线"菜单命令(或执行 L 命令),通过输入"TAN"(两次),绘制一条与圆相切的线,再以相同步骤绘制出另一条切线,如图 5-5F 所示。

步骤 7　执行"绘图"→"圆"→"相切、相切、半径"菜单命令,绘制两个相切圆(圆的半径都为 30),如图 5-5G 所示。

步骤 8　执行"修改"→"修剪"菜单命令,对图形进行修剪,修剪后的图形如图 5-5H 所示。

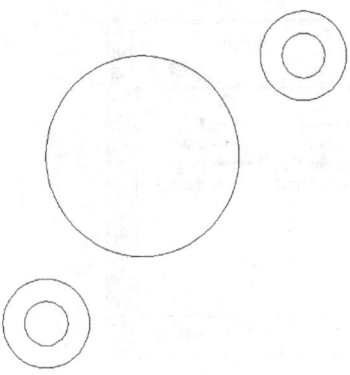
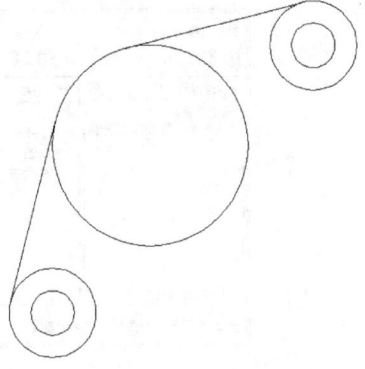

图 5-5E 绘制两侧同心圆效果　　　　图 5-5F 绘制切线效果

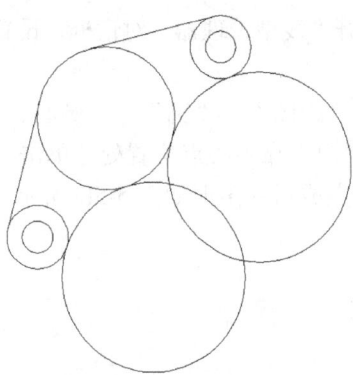
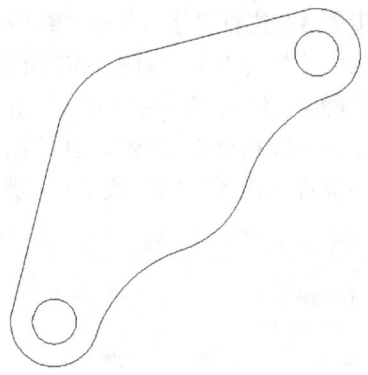

图 5-5G 绘制相切圆效果　　　　图 5-5H 修剪效果

步骤 9 执行"绘图"→"多边形"菜单命令（或执行 POL 命令），输入 6，以大圆圆心为正多边形的中心，选择外切于圆，并设置外切圆的半径为 15，绘制六边形，如图 5-5I 所示。

步骤 10 执行"修改"→"旋转"菜单命令，以大圆圆心为基点，以参照方式（令六边形的一条边与大圆弧的弦线平行），对"步骤 9"绘制的六边形进行旋转，效果如图 5-5J 所示。

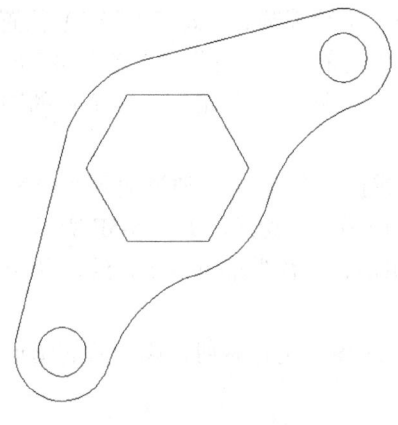
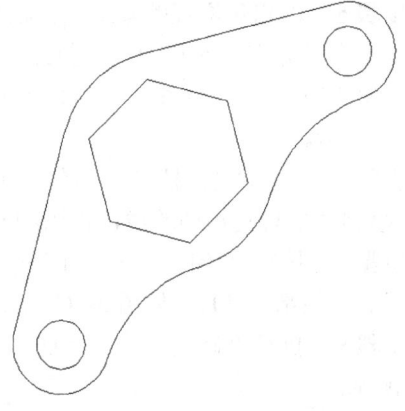

图 5-5I 绘制六边形效果　　　　图 5-5J 旋转六边形效果

步骤 11 将当前图层设置为"中心线"图层,然后绘制经过大圆圆心的中心线,并调整线条的长度,完成图形绘制,如图 5-5K 所示。

步骤 12 完成后将图形存入考生文件夹,并命名为 KSCAD5-5.dwg。

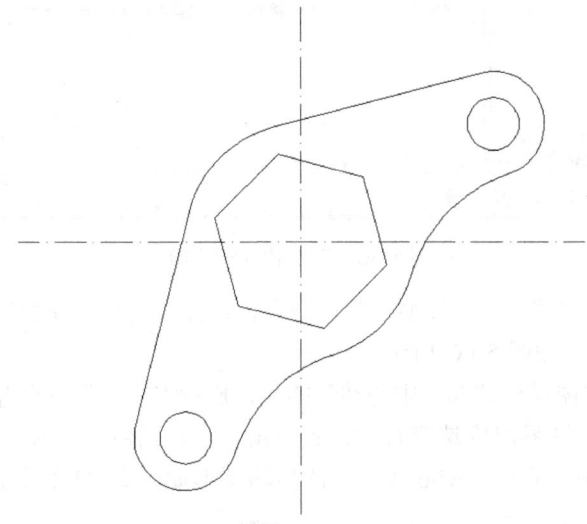

图 5-5K 绘制中心线效果

5.6 第 6 题(机械类)解答

步骤 1 建立新文件,执行"格式"→"图形界限"菜单命令(或执行 limits 命令),在命令行输入(0,0),按 Enter 键,再输入(200,200),按 Enter 键,设置模板的图形范围为 200×200,如图 5-6A 所示。

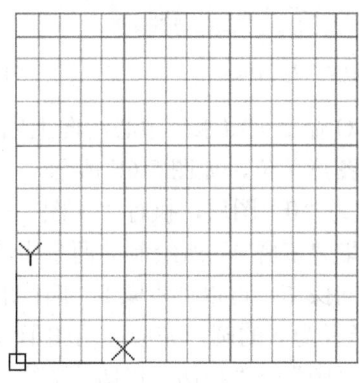

图 5-6A 绘图区域的设置效果

步骤 2 执行"格式"→"图层"菜单命令,打开"图层特性管理器",单击"新建图层"按钮,创建"中心线"图层,线型设置为 ACAD_ISO12W100,如图 5-6B 所示。

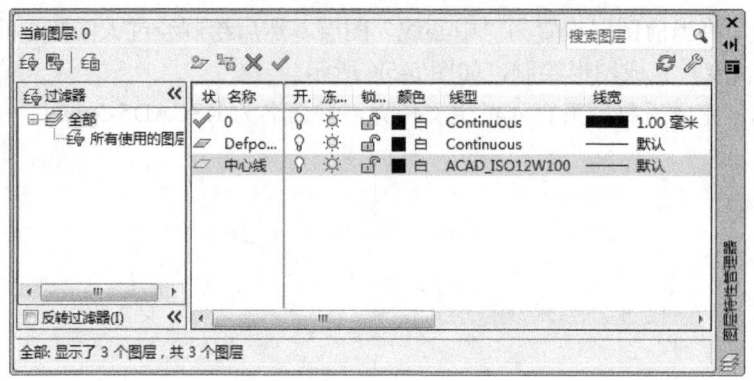

图 5-6B　图层特性管理器

步骤 3　执行"格式"→"线型"菜单命令,打开"线型管理器"对话框,设置"全局比例因子"为 0.5,如图 5-6C 所示。

步骤 4　将当前图层设置为"中心线"图层,执行"绘图"→"直线"菜单命令(或执行 L 命令),在绘图界限内选择合适位置单击一点,绘制一条竖直中心线;执行相同操作,再绘制一条相交的水平中心线。完成后的图形如图 5-6D 所示。

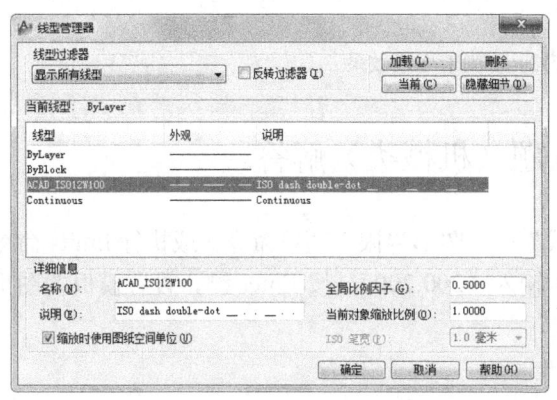

图 5-6C　"线型管理器"对话框　　　　　图 5-6D　绘制两条中心线效果

步骤 5　执行偏移操作(O 命令)将水平中心线向上偏移 50 个图形单位,再将竖直中心线分别向左右偏移 10 个图形单位,如图 5-6E 所示。

步骤 6　将当前图层设置为"0"图层,执行"绘图"→"圆"→"圆心、半径"菜单命令(或执行 C 命令),拾取"步骤 4"所绘制的两条中心线的交点为圆心,绘制一个半径为 28 的圆;然后执行相同操作,再以"步骤 5"偏移的两条竖直中心线与水平中心线的交点为圆心,绘制 2 个半径为 6 的圆,完成后的图形效果如图 5-6F 所示。

步骤 7　执行"绘图"→"圆"→"相切、相切、半径"菜单命令(或执行 C 命令),绘制与大圆和一个小圆相切的、半径为 14 的圆;执行相同操作,在另一侧绘制一个相同大小的圆,如图 5-6G 所示。

步骤 8　执行"绘图"→"直线"菜单命令(或执行 L 命令),再连接两个小圆底部端点的线,如图 5-6H 所示。

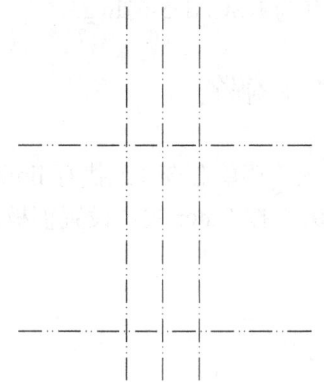
图 5-6E　利用偏移命令绘制中心线

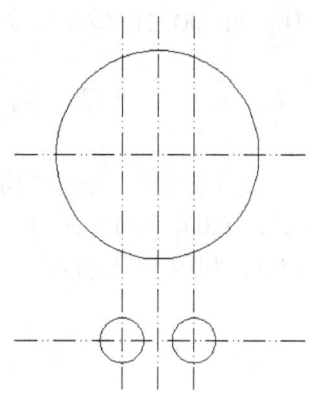
图 5-6F　绘制 3 个圆效果

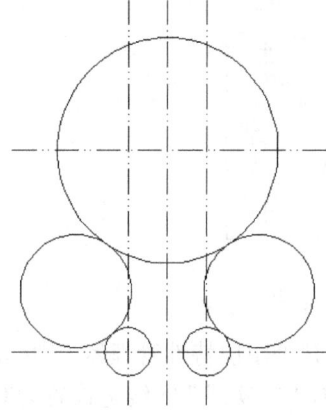
图 5-6G　利用相切半径绘制两个圆效果

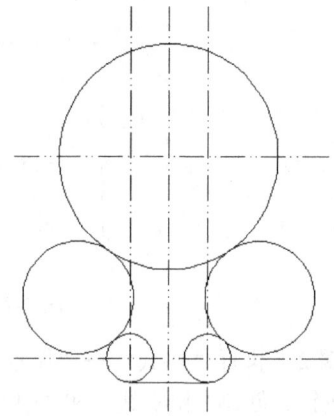
图 5-6H　绘制相切直线效果

步骤 9　执行修剪操作，以相互修剪的方式对相应图线进行修剪，完成图形绘制，效果如图 5-6I 所示。

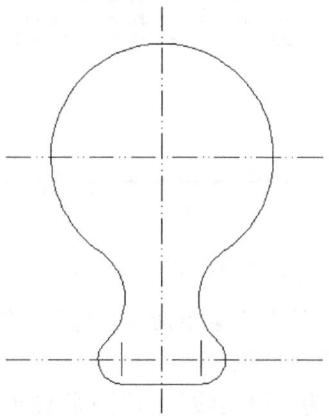

图 5-6I　绘制完成效果

步骤 10　完成后将图形存入考生文件夹，并命名为 KSCAD5-6.dwg。

5.7　第 7 题（机械类）解答

步骤 1　建立新文件，执行"格式"→"图形界限"菜单命令（或执行 limits 命令），在命令行输入（0,0），按 Enter 键，再输入（300,300），按 Enter 键，设置模板的图形范围为 300×300，如图 5-7A 所示。

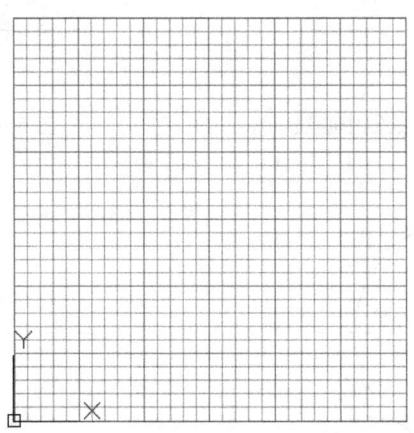

图 5-7A　绘图区域的设置效果

步骤 2　执行"格式"→"图层"菜单命令，打开"图层特性管理器"，单击"新建图层"按钮，创建"粗实线"和"中心线"图层，其中，"粗实线"的线宽设置为 0.53mm，"中心线"的线型设置为 ACAD_ISO10W100，如图 5-7B 所示。

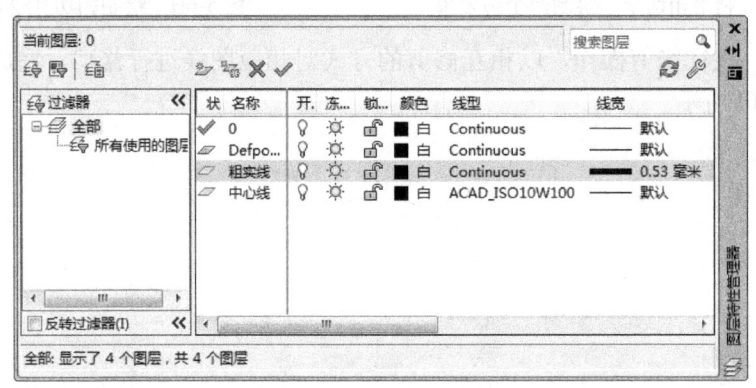

图 5-7B　图层特性管理器

步骤 3　执行"格式"→"线型"菜单命令，打开"线型管理器"对话框，设置"全局比例因子"为 0.5，如图 5-7C 所示。

步骤 4　将当前图层设置为"粗实线"图层（将图形轮廓绘制在该图层，该图层的切换操作，后面将不再重复叙述），执行"绘图"→"矩形"菜单命令（或执行 REC

命令），在绘图界限内选择合适位置单击一点，确定矩形角点，然后输入（@179,179）（或在输入框中直接输入两个 179 179 179），按 Enter 键，绘制一个矩形，如图 5-7D 所示。

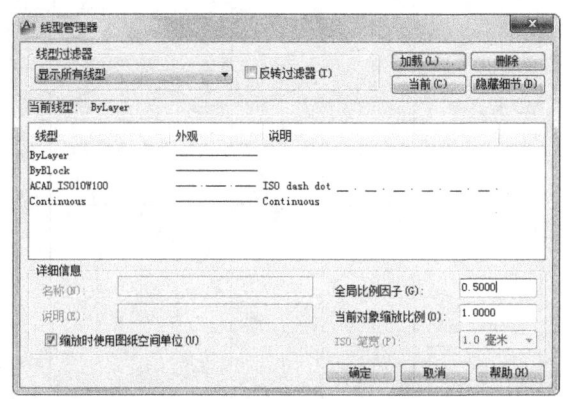

图 5-7C　"线型管理器"对话框　　　　　图 5-7D　绘制矩形效果

步骤 5　将当前图层设置为"中心线"图层（所有中心线绘制在该图层中，后续切换操作将不再赘述），执行"绘图"→"直线"菜单命令（或执行 L 命令），绘制矩形的两条中心线，再执行偏移操作（O 命令）将竖直中心线分别向左右两侧偏移 44.75 个图形单位，完成后的图形如图 5-7E 所示。

步骤 6　以相对位置的方式，在距离矩形左下角点（@4.5,4.5）位置处，绘制一个半径为 2.5 的圆，并为小圆绘制中心线，如图 5-7F 所示。

 先执行 C 命令，在命令行输入 from，按 Enter 键，然后输入"@4.5,4.5"确定圆心位置，最后输入半径值，绘制圆即可。

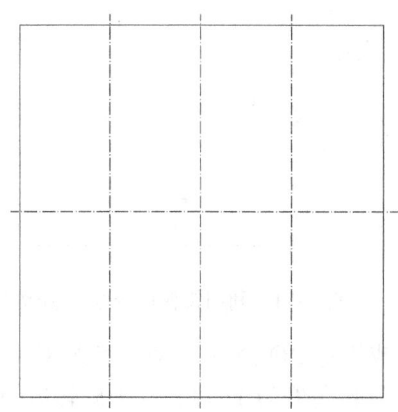
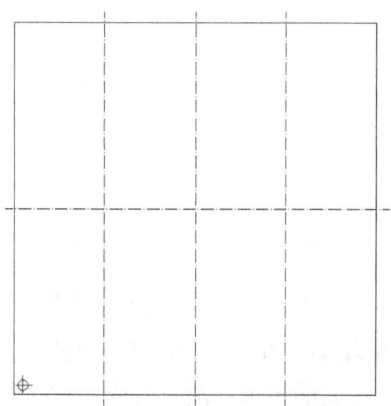

图 5-7E　绘制中心线效果　　　　　　　图 5-7F　绘制一个圆效果

步骤 7　执行"修改"→"镜像"菜单命令（或执行 MI 命令），分别以"步骤 5"绘制的矩形的水平和竖直线为镜像线，对"步骤 6"绘制的圆及其中心线执行镜像操作，效果如图 5-7G 所示。

步骤 8 执行"修改"→"圆角"菜单命令(或执行 FILLET 命令),输入 R,设置圆角半径为 3,再输入 P 按 Enter 键,然后选择矩形对矩形的所有角,执行圆角操作,效果如图 5-7H 所示。

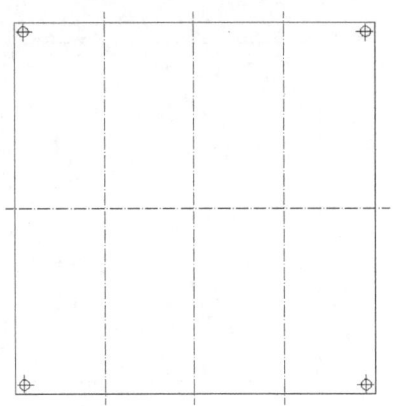
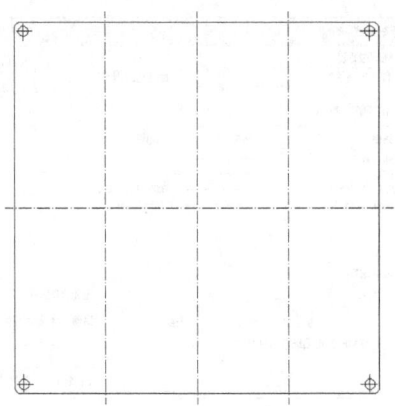

图 5-7G 利用镜像命令绘制圆效果　　　　　图 5-7H 矩形圆角效果

步骤 9 以"步骤 5"所绘制的左侧竖直中心线和水平中心线交点为中心,绘制一个 35×60 的矩形;以相对位置的方式,在距离所绘制的矩形左上角顶点(@1.5,11.5)位置处(为圆心),绘制一个半径为 2.2 的圆,并为小圆绘制中心线,如图 5-7I 所示。

步骤 10 执行"修改"→"镜像"菜单命令(或执行 MI 命令),对"步骤 9"绘制的圆及其中心线执行镜像操作,效果如图 5-7J 所示。

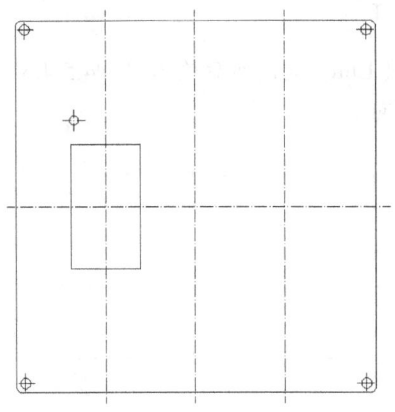
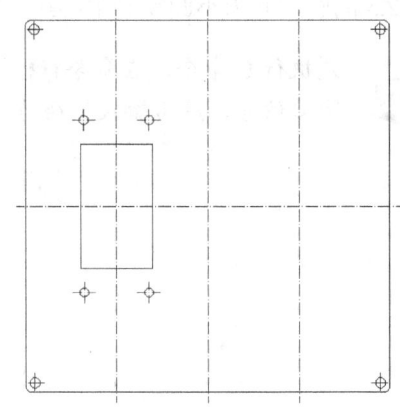

图 5-7I 绘制左侧矩形和圆效果　　　　　图 5-7J 利用镜像命令绘制圆效果

步骤 11 执行"修改"→"旋转"菜单命令(或执行 RO 命令),对"步骤 8"和"步骤 9"绘制的矩形、圆及其中心线执行旋转操作,旋转角度为 11 度,并为旋转后的矩形绘制中心线,效果如图 5-7K 所示。

步骤 12 用相同方法绘制右侧矩形、圆及其中心线(矩形大小为 35×82,也可复制左侧图形,再调整相关图线的长度进行绘制),完成图形绘制,效果如图 5-7L 所示。

步骤 13 完成后将图形存入考生文件夹,并命名为 KSCAD5-7.dwg。

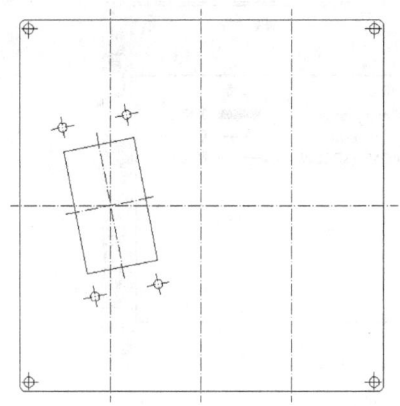
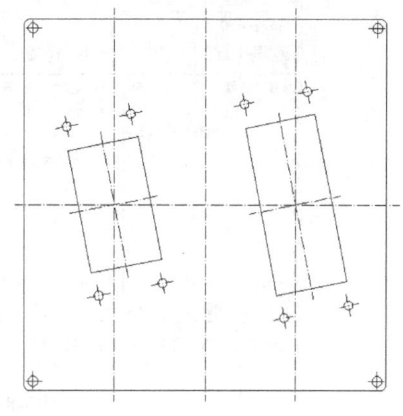

图 5-7K　利用旋转命令对矩形和圆旋转后效果　　　　图 5-7L　绘制完成效果

5.8　第 8 题（机械类）解答

步骤 1　建立新文件，执行"格式"→"图形界限"菜单命令（或执行 limits 命令），在命令行输入（0,0），按 Enter 键，再输入（300,300），按 Enter 键，设置模板的图形范围为 300×300，如图 5-8A 所示。

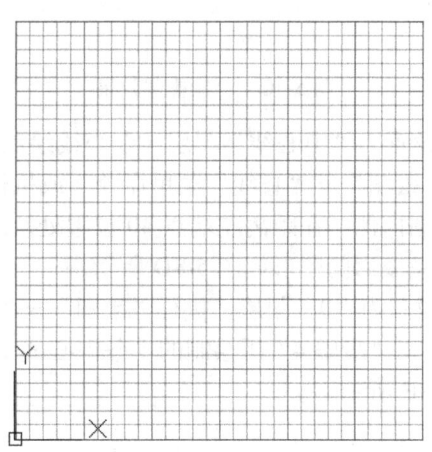

图 5-8A　绘图区域的设置效果

步骤 2　执行"格式"→"图层"菜单命令，打开"图层特性管理器"，单击"新建图层"按钮，创建"中心线"图层，线型设置为 ACAD_ISO10W100；并设置"0"图层的线宽为 0.80mm，如图 5-8B 所示。

步骤 3　将当前图层设置为"0"图层（图形轮廓线绘制在该图层），执行"绘图"→"椭圆"→"圆心"菜单命令（或执行 EL 命令），在绘图界限内（"图形界限"内靠中心点位置处）单击一点，确定圆心位置，向右平移鼠标，输入 97.5，按 Enter 键，再向上平移鼠标，输入 60，按 Enter 键，绘制一个椭圆，完成后的图形如图 5-8C 所示。

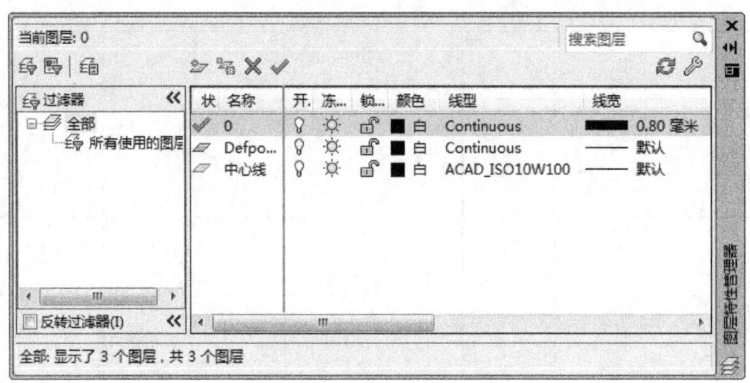

图 5-8B 图层特性管理器

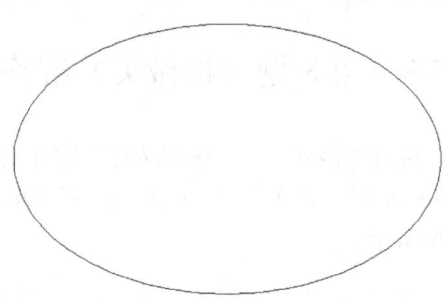

图 5-8C 绘制椭圆效果

步骤 4 将当前图层设置为"中心线"图层（中心线绘制在该图层，后续图层切换操作将不再赘述），执行"绘图"→"直线"菜单命令（或执行 L 命令），为椭圆绘制一条水平中心线；然后在椭圆内侧，在距离左端点 40 位置处及距离右端点 30 位置处，分别绘制两条竖直中心线，完成后的图形如图 5-8D 所示。

步骤 5 将当前图层设置为"0"图层，执行"绘图"→"圆"→"圆心、半径"菜单命令（或执行 C 命令），以"步骤 4"所绘制的 3 条中心线交点为圆心，分别绘制直径为 60 和 30 的圆，如图 5-8E 所示。

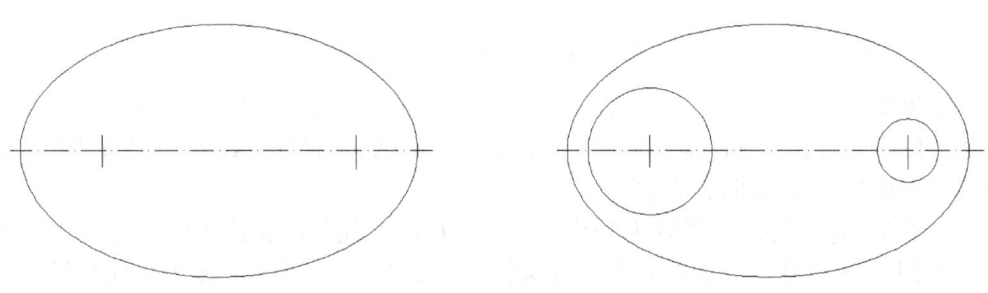

图 5-8D 绘制中心线效果　　　　　　　图 5-8E 绘制圆效果

步骤 6 执行"绘图"→"多边形"菜单命令（或执行 POL 命令），输入 6，按 Enter

键,以直径 60 的圆的圆心为中心,以"外切与圆"方式绘制内切圆半径为 15 的正六边形,如图 5-8F 所示。

步骤 7 执行"绘图"→"椭圆"→"轴、端点"菜单命令,分别单击"步骤 5"所绘制的两个圆与水平中心线在内侧的交点为端点,再向上平移鼠标,输入 20(确定短轴的距离),按 Enter 键,绘制相切椭圆,如图 5-8G 所示。

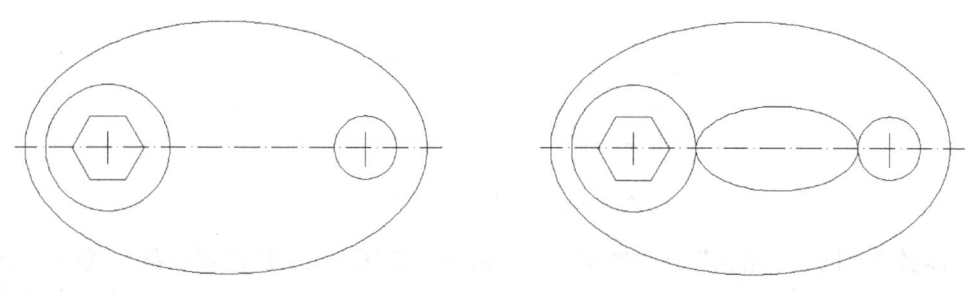

图 5-8F 绘制正六边形效果　　　　　图 5-8G 绘制椭圆效果

步骤 8 执行"绘图"→"圆"→"相切、相切、半径"菜单命令(或执行"C"→"t"命令),绘制两个与外侧圆相切且半径分别为 150 和 100 的圆,然后执行修剪操作,以相互修剪的方式对相应图线进行修剪,并绘制小椭圆的中心线,完成图形绘制,效果如图 5-8H 所示。

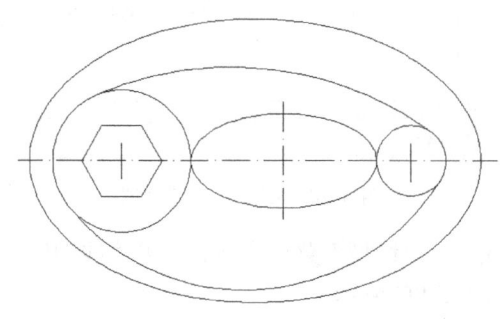

图 5-8H 绘制相切小椭圆效果

步骤 9 完成后将图形存入考生文件夹,并命名为 KSCAD5-8.dwg。

5.9 第 9 题(机械类)解答

步骤 1 建立新文件,执行"格式"→"图形界限"菜单命令(或执行 limits 命令),在命令行输入(0,0),按 Enter 键,再输入(500,500),按 Enter 键,设置模板的图形范围为 500×500,如图 5-9A 所示。

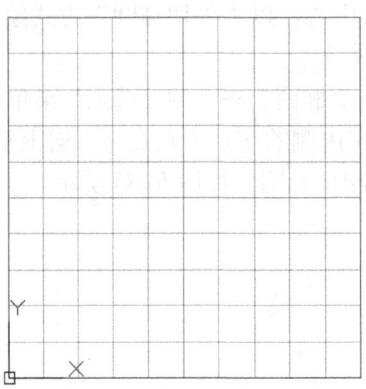

图 5-9A　绘图区域的设置效果

步骤 2　执行"格式"→"图层"菜单命令,打开"图层特性管理器",单击"新建图层"按钮,创建"粗实线"和"中心线"图层,其中,"粗实线"图层的线宽设置为 0.53mm,"中心线"图层的颜色设置为红色,线型设置为 ACAD_ISO10W100,如图 5-9B 所示。

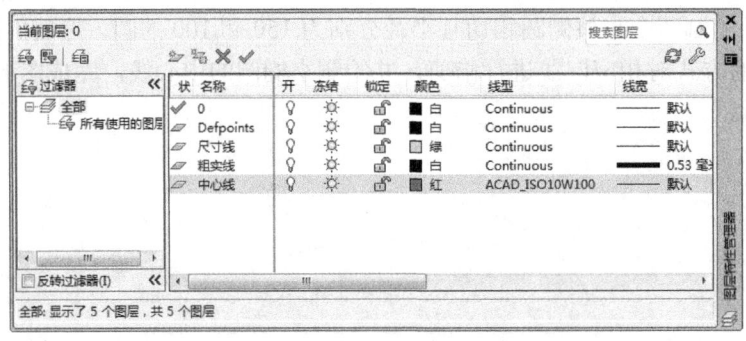

图 5-9B　图层特性管理器

步骤 3　执行"格式"→"线型"菜单命令,打开"线型管理器"对话框,设置"全局比例因子"为 0.5,如图 5-9C 所示。

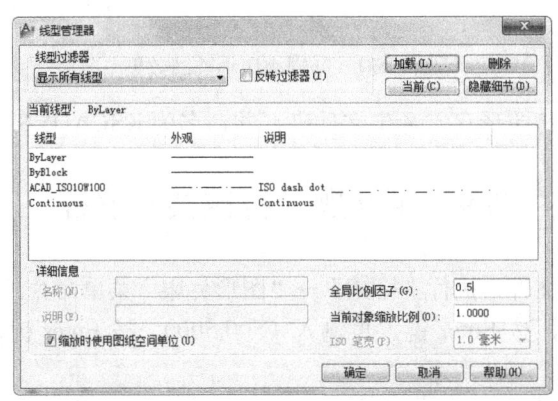

图 5-9C　"线型管理器"对话框

步骤4 将当前图层设置为"中心线"图层,执行"绘图"→"直线"菜单命令(或执行 L 命令),在绘图界限内绘制两条正交的中心线,再以中心线交点为起点绘制两条与水平中心线夹角分别为 15 度和 45 度的中心线;执行"绘图"→"圆"→"圆心、半径"菜单命令(或执行 C 命令),以中心线交点为圆心绘制半径为 102 的圆,然后执行修剪操作,以相互修剪的方式对相应图线进行修剪,如图 5-9D 所示。

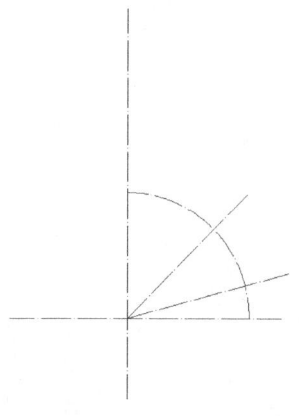

图 5-9D 绘制中心线效果

步骤5 将当前图层设置为"粗实线"图层,执行"绘图"→"圆"→"圆心、半径"菜单命令(或执行 C 命令),以"步骤4"所绘制的两条正交中心线交点为圆心,分别绘制直径为 60 和 128 的圆;再以倾斜中心线和圆弧中心交点为圆心,绘制两个半径为 12 的圆;再在竖直中心线上方相对于中心线交点 88 和 166 图形单位处,绘制两个半径为 14 的圆,如图 5-9E 所示。

步骤6 执行"绘图"→"圆弧"→"圆心、起点、终点"菜单命令(或执行 A 命令),以正交中心线交点为圆心,以相应交点为端点绘制两条圆弧,再在竖直方向上绘制两条与小圆相切的直线,如图 5-9F 所示。

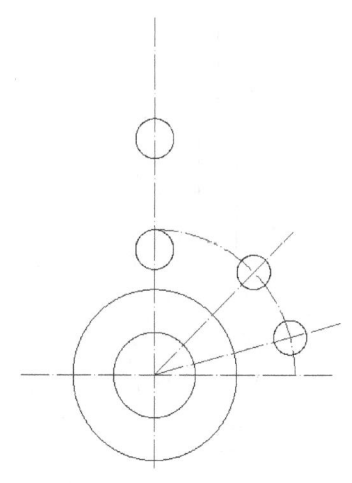

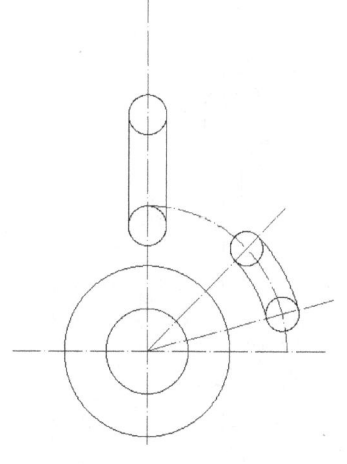

图 5-9E 绘制 6 个圆效果　　　　　　　　图 5-9F 绘制切线和圆弧效果

步骤 7 执行修剪操作,以相互修剪的方式对相应图线进行修剪,完成后的图形如图 5-9G 所示。

步骤 8 执行"修改"→"偏移"菜单命令(或执行 O 命令),将右侧槽口的两段圆弧向外偏移 12 个图形单位,将竖直中心线上槽口的三段圆弧向外偏移 14 个图形单位,完成后的图形效果如图 5-9H 所示。

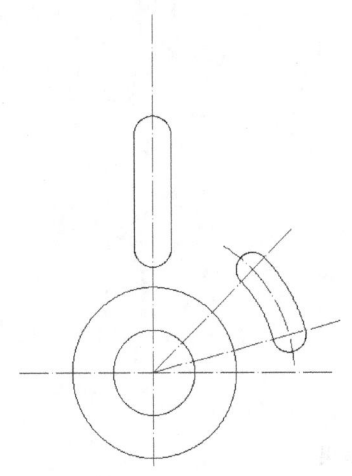 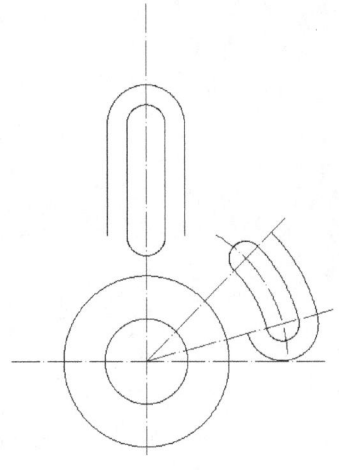

图 5-9G 修剪槽口效果　　　　　　　　图 5-9H 偏移槽口效果

步骤 9 执行"绘图"→"椭圆"→"圆心"菜单命令(或执行 EL 命令),在竖直中心线上方相对于交点 225 图形单位处(为圆心),绘制长轴半径为 25、短轴半径为 12 的椭圆,如图 5-9I 所示。

步骤 10 执行"绘图"→"圆"→"相切、相切、半径"菜单命令(或执行"C"→"t"命令),绘制与相关图线相切的半径分别为 35、30 和 15 的相切圆,效果如图 5-9J 所示。

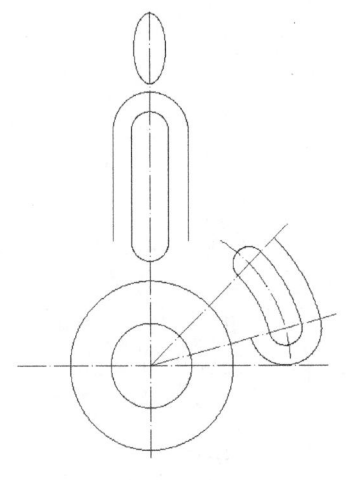 

图 5-9I 绘制椭圆效果　　　　　　　　图 5-9J 绘制 5 个相切圆效果

步骤 11 执行"修改"→"延伸"→菜单命令(或执行 EX 命令),将不与"步骤 10"绘制的相切圆相交的切线进行延长,如图 5-9K 所示。

步骤 12 执行修剪操作,以相互修剪方式,对相应图线进行修剪,效果如图 5-9L 所示。

步骤 13 执行"绘图"→"直线"菜单命令(或执行 L 命令),输入"TAN",绘制一条与相关图线相切的直线,完成图形绘制,如图 5-9M 所示。

 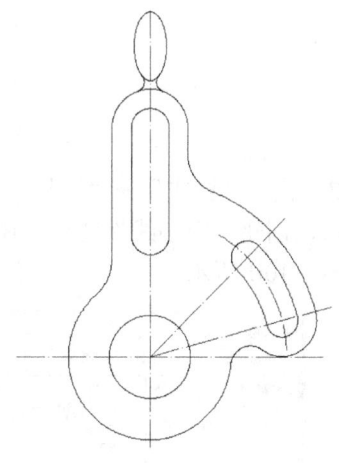

图 5-9K　延伸切线效果　　　　　图 5-9L　修剪多余圆弧效果

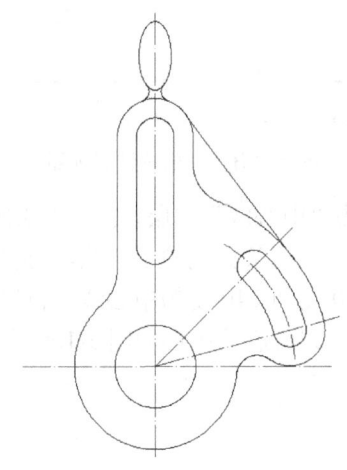

图 5-9M　绘制完成效果

步骤 14 完成后将图形存入考生文件夹,并命名为 KSCAD5-9.dwg。

5.10　第 10 题(机械类)解答

步骤 1 建立新文件,执行"格式"→"图形界限"菜单命令(或执行 limits 命令),在命令行输入(0,0),按 Enter 键,再输入(500,500),按 Enter 键,设置模板的图形范围为 500×500,如图 5-10A 所示。

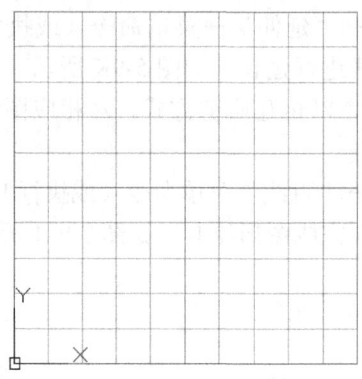

图 5-10A 绘图区域的设置效果

步骤 2 执行"格式"→"图层"菜单命令,打开"图层特性管理器",单击"新建图层"按钮,创建"中心线"图层,图层线型设置为 ACAD_ISO10W100,颜色设置为红色,如图 5-10B 所示。

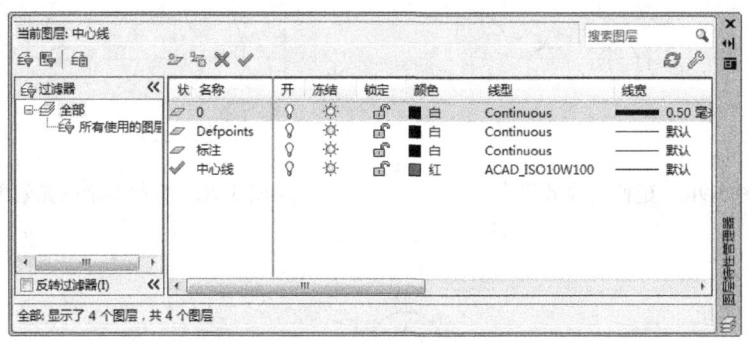

图 5-10B 图层特性管理器

步骤 3 将当前图层设置为"中心线"图层,执行"绘图"→"直线"菜单命令(或执行 L 命令),在绘图界限内绘制两条正交的中心线,再以中心线交点为起点,绘制两条与水平中心线夹角分别为 120 度和 240 度的中心线,再以中心线交点为圆心,绘制两个半径分别为 140 和 170 的圆,完成后的图形如图 5-10C 所示。

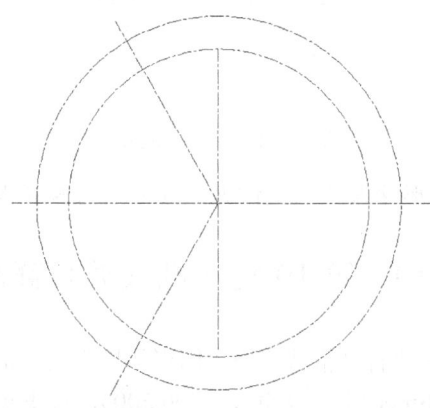

图 5-10C 绘制中心线效果

步骤 4 将当前图层设置为"0"图层,执行"绘图"→"圆"→"圆心、半径"菜单命令(或执行 C 命令),以大圆圆心为圆心,绘制直径为 100 和 200 的圆;再以一条倾斜中心线和一条圆弧中心交点为圆心,绘制半径为 10 的圆,完成后的图形如图 5-10D 所示。

步骤 5 执行"修改"→"偏移"菜单命令(或执行 O 命令),将一条倾斜中心线向两侧偏移 10 个图形单位;执行相同操作,再将该中心线向两侧偏移 30 个图形单位;并选定偏移的线,设置为"0"图层,完成后的图形如图 5-10E 所示。

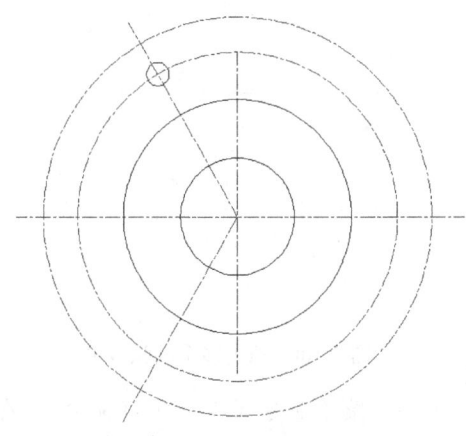 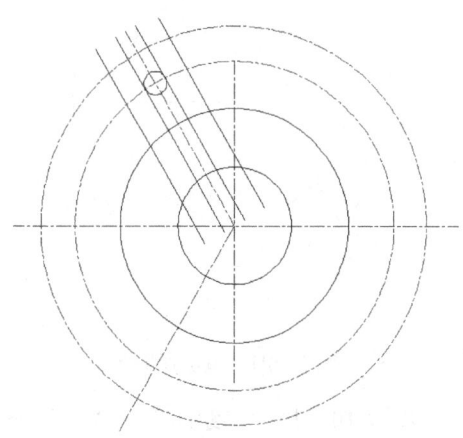

图 5-10D 绘制 3 个圆效果　　　　　　　图 5-10E 绘制偏移直线效果

步骤 6 执行修剪操作,以相互修剪的方式对相应图线进行修剪,完成后的图形如图 5-10F 所示。

步骤 7 执行"绘图"→"圆"→"相切、相切、半径"菜单命令(或执行"C"→"t"命令),绘制与最外侧大圆和"步骤 6"绘制的偏移线相切且半径为 18 的圆,并执行修剪操作,然后镜像出对称侧的图线,如图 5-10G 所示。

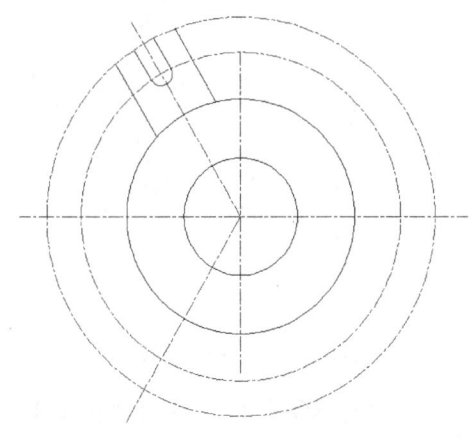 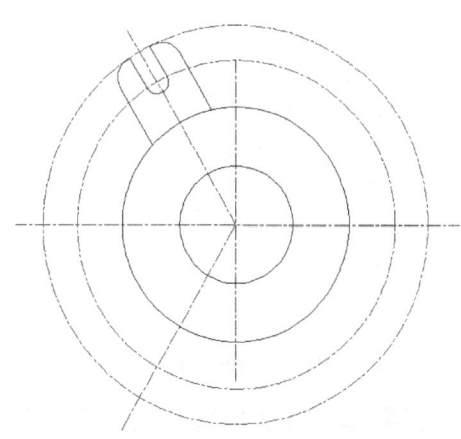

图 5-10F 修剪耳板效果　　　　　　　　图 5-10G 绘制相切圆弧效果

步骤 8 执行"修改"→"镜像"菜单命令（或执行 MI 命令），选择所绘制的耳板，以水平中心线为镜像线，执行镜像操作，完成的效果如图 5-10H 所示。

步骤 9 执行修剪操作，以相互修剪方式，对相应图线进行修剪，效果如图 5-10I 所示。

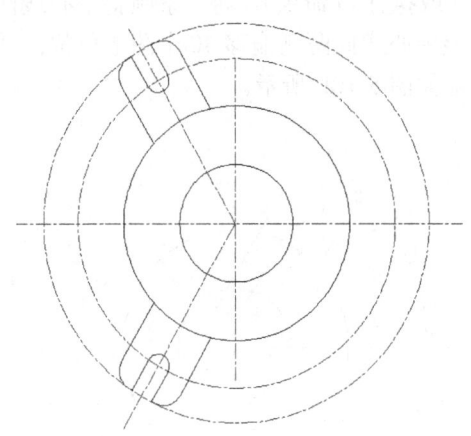

图 5-10H　镜像耳板效果　　　　　图 5-10I　修剪多余圆弧效果

步骤 10 执行"绘图"→"圆"→"圆心、半径"菜单命令（或执行 O 命令），在距离大圆圆心右侧 150 位置处，绘制两个半径分别为 15 和 30 的同心圆，如图 5-10J 所示。

步骤 11 执行"绘图"→"直线"菜单命令（或执行 L 命令），绘制一条与"步骤 10"所绘制的大圆相切的直线，如图 5-10K 所示。

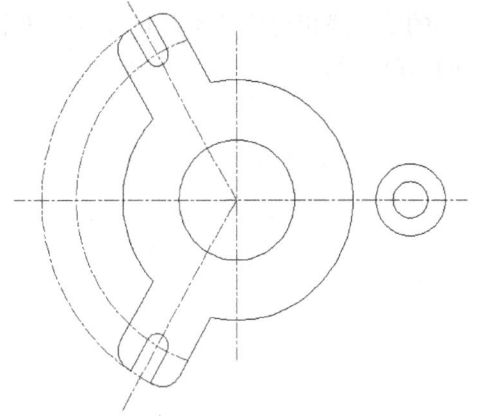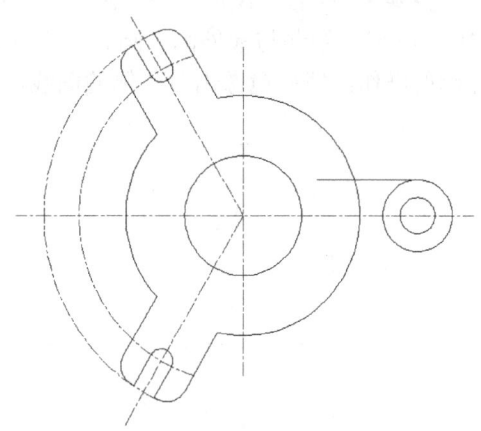

图 5-10J　绘制同心圆效果　　　　　图 5-10K　绘制相切直线效果

步骤 12 执行"修改"→"旋转"菜单命令（或执行 RO 命令），选择"步骤 10"所绘制的半径为 30 的圆和"步骤 11"所绘制的直线，按 Enter 键，单击圆心选为旋转基点，执行-13 度的旋转操作，然后执行修剪操作，效果如图 5-10L 所示。

步骤 13 执行"修改"→"镜像"菜单命令(或执行 MI 命令),选择"步骤 12"旋转后的直线,以水平中心线为镜像线,执行镜像操作,如图 5-10M 所示。

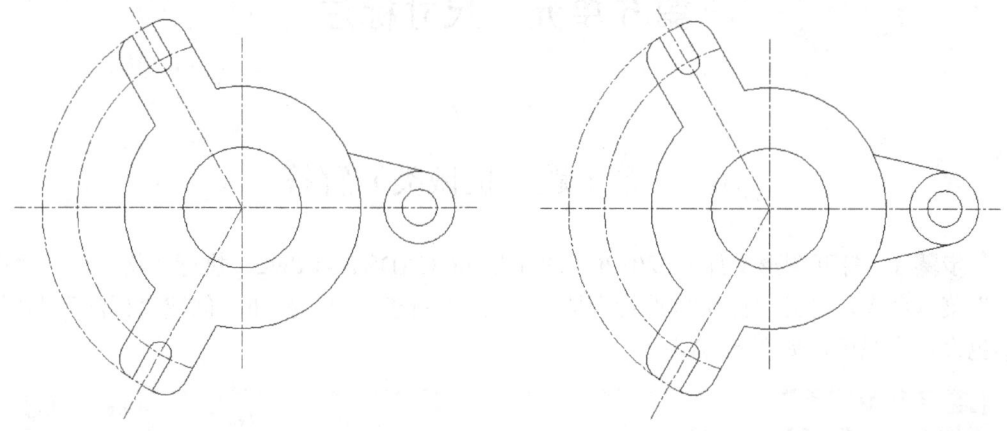

图 5-10L 旋转直线效果　　　　　　　图 5-10M 镜像直线效果

步骤 14 执行修剪操作,对相关图线进行修剪,并绘制右侧小圆的中心线,完成图形绘制,效果如图 5-10N 所示。

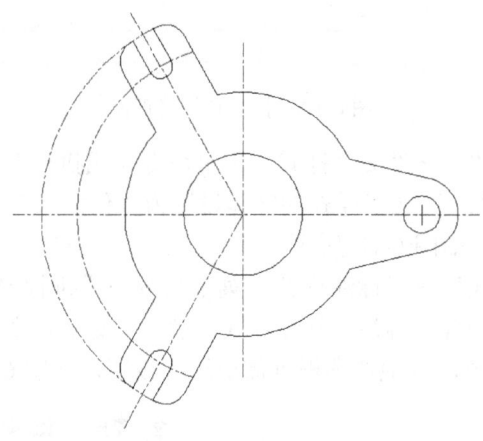

图 5-10N 修剪图形完成绘制

步骤 15 完成后将图形存入考生文件夹,并命名为 KSCAD5-10.dwg。

第 6 单元　尺寸标注

6.1　第 1 题（机械类）解答

步骤 1　打开图形文件 C:\2012CADST\Unit6\CADST6-1.dwg，执行"格式"→"图层"菜单命令，打开"图层特性管理器"，单击"新建图层"按钮，创建"标注"图层，颜色设置为绿色，如图 6-1A 所示。

图 6-1A　图层特性管理器

步骤 2　执行"格式"→"文字样式"菜单命令（或执行 ST 命令），打开"文字样式"对话框，将"Standard"文字样式的字体设置为"仿宋_GB2312"，宽度因子设置为 1，倾斜角度设置为 10，如图 6-1B 所示。

步骤 3　执行"格式"→"标注样式"菜单命令（或执行 DST 命令），打开"标注样式管理器"对话框，新建"标注"标注样式，设置"文字高度"为 7 个图形单位、"箭头大小"为 6 个图形单位，其他选项根据需要进行设置，如图 6-1C 所示。

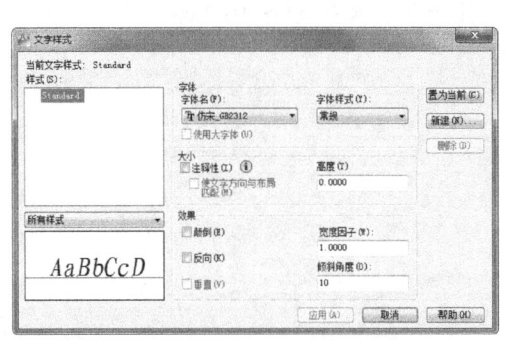

图 6-1B　"文字样式"对话框　　　　图 6-1C　"修改标注样式"对话框

步骤 4 使用创建的标注和文字样式,执行"标注"菜单下的命令(如"线性""对齐""角度""半径"等),通过捕捉相应的端点和轮廓线等,为图形添加适当的标注,如图 6-1D 所示。

步骤 5 选择左侧 55 长度的标注,在弹出的快捷菜单中执行"特性"命令,打开"特性"操控面板,在"公差"栏的"显示公差"下拉列表中执行"极限偏差"命令,设置下偏差为 0.5、上偏差为 0,为该处尺寸设置偏差值,如图 6-1E 所示。

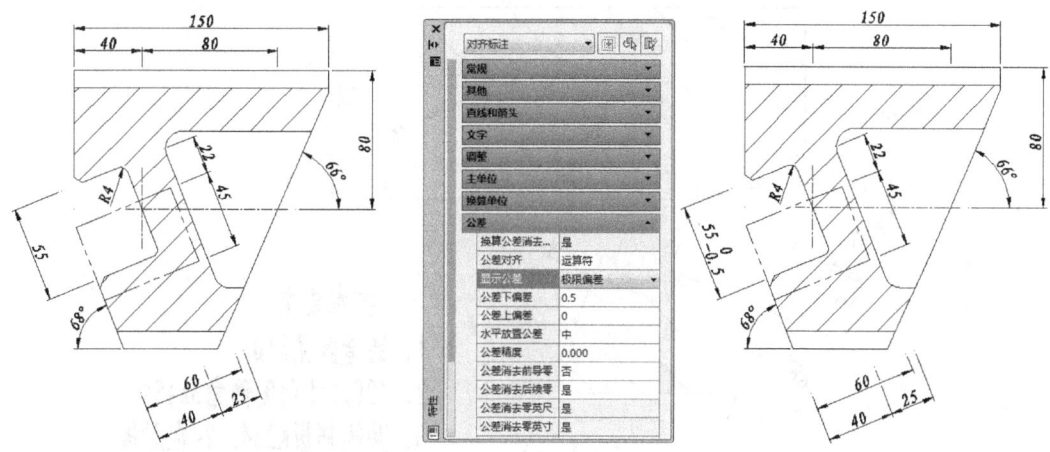

图 6-1D　图形标注效果　　　　　　　图 6-1E　为尺寸设置偏差操作

步骤 6 执行"格式"→"多重引线样式"菜单命令,打开"多重引线样式"对话框,单击"修改"按钮,在打开的"修改多重引线样式"对话框中,修改系统默认添加的"Standard"多重引线样式,设置"文字高度"为 7、"无箭头"、"连接位置-左"和"连接位置-右"都为"最后一行加下划线",如图 6-1F 左图所示;然后执行"标注"→"多重引线"菜单命令,使用创建的标注样式为图形添加倒角标注,如图 6-1F 右图所示。

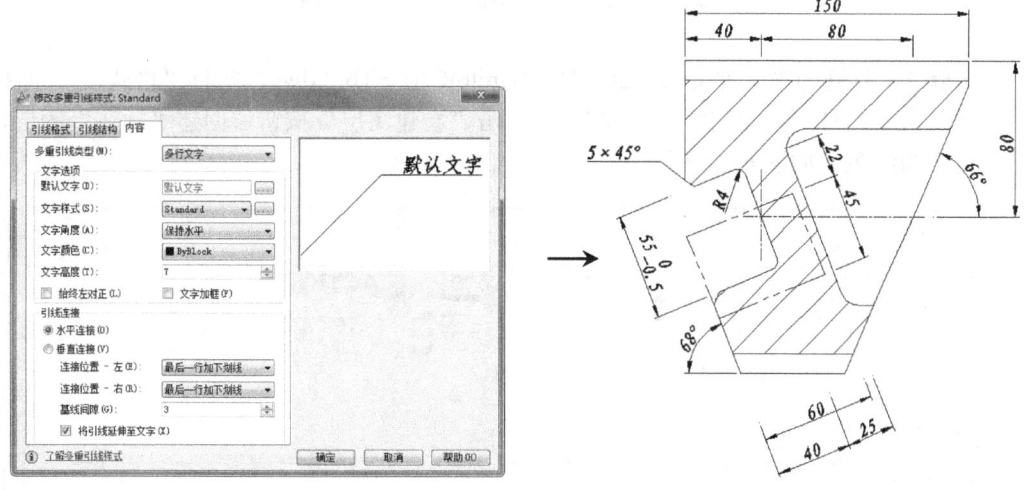

图 6-1F　设置多重引线样式并为图形添加倒角标注操作

步骤 7 执行"绘图"→"文字"→"单行文字"菜单命令，为图形添加"高度"为 10、"宽度因子"为 0.67 的"技术要求"文字，如图 6-1G 所示（需添加多行），完成所有操作。

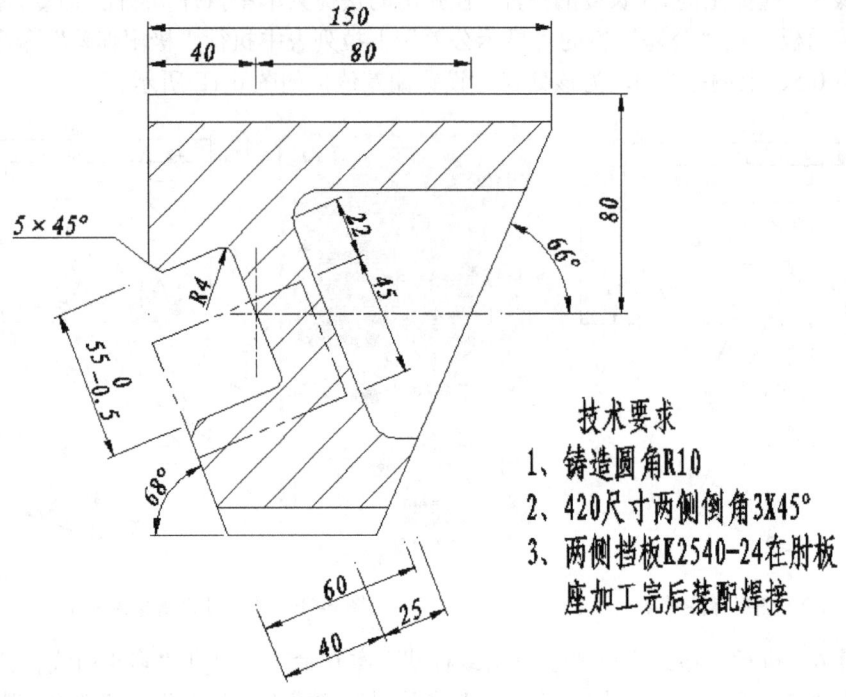

图 6-1G　为图形添加技术要求效果

步骤 8 完成后将图形存入考生文件夹，并命名为 KSCAD6-1.dwg。

6.2　第 2 题（机械类）解答

步骤 1 打开图形文件 C:\2012CADST\Unit6\CADST6-2.dwg，执行"格式"→"图层"菜单命令，打开"图层特性管理器"，单击"新建图层"按钮，创建"标注"图层，颜色设置为绿色，如图 6-2A 所示。

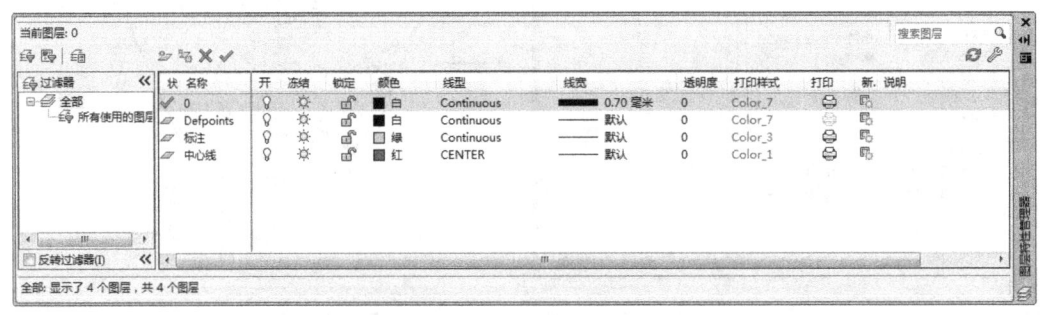

图 6-2A　图层特性管理器

步骤 2 执行"格式"→"文字样式"菜单命令（或执行 ST 命令），打开"文字样式"对话框，将"Standard"文字样式的字体设置为"仿宋_GB2312"，宽度因子设置为 1，倾斜角度设置为 10，如图 6-2B 所示。

步骤 3 执行"格式"→"标注样式"菜单命令（或执行 DST 命令），打开"标注样式管理器"对话框，修改"ISO-25"标注样式，设置"文字高度"和"箭头大小"都为 2.5 个图形单位，"调整选项"设置为"文字和箭头"，"文字位置"设置为"尺寸线旁边"，其他选项根据需要进行设置，如图 6-2C 所示。

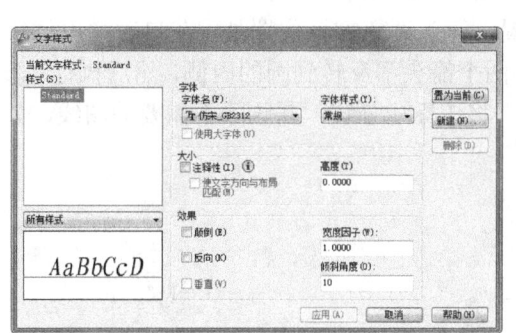 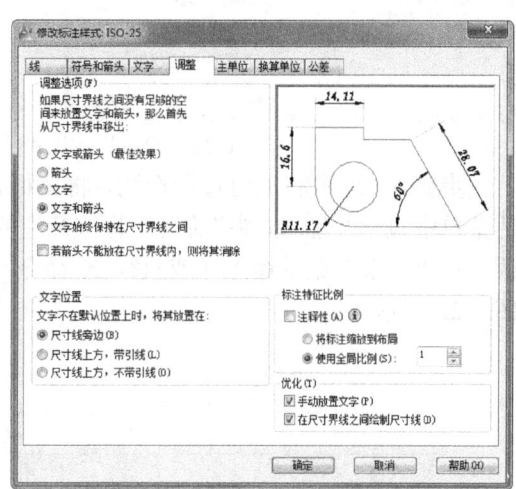

图 6-2B "文字样式"对话框   图 6-2C "修改标注样式"对话框

步骤 4 使用创建的标注和文字样式，执行"标注"菜单下的命令（如"线性""直径""半径"等），通过捕捉相应的端点和轮廓线等，为图形添加适当的标注，如图 6-2D 所示。

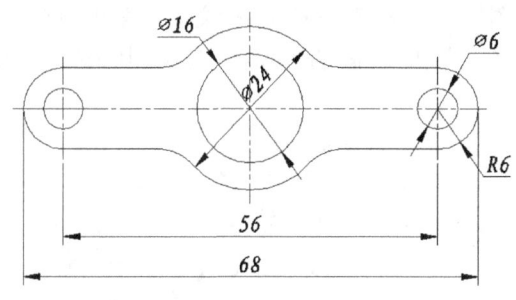

图 6-2D 图形标注效果

步骤 5 执行"格式"→"标注样式"菜单命令（或执行 DST 命令），再次打开"标注样式管理器"对话框，以"ISO-25"标注样式为基准样式，创建"内半径"标注样式，"文字位置"设置为"尺寸线上方，带引线"，其他选项根据需要进行设置，如图 6-2E 左图所示，然后使用该标注样式为图形添加内侧的一个半径标注，如图 6-2E 右图所示。

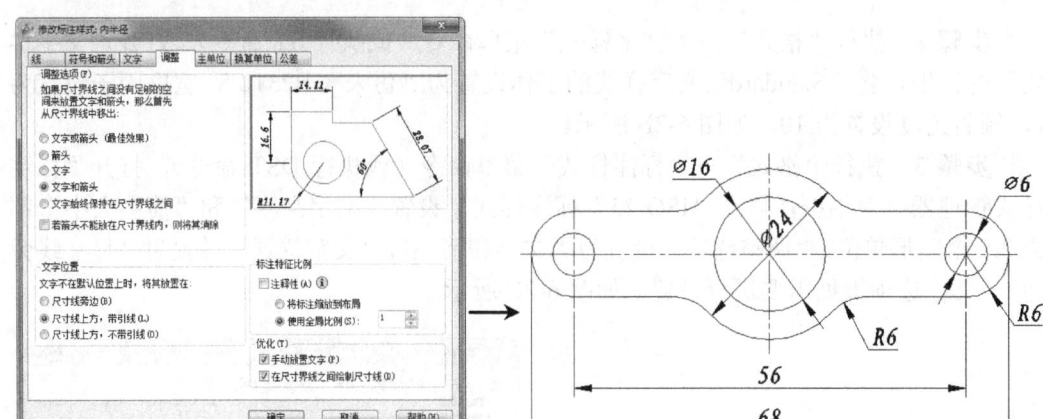

图 6-2E 设置标注样式并为图形添加半径标注操作

步骤 6 选中右上角直径标注，将鼠标置于箭头调整方框位置处，在自动弹出的快捷菜单中执行"翻转箭头"命令，将该标注的两个箭头都反转到圆的内侧，然后执行"修改"→"分解"菜单命令（或执行 X 命令），将该标注分解，并删除不需要的图线，如图 6-2F 所示。

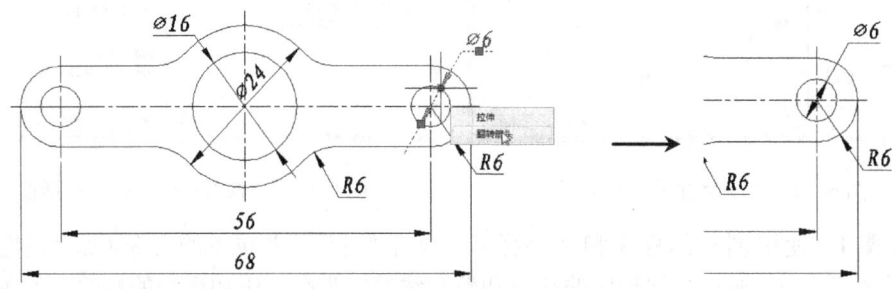

图 6-2F 翻转箭头修改直径标注操作

步骤 7 执行"绘图"→"文字"→"多行文字"菜单命令（或执行 T 命令），为图形添加"技术要求"文字，其中，标题的"高度"为 4，其余文字的高度为 2.5，如图 6-2G 所示，完成所有操作。

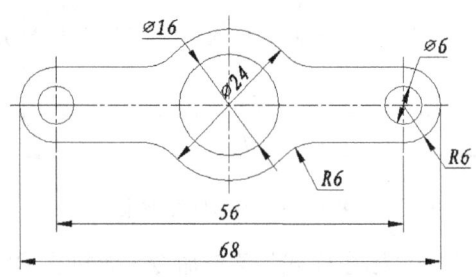

图 6-2G 为图形添加技术要求效果

步骤 8 完成后将图形存入考生文件夹,并命名为 KSCAD6-2.dwg。

6.3 第 3 题(机械类)解答

步骤 1 打开图形文件 C:\2012CADST\Unit6\CADST6-3.dwg,执行"格式"→"图层"菜单命令,打开"图层特性管理器",单击"新建图层"按钮,创建"标注"图层,颜色设置为绿色,如图 6-3A 所示。

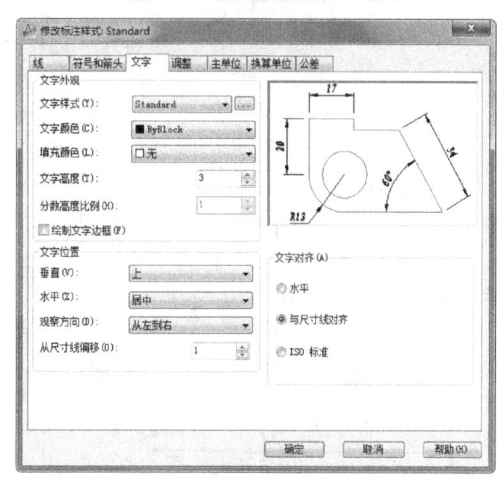

图 6-3A 图层特性管理器

步骤 2 执行"格式"→"文字样式"菜单命令(或执行 ST 命令),打开"文字样式"对话框,将"Standard"文字样式的字体设置为"仿宋_GB2312",宽度因子设置为 0.9,倾斜角度设置为 10,如图 6-3B 所示。

步骤 3 执行"格式"→"标注样式"菜单命令(或执行 DST 命令),打开"标注样式管理器"对话框,修改"Standard"标注样式,设置"文字高度"和"箭头大小"都为 3 个图形单位,"文字对齐"方式设置为"与尺寸线对齐",如图 6-3C 所示。

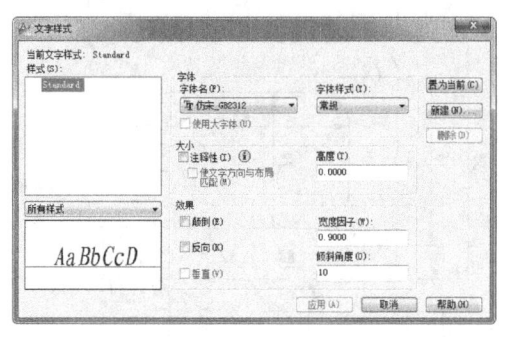

图 6-3B "文字样式"对话框　　图 6-3C "修改标注样式"对话框

步骤 4 继续在"标注样式管理器"对话框中进行操作,单击"新建"按钮,打开"创建新标注样式"对话框,创建"半径"子标注样式,该标注样式与"Standard"标注样式的不同之处在于"文字对齐"方式设置为"水平",如图 6-3D 所示。

步骤 5 继续在"标注样式管理器"对话框中进行操作,同"步骤 4"中的操作,单击"新建"按钮,创建"直径"子标注样式,该标注样式与"Standard"标注样式的不同之处在于"调整选项"中首先移动出来的是"文字"。

步骤 6 使用创建的标注和文字样式,执行"标注"菜单下的命令(如"线性""直径""半径"等,直径使用"直径"子标注,半径使用"半径"子标注),通过捕捉相应的端点和轮廓线等,为图形添加适当的标注,如图 6-3E 所示。

步骤 7 通过双击,对两个螺纹标注进行修改,一个修改为 4×M8,另外一个修改为 M6,完成所有操作,最终效果如图 6-3F 所示。

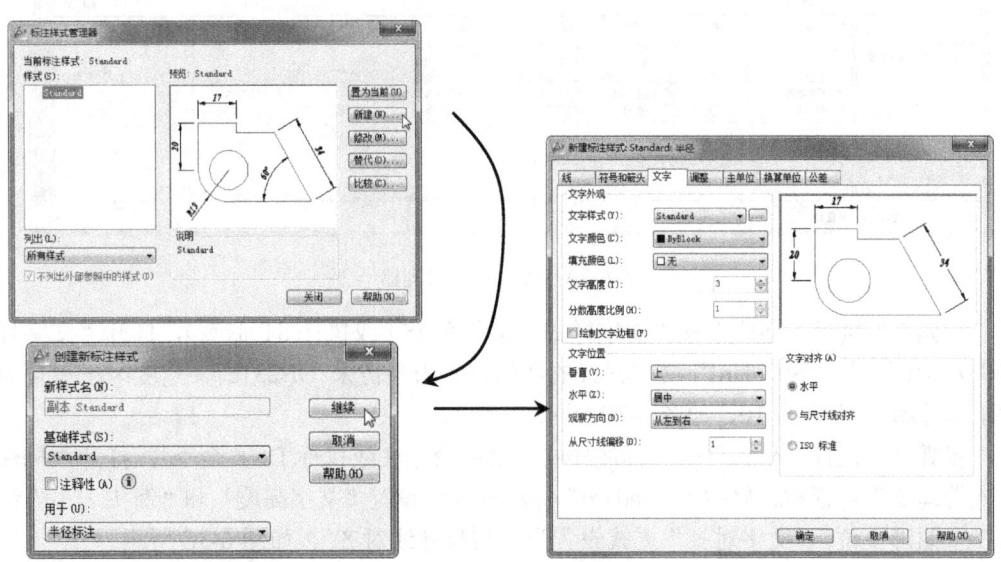

图 6-3D 创建"半径"子标注样式

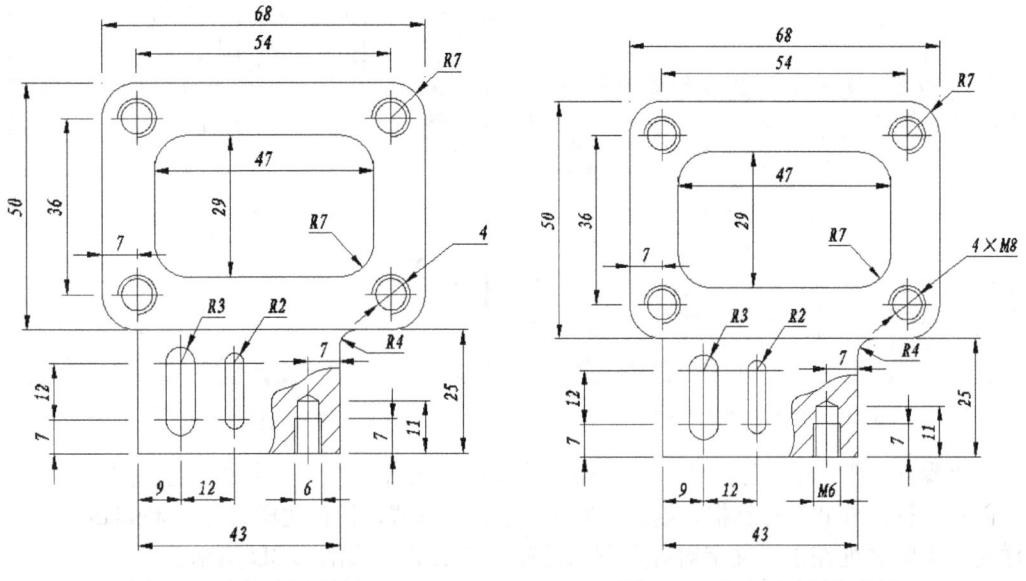

图 6-3E 图形标注效果　　　　图 6-3F 修改尺寸标注效果

步骤 8 完成后将图形存入考生文件夹,并命名为 KSCAD6-3.dwg。

6.4 第 4 题(机械类)解答

步骤 1 打开图形文件 C:\2012CADST\Unit6\CADST6-4.dwg,执行"格式"→"图层"菜单命令,打开"图层特性管理器",单击"新建图层"按钮,创建"标注"图层,颜色设置为绿色,如图 6-4A 所示。

图 6-4A 图层特性管理器

步骤 2 执行"格式"→"文字样式"菜单命令(或执行 ST 命令),打开"文字样式"对话框,将"Standard"文字样式的字体设置为"仿宋_GB2312",宽度因子设置为 1,倾斜角度设置为 10,如图 6-4B 所示。

步骤 3 执行"格式"→"标注样式"菜单命令(或执行 DST 命令),打开"标注样式管理器"对话框,新建"dim"标注样式,设置"文字高度"和"箭头大小"都为 0.18 个图形单位,其他选项根据需要进行设置,如图 6-4C 所示。

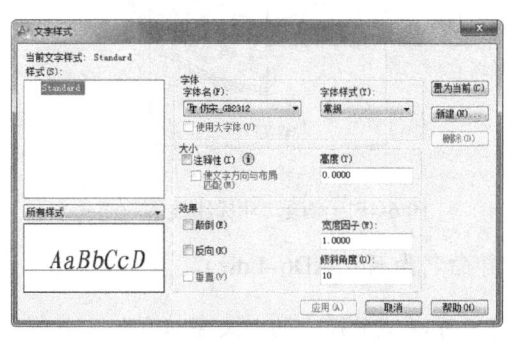

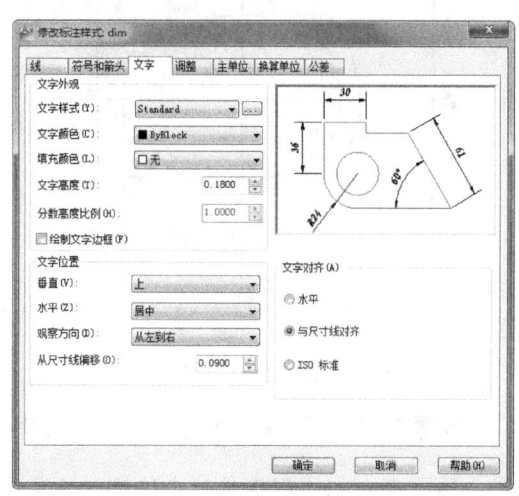

图 6-4B "文字样式"对话框　　　　图 6-4C "修改标注样式"对话框

步骤 4 继续在"标注样式管理器"对话框中进行操作,单击"新建"按钮,以"dim"标注样式为基础样式,创建"副本 dim"标注样式,该标注样式与"Standard"标注样式的不同之处在于"文字对齐"方式为"ISO 标准"(用于标注孔)。

步骤 5 使用创建的标注和文字样式,执行"标注"菜单下的命令(如"线性""直径"等,右侧直径使用"副本 dim"标注样式),通过捕捉相应的端点和轮廓线等,为图形添加适当的标注,如图 6-4D 所示。

步骤 6 通过双击,对某些标注了直径的线性标注进行修改,如添加直径符号⌀,以及对孔标注和螺纹标注进行修改等(添加相应的文字),完成所有操作,最终效果如图 6-4E 所示。

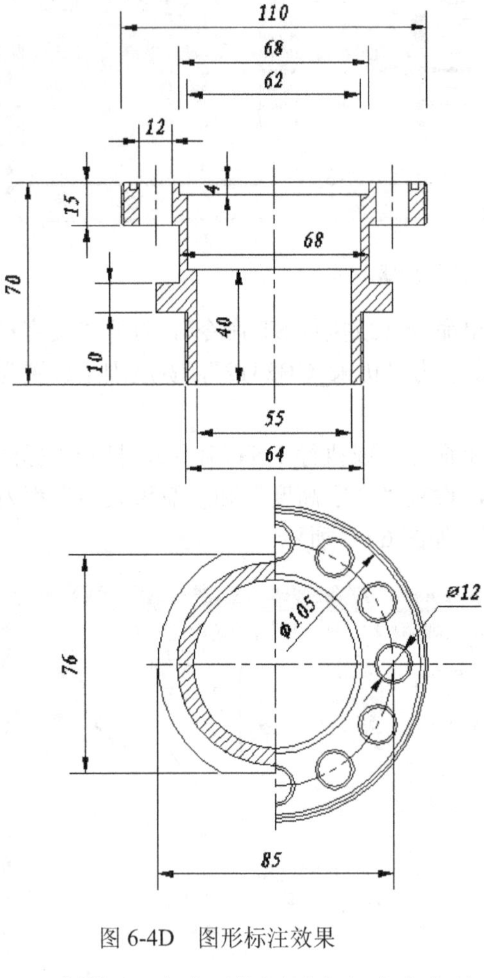

图 6-4D 图形标注效果 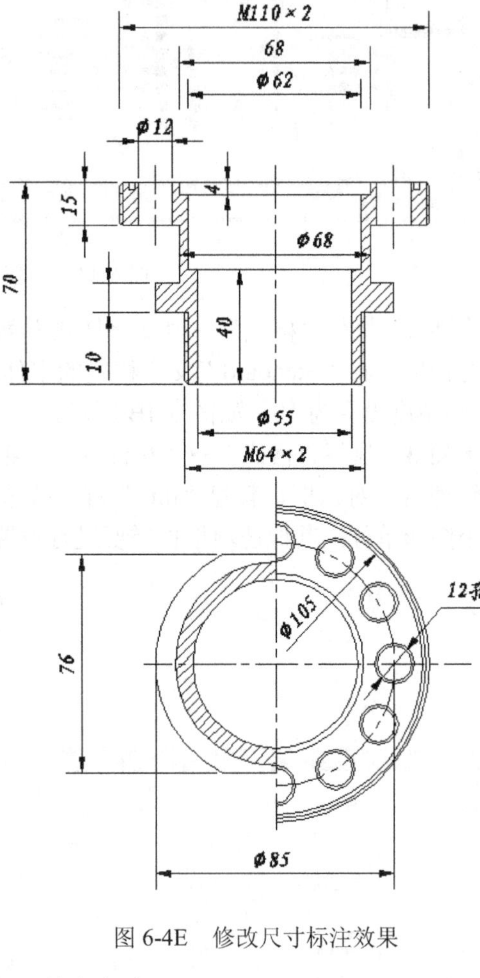　　　　图 6-4E 修改尺寸标注效果

步骤 7 完成后将图形存入考生文件夹,并命名为 KSCAD6-4.dwg。

通过双击图形标注来修改标注文字时,可以使用弹出的"文字格式"工具栏,在其符号@下拉列表中选择"直径",插入⌀直径符号,如图 6-4F 所示。

第 6 单元 尺寸标注　　101

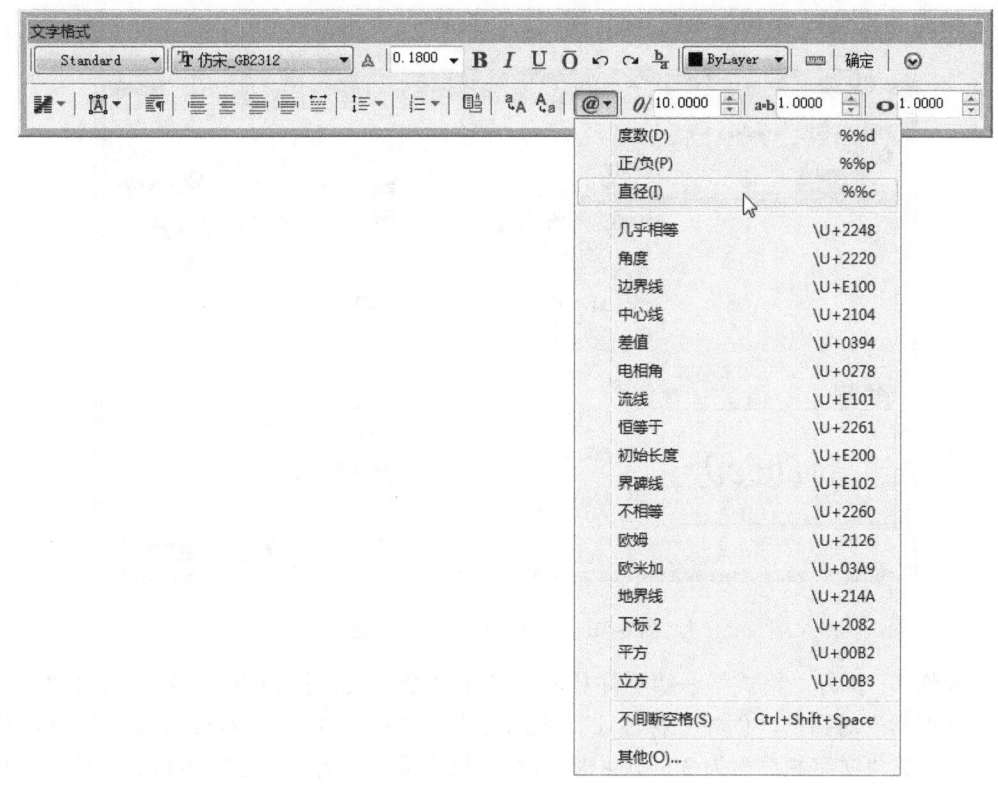

图 6-4F　插入直径符号操作

6.5　第 5 题（机械类）解答

步骤 1　打开图形文件 C:\2012CADST\Unit6\CADST6-5.dwg，执行"格式"→"图层"菜单命令，打开"图层特性管理器"，单击"新建图层"按钮，创建"标注层"图层，颜色设置为绿色，如图 6-5A 所示。

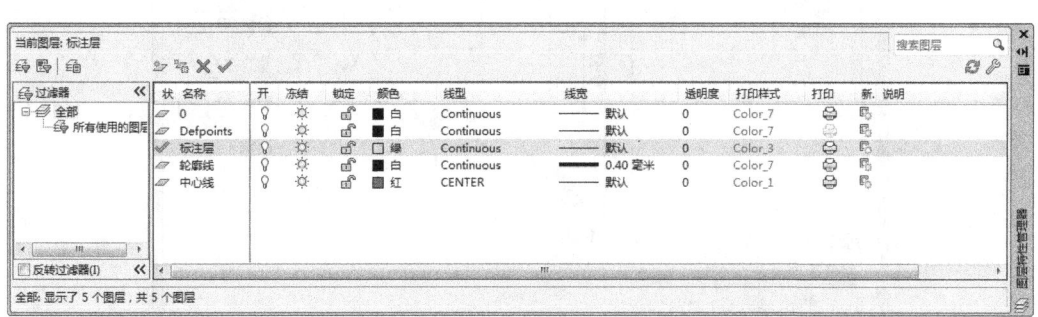

图 6-5A　图层特性管理器

步骤 2　执行"格式"→"文字样式"菜单命令（或执行 ST 命令），打开"文字样式"对话框，将"Standard"文字样式的字体设置为"仿宋_GB2312"，宽度因子设置为

0.9，倾斜角度设置为 10，如图 6-5B 所示。

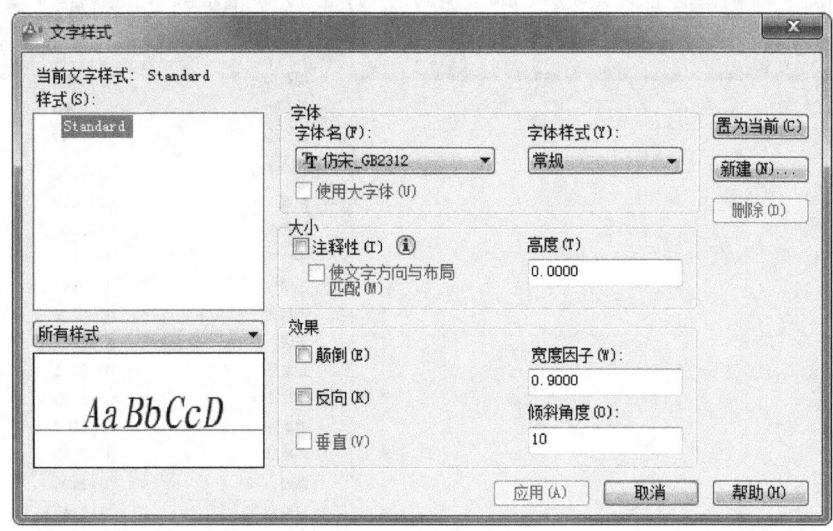

图 6-5B　"文字样式"对话框

步骤 3　执行"格式"→"标注样式"菜单命令（或执行 DST 命令），打开"标注样式管理器"对话框，创建"标注 1""标注 2"和"标注 3"3 个标注样式，如图 6-5C 所示，设置"文字高度"为 3.5 个图形单位、"箭头大小"为 3 个图形单位，其他选项根据需要进行设置（其中，"标注 1"与"标注 2"的不同之处在于，默认添加"%%C"前缀，如图 6-5D 所示，用于标注横向的带直径符号 φ 标记的线性标注；"标注 3"与"标注 2"的不同之处在于，隐藏了两个尺寸界限，如图 6-5E 所示，用于标注底部的半径标注，此外"标注 3"的"文字对齐"方向为"ISO 标准"）。

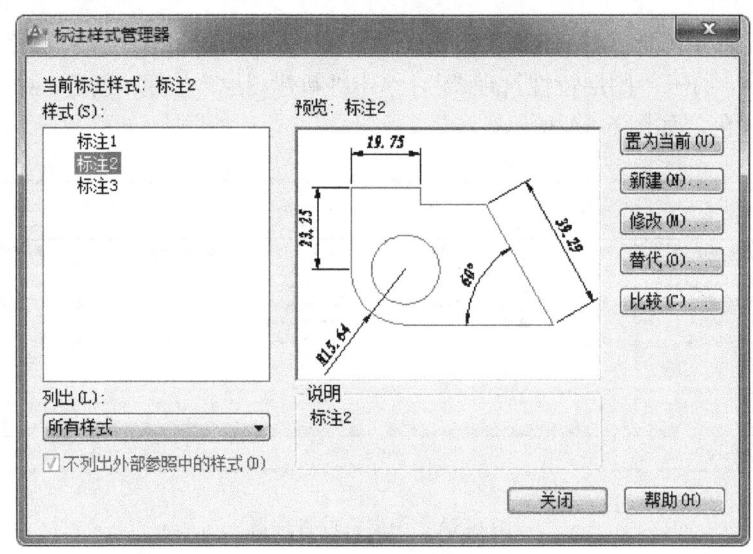

图 6-5C　"标注样式管理器"对话框

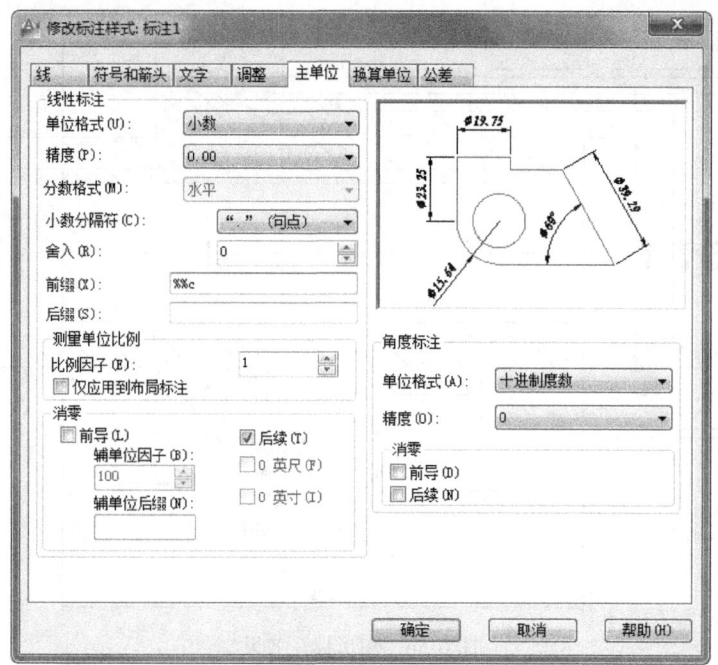

图 6-5D "修改标注样式:标注 1"对话框

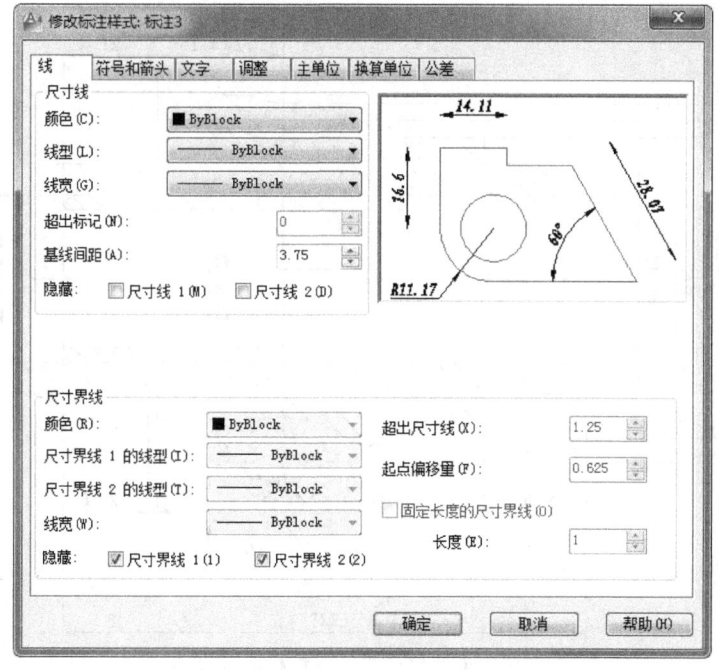

图 6-5E "修改标注样式:标注 3"对话框

步骤 4 使用创建的标注和文字样式,执行"标注"菜单下的命令(如"线性""对齐""角度""半径"等,注意选用不同的标注样式),通过捕捉相应的端点和轮廓线等,为图形添加适当的标注,如图 6-5F 所示。

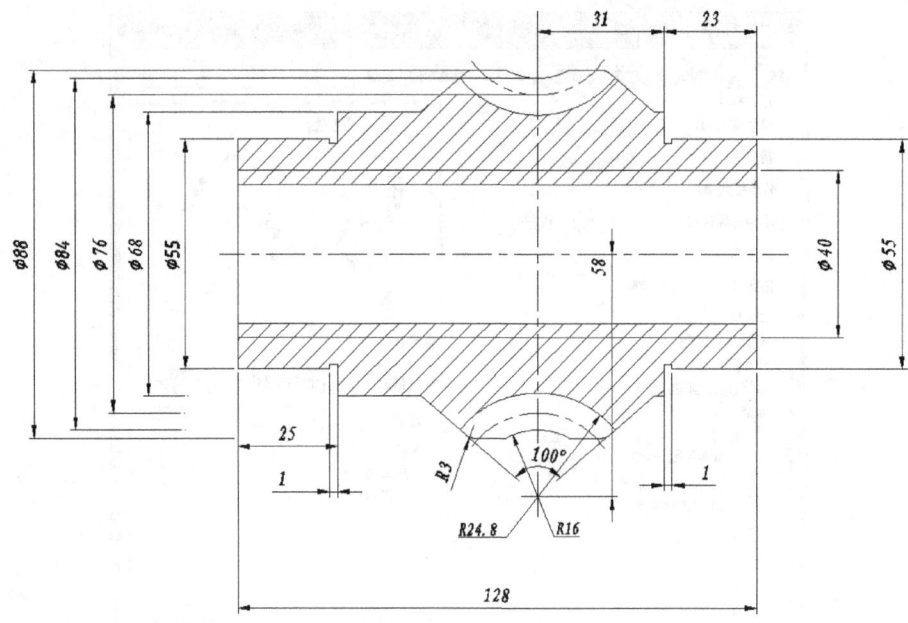

图 6-5F 图形标注效果

步骤 5 通过双击，对某些标注了直径的线性标注进行修改，添加加工精度和个数等内容，效果如图 6-5G 所示。

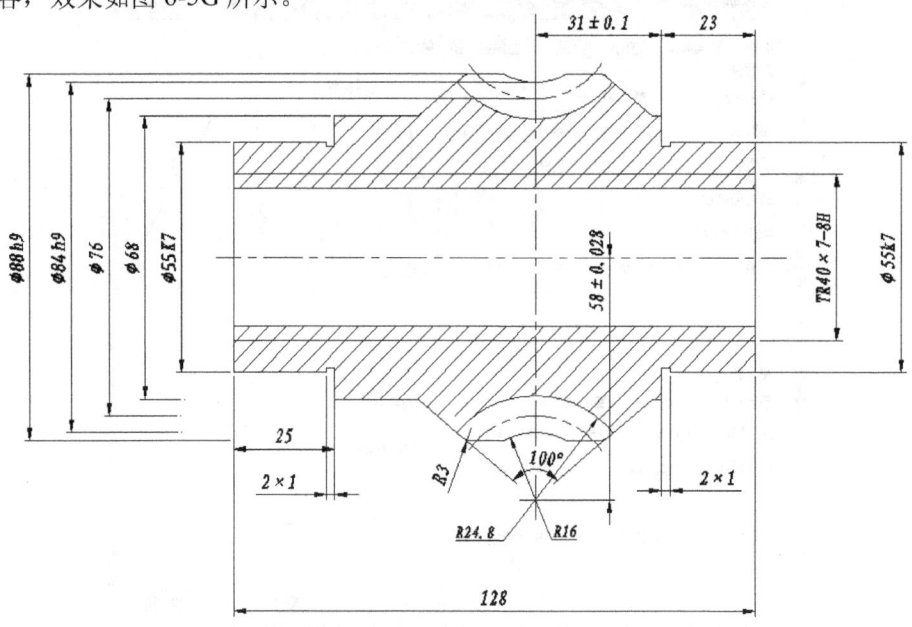

图 6-5G 修改直径线性标注效果

步骤 6 首先绘制如图 6-5H 左图所示的图线，并执行"绘图"→"块"→"定义属性"菜单命令，插入高度为 3.5 的属性文字，然后执行"绘图"→"块"→"创建"菜单命令，将绘制的图形定义为块，然后执行"插入"→"块"菜单命令，插入两个刚才绘制的块，分别设置为 A 基准和 B 基准，然后将其移动到正确的位置处，如图 6-5H 右图所示。

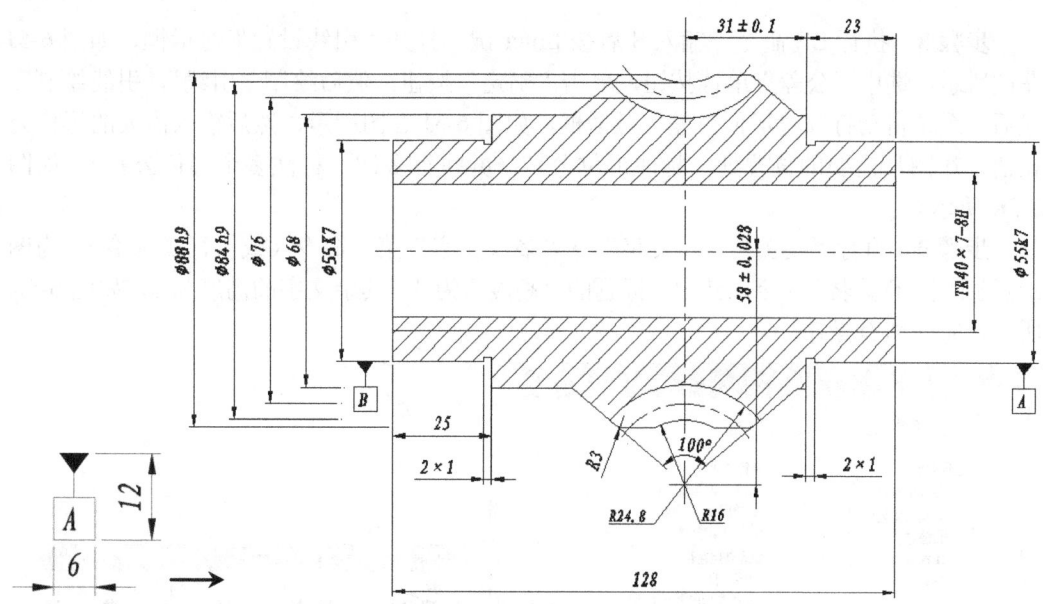

图 6-5H　绘制基准符号并进行标注操作

步骤 7　执行"格式"→"多重引线样式"菜单命令，打开"多重引线样式"对话框，单击"修改"按钮，在打开的"修改多重引线样式"对话框中，修改系统默认添加的"Standard"多重引线样式，令箭头"符号"样式为"实心闭合"，箭头大小为 3 个图形单位，如图 6-5I 所示。

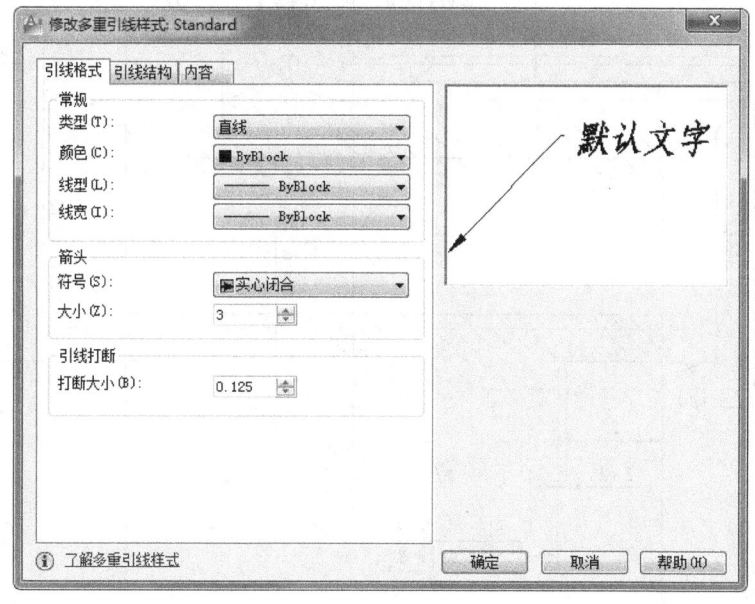

图 6-5I　"修改多重引线样式"对话框

步骤 8 执行 LE 命令，输入 S 后按 Enter 键，打开"引线设置"对话框，如图 6-5J 左图所示，选中"公差"单选按钮，单击"确定"按钮，然后绘制"引线"，引线绘制完成后，系统自动打开"形位公差"对话框，如图 6-5J 右图所示，然后输入需要的形位公差值，在图形需要的位置处，标注形位公差（并执行多次，标注多个形位公差），如图 6-5K 所示。

步骤 9 执行"绘图"→"文字"→"多行文字"菜单命令（或执行 T 命令），为图形添加"技术要求"文字，其中，标题的"高度"为 4，其余文字的高度为 3，如图 6-5K 所示，完成所有操作。

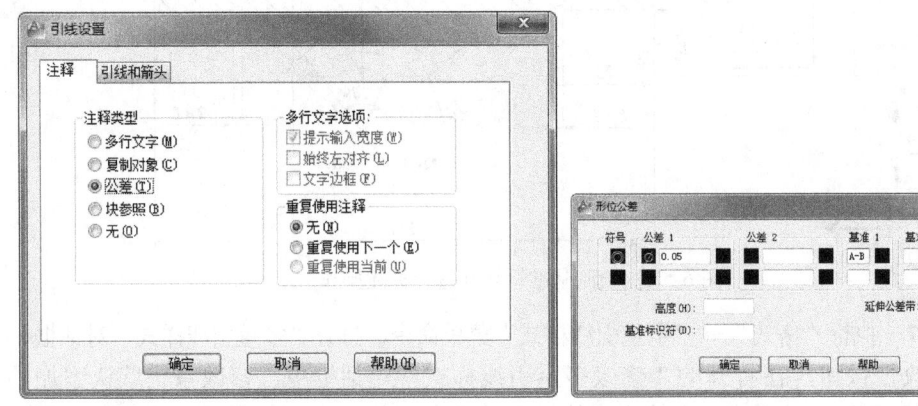

图 6-5J "引线设置"对话框和"形位公差"对话框

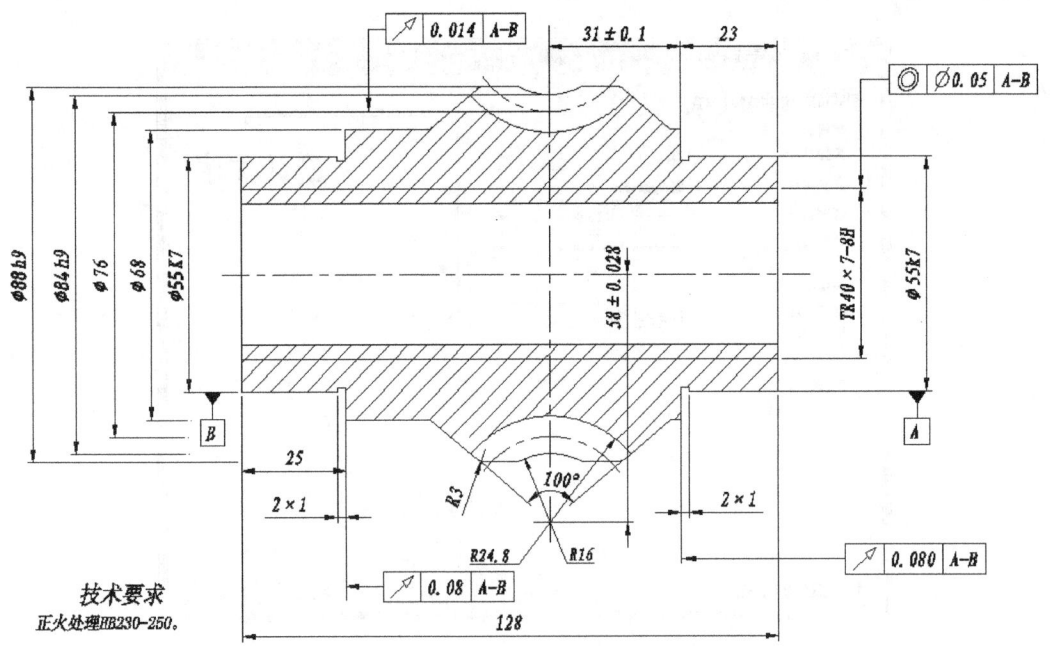

图 6-5K 为图形添加形位公差和技术要求效果

步骤 10 完成后将图形存入考生文件夹，并命名为 KSCAD6-5.dwg。

6.6 第6题（机械类）解答

步骤 1 打开图形文件 C:\2012CADST\Unit6\CADST6-6.dwg，执行"格式"→"图层"菜单命令，打开"图层特性管理器"，单击"新建图层"按钮，创建"标注"图层，颜色设置为绿色，如图 6-6A 所示。

步骤 2 执行"格式"→"文字样式"菜单命令（或执行 ST 命令），打开"文字样式"对话框，将"Standard"文字样式的字体设置为"仿宋_GB2312"，宽度因子设置为 1，倾斜角度设置为 10，如图 6-6B 所示。

步骤 3 执行"格式"→"标注样式"菜单命令（或执行 DST 命令），打开"标注样式管理器"对话框，新建"标注"标注样式，设置"文字高度"和"箭头大小"都为 2.5 个图形单位，其他选项根据需要进行设置，如图 6-6C 所示。

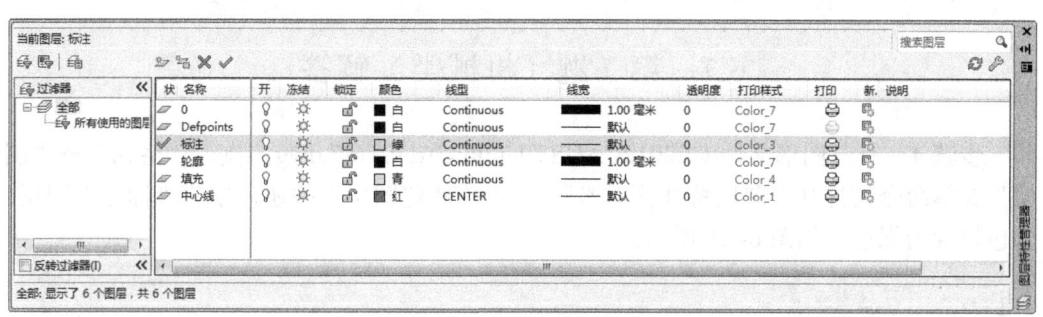

图 6-6A 图层特性管理器

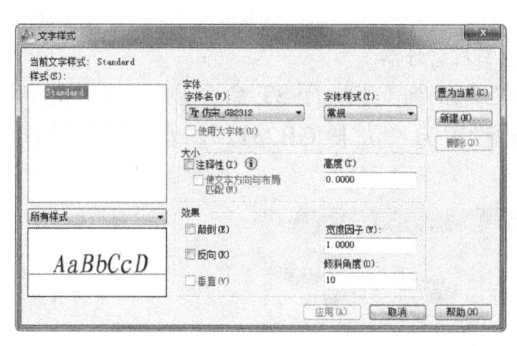

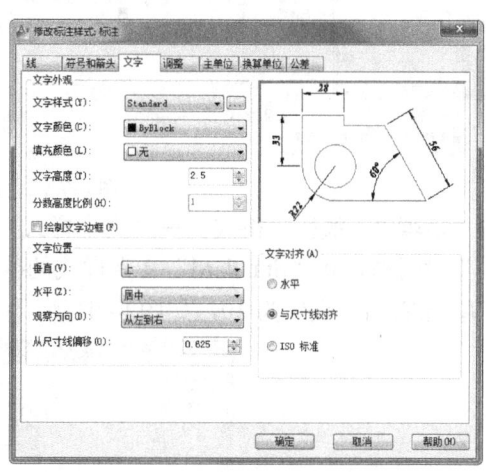

图 6-6B "文字样式"对话框　　　　图 6-6C "修改标注样式"对话框

步骤 4 使用创建的标注和文字样式，执行"标注"菜单下的命令（如"线性"），通过捕捉相应的端点和轮廓线等，为图形添加适当的标注，如图 6-6D 所示。

步骤 5 通过双击，对标注了直径的位置添加圆心符号∅，完成所有操作，最终效果如图 6-6E 所示。

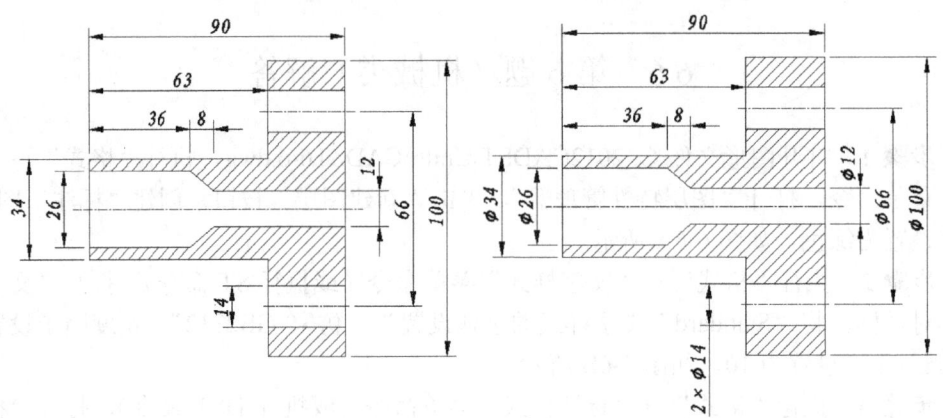

图 6-6D　图形标注效果　　　　　　　图 6-6E　为尺寸标注添加圆心符号效果

步骤 6　完成后将图形存入考生文件夹，并命名为 KSCAD6-6.dwg。

6.7　第 7 题（机械类）解答

步骤 1　打开图形文件 C:\2012CADST\Unit6\CADST6-7.dwg，执行"格式"→"图层"菜单命令，打开"图层特性管理器"，单击"新建图层"按钮，创建"标注"图层，颜色设置为绿色，如图 6-7A 所示。

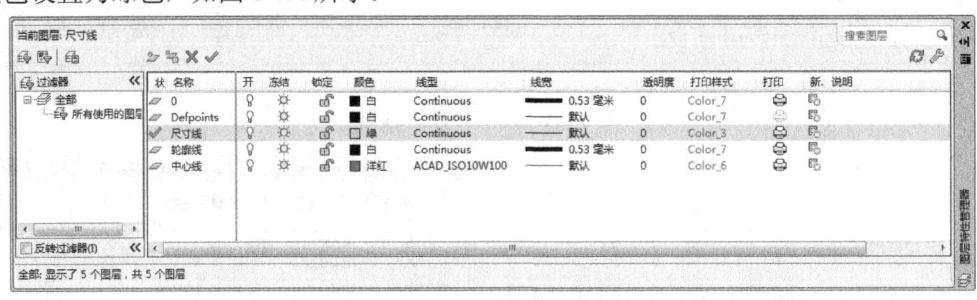

图 6-7A　图层特性管理器

步骤 2　执行"格式"→"文字样式"菜单命令（或执行 ST 命令），打开"文字样式"对话框，将"Standard"文字样式的字体设置为"仿宋_GB2312"，宽度因子设置为 0.9，倾斜角度设置为 10，如图 6-7B 所示。

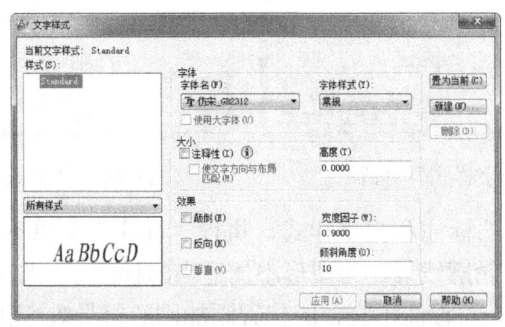

图 6-7B　"文字样式"对话框

步骤 3 执行"格式"→"标注样式"菜单命令(或执行 DST 命令),打开"标注样式管理器"对话框,新建"标注"标注样式,设置"文字高度"和"箭头大小"都为 2.5 个图形单位,其他选项根据需要进行设置,如图 6-7C 所示。

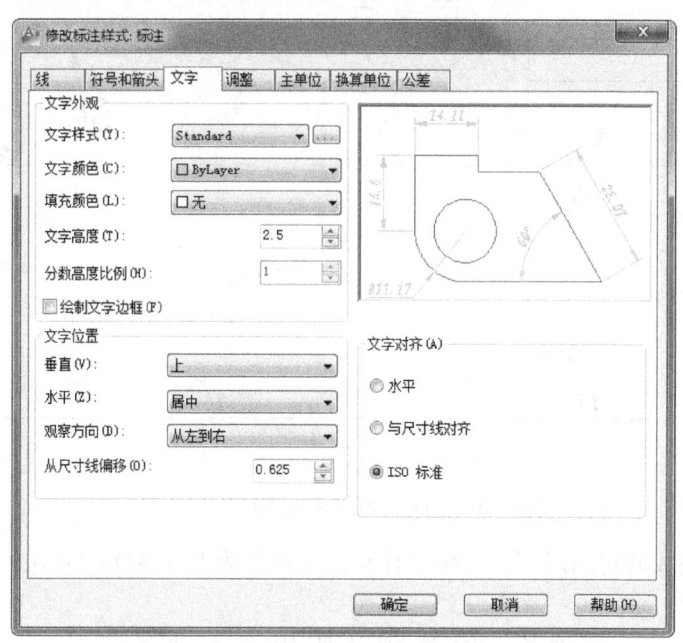

图 6-7C "修改标注样式"对话框

步骤 4 使用创建的标注和文字样式,执行"标注"菜单下的命令(如"线性""半径""直径"等),通过捕捉相应的端点和轮廓线等,为图形添加适当的标注,如图 6-7D 所示。

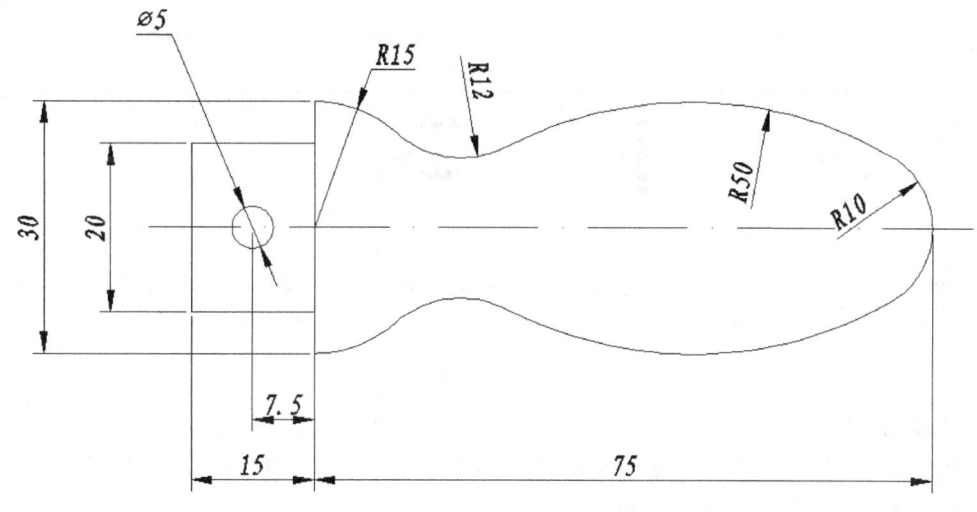

图 6-7D 图形标注效果

步骤 5 通过双击,对标注了直径的"线性"标注添加圆心符号∅,完成所有操作,最终效果如图 6-7E 所示。

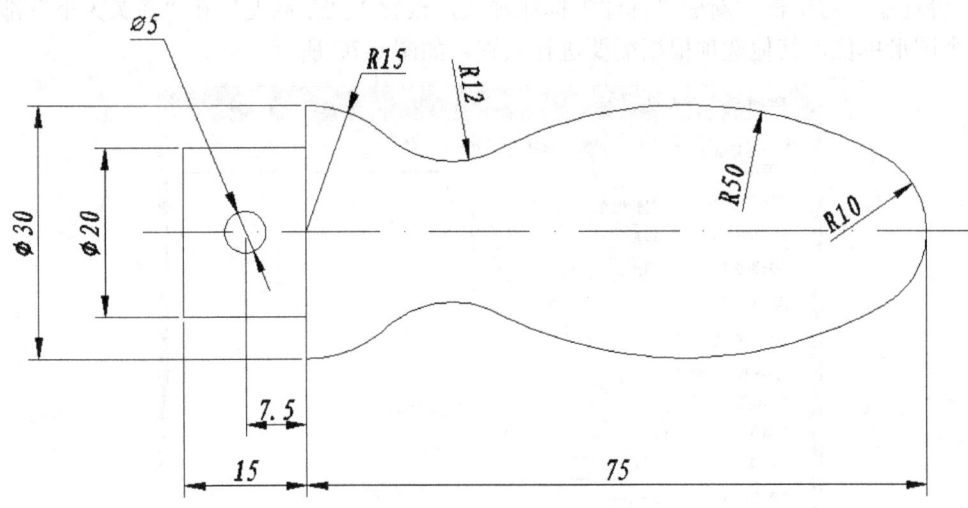

图 6-7E　为尺寸标注添加圆心符号效果

步骤 6　完成后将图形存入考生文件夹，并命名为 KSCAD6-7.dwg。

6.8　第 8 题（机械类）解答

步骤 1　打开图形文件 C:\2012CADST\Unit6\CADST6-8.dwg，执行"格式"→"图层"菜单命令，打开"图层特性管理器"，单击"新建图层"按钮，创建"标注"图层，如图 6-8A 所示。

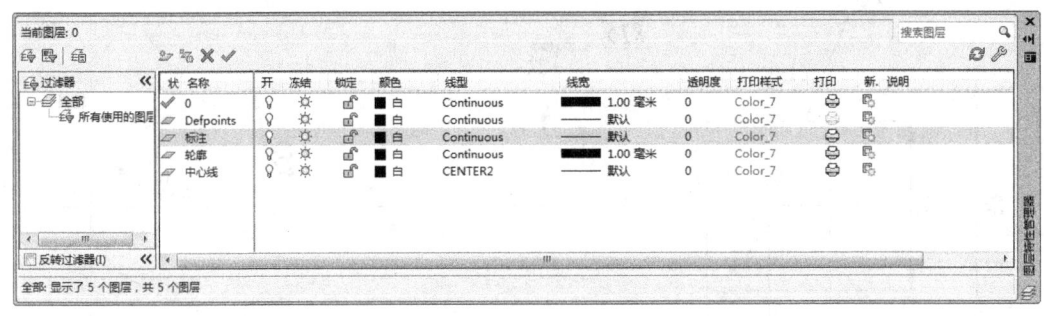

图 6-8A　图层特性管理器

步骤 2　执行"格式"→"文字样式"菜单命令（或执行 ST 命令），打开"文字样式"对话框，将"Standard"文字样式的字体设置为"仿宋_GB2312"，宽度因子设置为 1，倾斜角度设置为 10，如图 6-8B 所示。

步骤 3　执行"格式"→"标注样式"菜单命令（或执行 DST 命令），打开"标注样式管理器"对话框，新建"ISO-25"标注样式（如系统中默认存在该样式，则对其进行修改即可），设置"文字高度"为 2.5 个图形单位，"箭头大小"设置为 2 个图形单位，其他选项根据需要进行设置，如图 6-8C 所示。

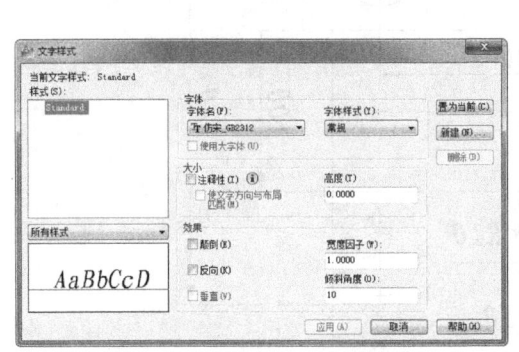

图 6-8B　"文字样式"对话框

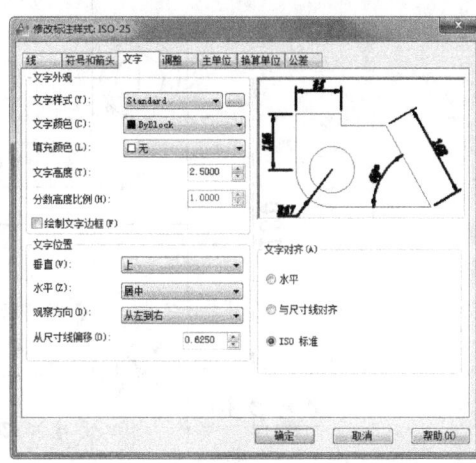

图 6-8C　"修改标注样式"对话框

步骤 4　使用创建的标注和文字样式，执行"标注"菜单下的命令（如"线性""半径""直径"等），通过捕捉相应的端点和轮廓线等，为图形添加适当的标注，如图 6-8D 所示。

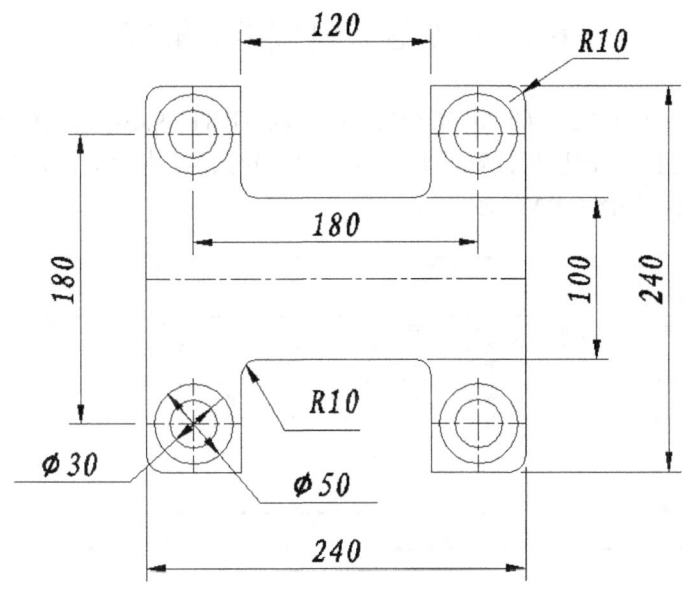

图 6-8D　图形标注效果

该处左下角小圆的直径标注，可先选中该标注，然后将鼠标置于箭头调整方框位置处，在系统自动弹出的菜单中执行"翻转箭头"命令，将其两个箭头都反转到圆的内侧。

步骤 5　通过双击，对部分标注添加个数，如 4× 等文字，完成所有操作，最终效果如图 6-8E 所示。

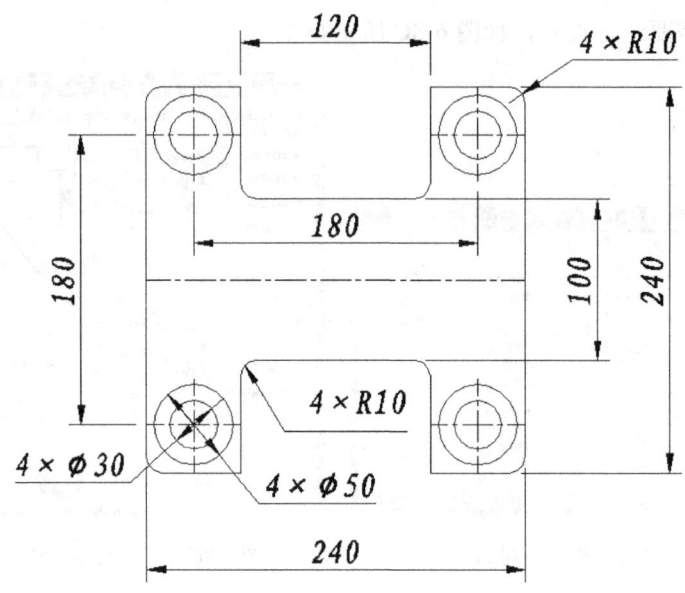

图 6-8E　为尺寸标注添加个数文字效果

步骤 6　完成后将图形存入考生文件夹，并命名为 KSCAD6-8.dwg。

6.9　第 9 题（机械类）解答

步骤 1　打开图形文件 C:\2012CADST\Unit6\CADST6-9.dwg，执行"格式"→"图层"菜单命令，打开"图层特性管理器"，单击"新建图层"按钮，创建"尺寸线"图层，颜色设置为绿色，如图 6-9A 所示。

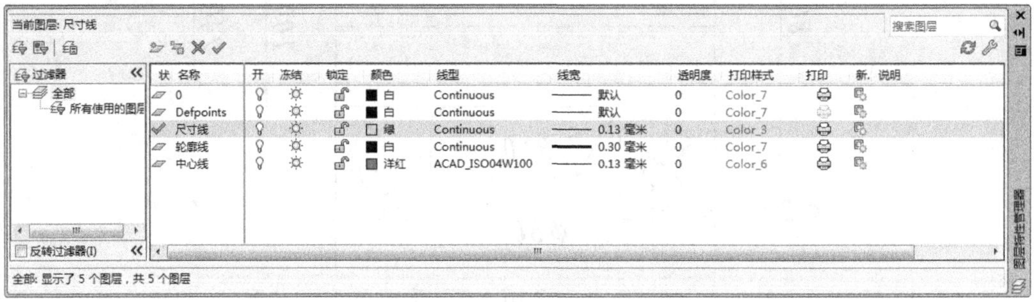

图 6-9A　图层特性管理器

步骤 2　执行"格式"→"文字样式"菜单命令（或执行 ST 命令），打开"文字样式"对话框，将"Standard"文字样式的字体设置为"仿宋_GB2312"，宽度因子设置为 0.9，倾斜角度设置为 10，如图 6-9B 所示。

步骤 3　执行"格式"→"标注样式"菜单命令（或执行 DST 命令），打开"标注样式管理器"对话框，新建"ISO_25"标注样式，设置"文字高度"为 3.5 个图形单位，设置"箭头大小"为 2.5 个图形单位，其他选项根据需要进行设置，如图 6-9C 所示。

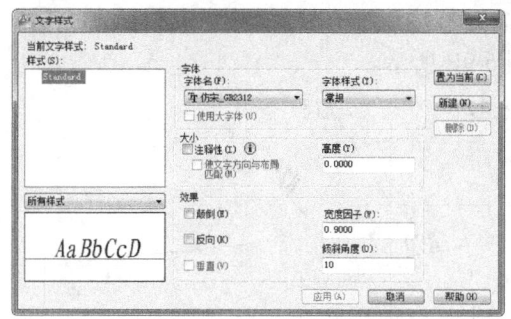

图 6-9B　"文字样式"对话框

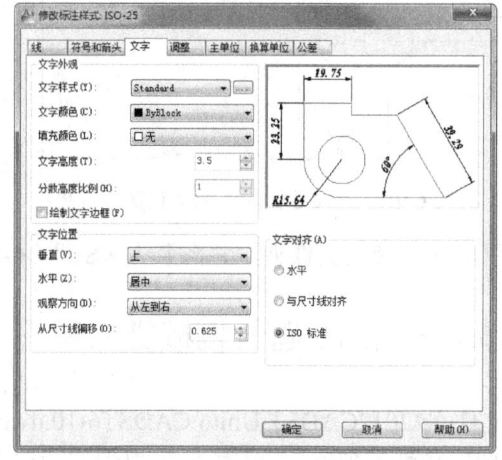

图 6-9C　"修改标注样式"对话框

步骤 4　使用创建的标注和文字样式，执行"标注"菜单下的命令（如"线性""半径""直径""角度"等），通过捕捉相应的端点和轮廓线等，为图形添加适当的标注，如图 6-9D 所示。

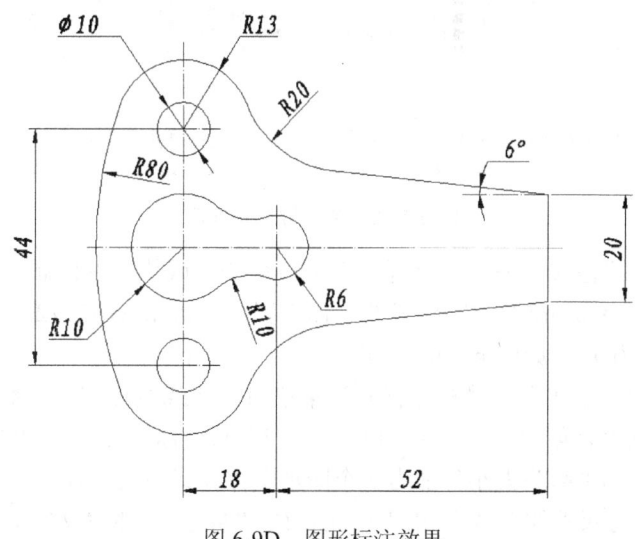

图 6-9D　图形标注效果

步骤 5 通过双击，对标注了唯一的"直径"标注添加个数，如 4× 等文字，完成所有操作，最终效果如图 6-9E 所示。

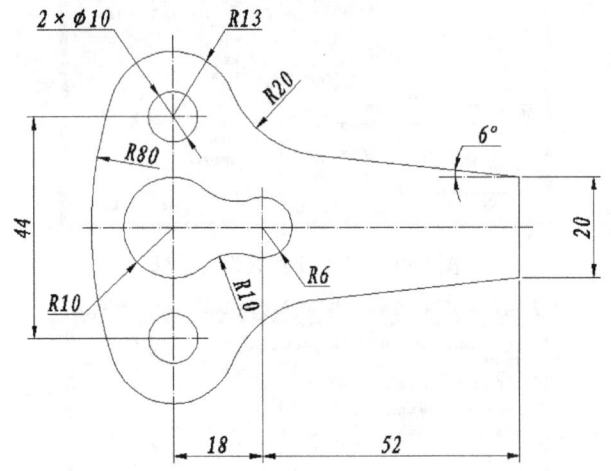

图 6-9E 为尺寸标注添加个数文字效果

步骤 6 完成后将图形存入考生文件夹，并命名为 KSCAD6-9.dwg。

6.10 第 10 题（机械类）解答

步骤 1 打开图形文件 C:\2012CADST\Unit6\CADST6-10.dwg，执行"格式"→"图层"菜单命令，打开"图层特性管理器"，单击"新建图层"按钮，创建"标注"图层，如图 6-10A 所示。

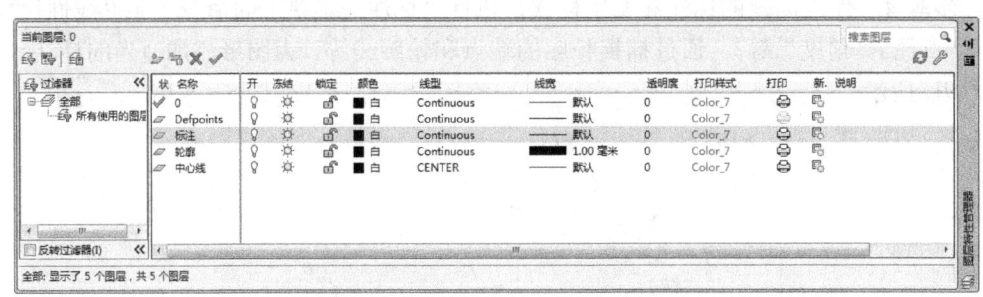

图 6-10A 图层特性管理器

步骤 2 执行"格式"→"文字样式"菜单命令（或执行 ST 命令），打开"文字样式"对话框，将"Standard"文字样式的字体设置为"仿宋_GB2312"，宽度因子设置为 1，倾斜角度设置为 10，如图 6-10B 所示。

步骤 3 执行"格式"→"标注样式"菜单命令（或执行 DST 命令），打开"标注样式管理器"对话框，创建"标注 1"和"标注 2"两个标注样式，如图 6-10C 所示，设置其"文字高度"和"箭头大小"都为 3 个图形单位（其不同之处在于"标注 2"的"文字对齐"方式为"与尺寸线对齐"，用于标注直径；"标注 1"的"文字对齐"方式为"ISO

标准",用于标注其余位置的尺寸,如图 6-10D 所示),其他选项根据需要进行设置。

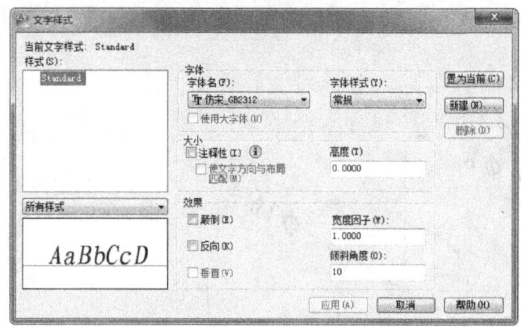
图 6-10B "文字样式"对话框

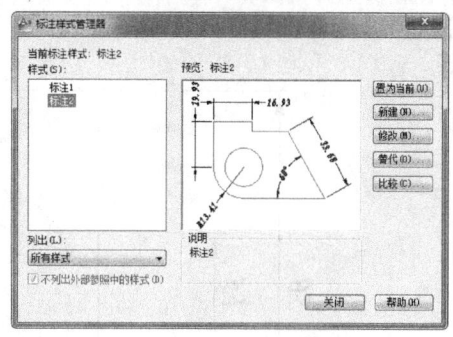
图 6-10C "标注样式管理器"对话框

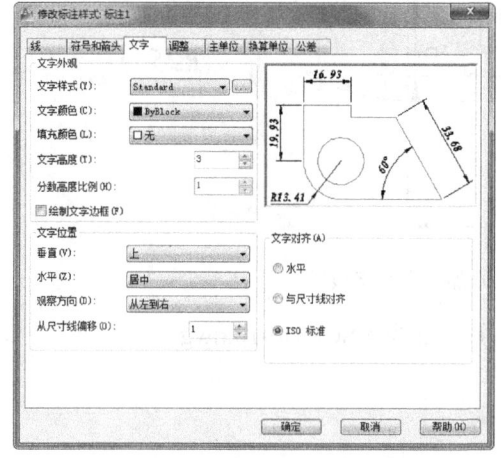
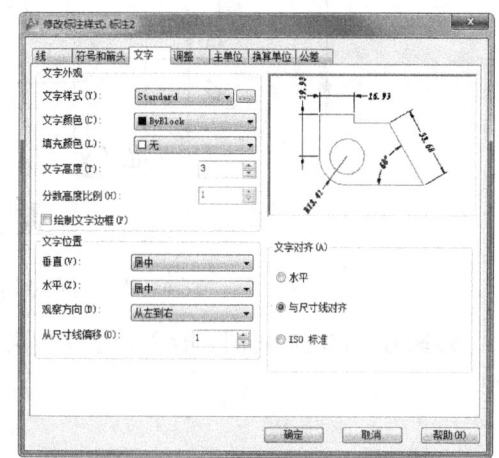

图 6-10D "标注 1"和"标注 2"的主要区别

步骤 4 使用创建的标注和文字样式,执行"标注"菜单下的命令(如"线性""半径""直径"等,此外标注时,注意选用不同的标注样式),通过捕捉相应的端点和轮廓线等,为图形添加适当的标注,如图 6-10E 所示。

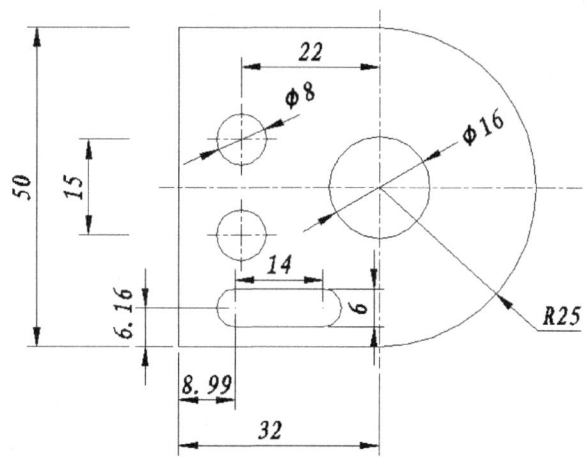

图 6-10E 图形标注效果

步骤 5 通过双击，对大小为 8 个图形单位的"直径"标注添加个数，如 2×等文字，完成所有操作，最终效果如图 6-10F 所示。

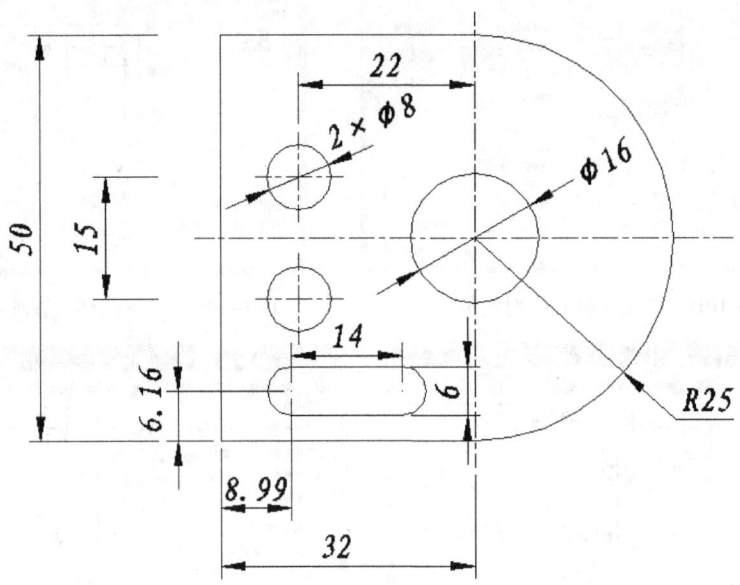

图 6-10F　为尺寸标注添加个数文字效果

步骤 6 完成后将图形存入考生文件夹，并命名为 KSCAD6-10.dwg。

第 7 单元 三维绘图

7.1 第 1 题（机械类）解答

步骤 1 新建空白图形文件，使用矩形、倒角、圆和修剪等工具创建如图 7-1A 所示尺寸的图形（无需标注尺寸）。

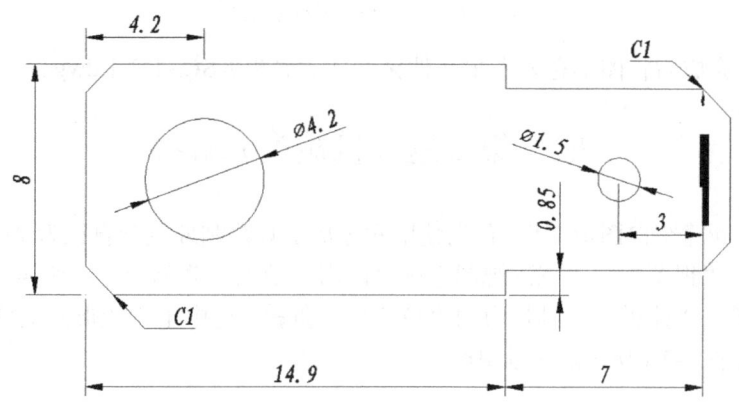

图 7-1A 需绘制的二维图形

步骤 2 执行"视图"→"三维视图"→"西南等轴测"菜单命令，切换到"西南等轴测"视图，单击"建模"工具栏中的"按住并拖动"按钮，单击所绘图形空白处，并向上拖动，输入 0.8，按 Enter 键，得到如图 7-1B 所示的三维图形。

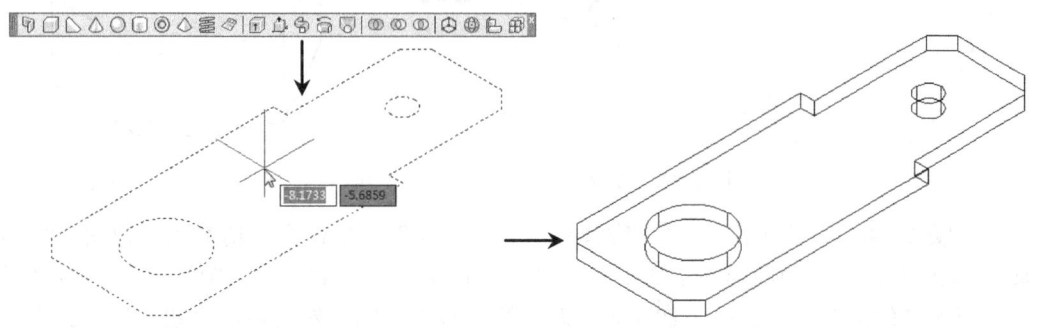

图 7-1B 通过"按住并拖动"操作创建实体

步骤 3 单击"实体编辑"工具栏中的"倒角"按钮，输入 D 后按 Enter 键，设置倒角"距离 1"为 0.18、"距离 2"为 1，然后选中要倒角的两条边，按 Enter 键，执行倒角操作，并完成模型的绘制，如图 7-1C 所示。

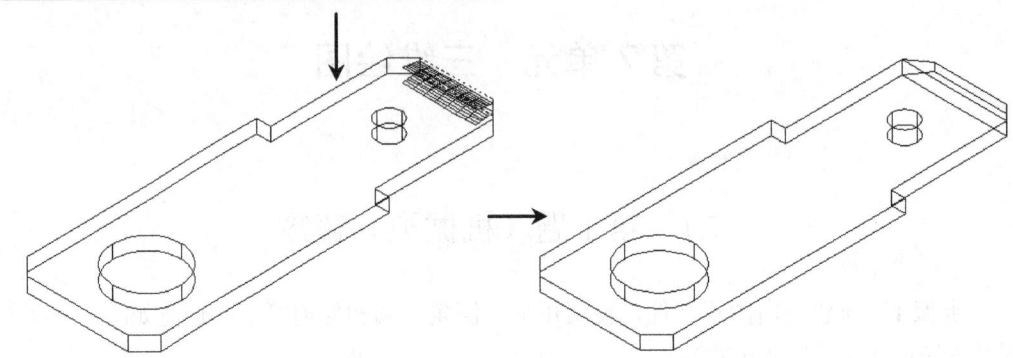

图 7-1C "倒角"操作和效果

步骤 4 完成后将图形存入考生文件夹,并命名为 KSCAD7-1.dwg。

7.2 第 2 题(机械类)解答

步骤 1 新建空白图形文件,首先使用六边形工具绘制外接圆直径为 21.51 的正六边形,然后执行"视图"→"三维视图"→"西南等轴测"菜单命令,切换到"西南等轴测"视图,单击"建模"工具栏中的"拉伸"按钮,选中正六边形向上拉伸 8 个图形单位,得到如图 7-2A 所示的三维图形。

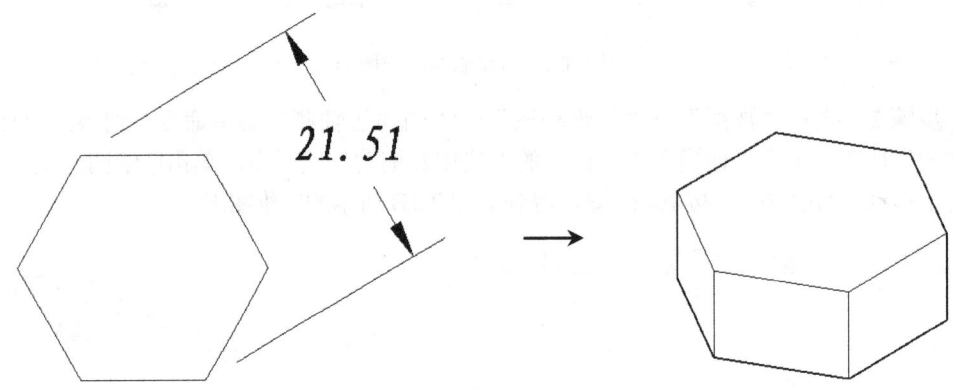

图 7-2A 绘制正六边形并拉伸出三维实体

步骤 2 执行"视图"→"三维视图"→"左视"菜单命令,切换到左视图,绘制如图 7-2B 左图所示的图形(左侧图形为闭合的多段线),再执行"视图"→"三维视图"→"西南等轴测"菜单命令,切换到"西南等轴测"视图,然后单击"建模"工具栏中的"旋转"按钮,对此图形执行旋转操作,得到如图 7-2B 右图所示的三维图形。

步骤 3 执行 M 命令,通过捕捉图形中心点,将"步骤 2"绘制的旋转实体,移动到"步骤 1"绘制的拉伸体的相应位置处,如图 7-2C 左图所示,然后单击"建模"工具栏中的"差集"按钮,在拉伸体中减去旋转体,效果如图 7-2C 右图所示。

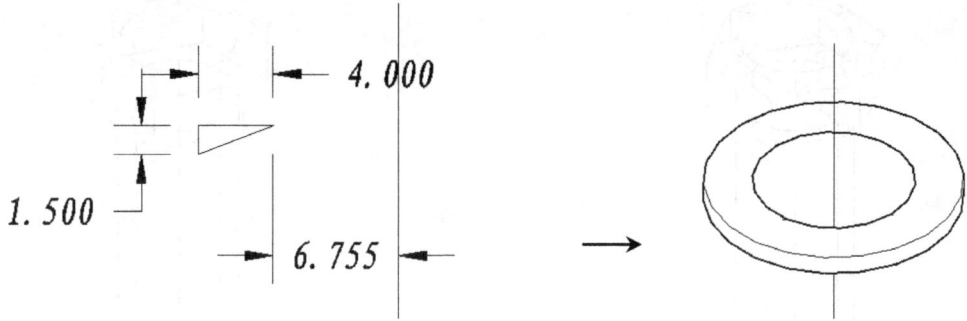

图 7-2B 绘制二维图形并旋转出三维实体操作

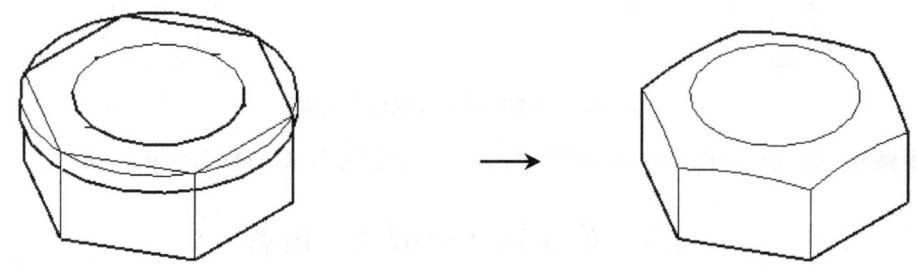

图 7-2C 移动实体并执行差集操作效果

步骤 4 单击"建模"工具栏中的"圆柱体"按钮，绘制半径为 7、高度为 45 的圆柱体，然后单击"实体编辑"工具栏中的"倒角"按钮，对圆柱体的底部边线执行两个边长都为 1 的倒角操作，如图 7-2D 所示。

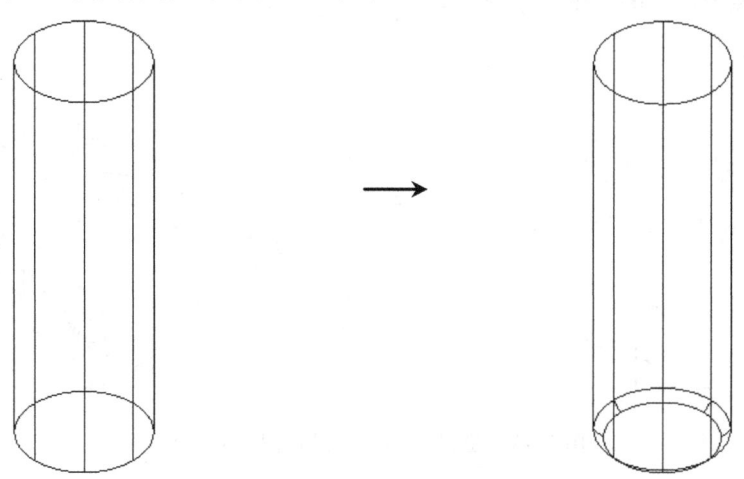

图 7-2D 绘制圆柱体并执行倒角操作

步骤 5 先在"步骤 3"通过"差集"操作所形成的三维模型的底部绘制一条直线（作为辅助线），然后通过中点的方式，将"步骤 4"所绘的圆柱体移动到相应位置处，如图 7-2E 左图所示；然后删除绘制的直线辅助线，再单击"建模"工具栏中的"合集"按钮，选择所有实体执行合集操作，完成图形的绘制，如图 7-2E 右图所示。

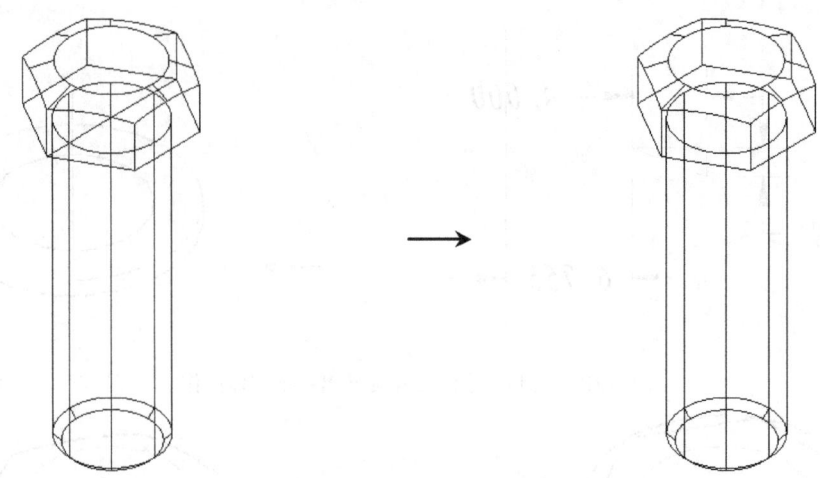

图 7-2E　移动圆柱体并执行合集操作

步骤 6　完成后将图形存入考生文件夹，并命名为 KSCAD7-2.dwg。

7.3　第 3 题（机械类）解答

步骤 1　新建空白图形文件，首先绘制如图 7-3A 左图所示的二维图形，然后执行"视图"→"三维视图"→"西南等轴测"菜单命令，切换到"西南等轴测"视图，单击"建模"工具栏中的"按住并拖动"按钮，单击所绘图形空白处，并向上拖动，输入 12，拖动出三维图形，如图 7-3A 右图所示。

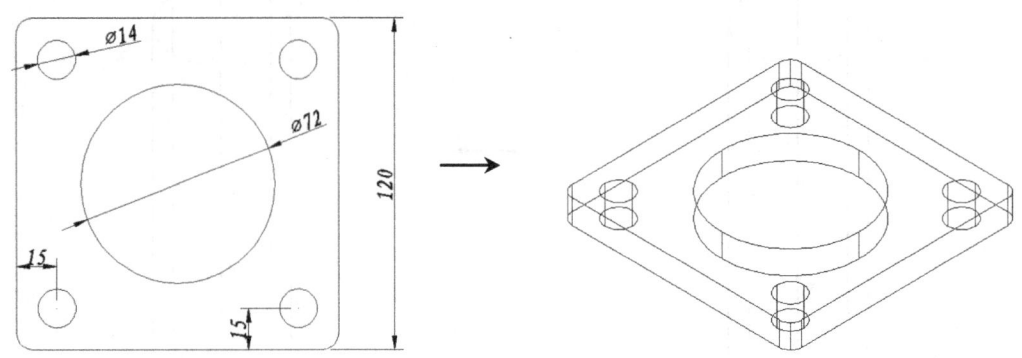

图 7-3A　绘制二维图形并拖动出三维实体

步骤 2　执行"视图"→"三维视图"→"俯视"菜单命令，切换回俯视图，绘制如图 7-3B 左图所示的图形，再同样切换到"西南等轴测"视图，单击"建模"工具栏中的"按住并拖动"按钮，拖动出 144 长度的三维实体，如图 7-3B 右图所示。

步骤 3　执行 M 命令和 CO 命令，通过捕捉图形中心点，移动前述操作绘制的三维实体，得到如图 7-3C 左图所示图形，再单击"建模"工具栏中的"并集"按钮，选择所有实体执行并集操作，效果如图 7-3C 右图所示。

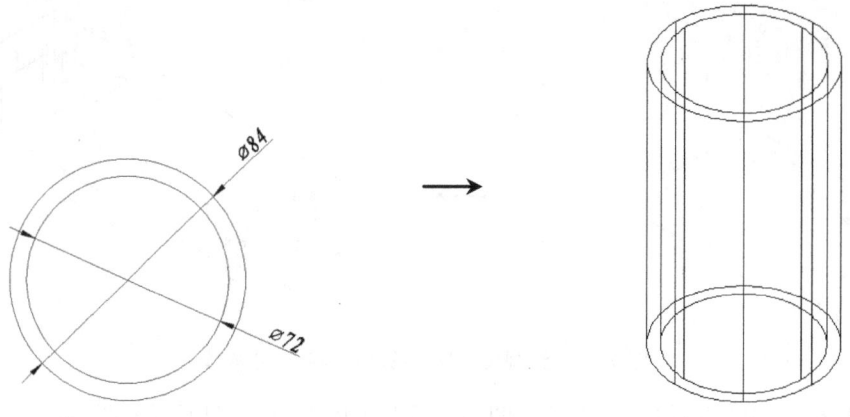

图 7-3B 绘制二维图形并拖动出三维实体

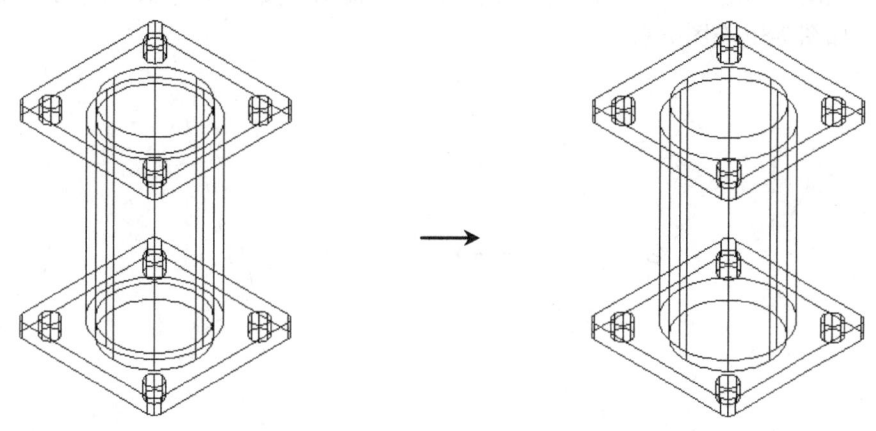

图 7-3C 移动实体并执行并集操作

步骤 4 执行"视图"→"三维视图"→"俯视"菜单命令，切换回俯视图，绘制如图 7-3D 左图所示的图形，再切换到"西南等轴测"视图，单击"建模"工具栏中的"按住并拖动"按钮，拖动出高度为 18 的三维实体，如图 7-3D 右图所示。

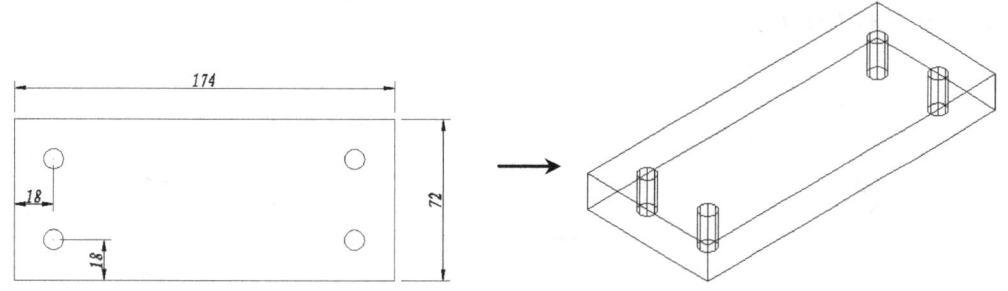

图 7-3D 绘制二维图形并拖动出三维实体

步骤 5 单击"建模"工具栏中的"长方体"按钮，绘制大小为 102×72×6 的长方体，然后将长方体移动到"步骤 4"所绘制的实体的相应位置处（通过捕捉中点的方式即可实现），并执行"差集"操作，得到如图 7-3E 右图所示的实体。

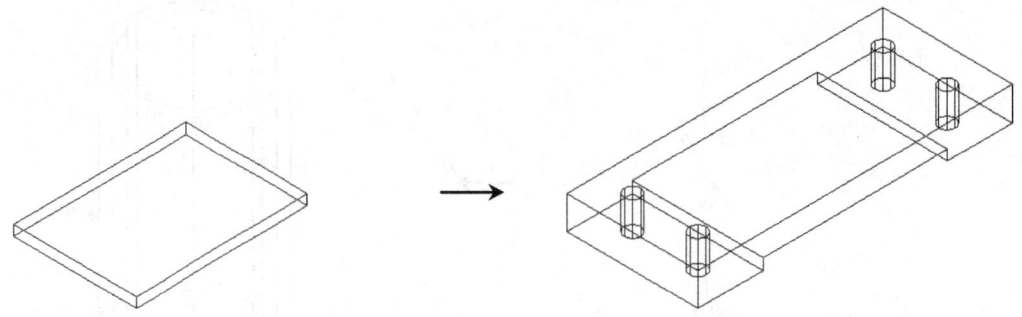

图 7-3E 绘制长方体、移动后执行差集操作

步骤 6 使用相同操作，在俯视图中，绘制如图 7-3F 左图所示的图形，再在"西南等轴测"视图中单击"建模"工具栏中的"按住并拖动"按钮，拖动出厚度为 12 的三维实体，如图 7-3F 右图所示。

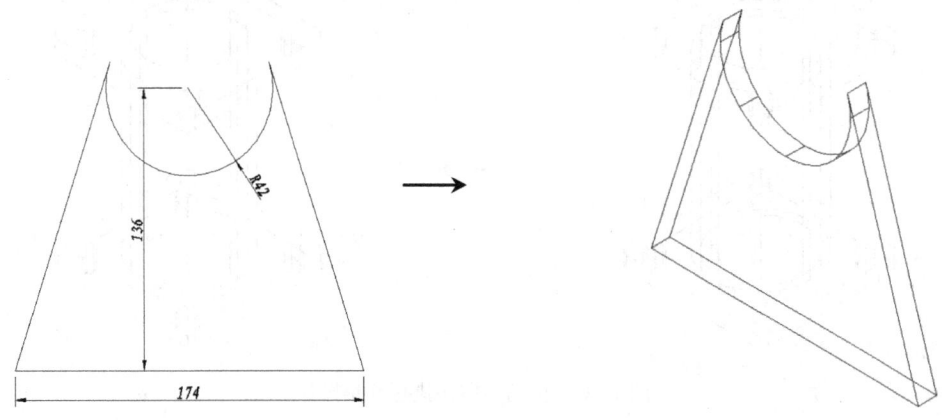

图 7-3F 绘制二维图形并拖动出三维实体

步骤 7 再使用相同操作，先绘制如图 7-3G 左图所示的二维图形，再在"西南等轴测"视图中单击"建模"工具栏中的"按住并拖动"按钮，拖动出长度为 72 的三维实体，如图 7-3G 右图所示。

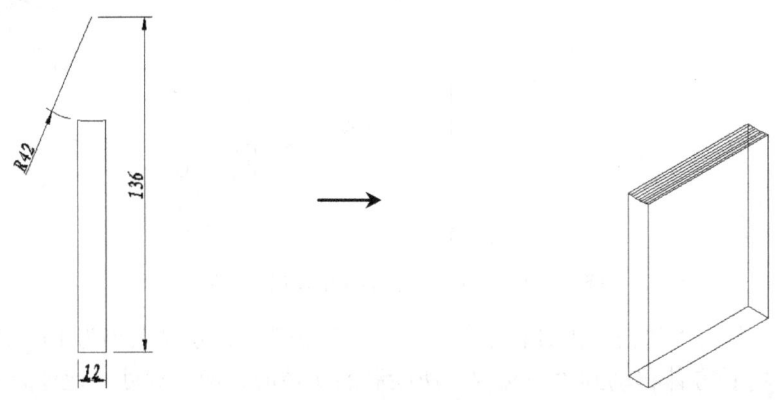

图 7-3G 绘制二维图形并拖动出三维实体

步骤 8 通过上述操作，即完成了所有实体的绘制，然后通过拖动和三维旋转（详见下面提示）等操作方式，将所绘的实体移动到相应位置处，如图 7-3H 左图所示；再单击"建模"工具栏中的"合集"按钮，选择所有实体执行合集操作，完成图形的绘制，如图 7-3H 右图所示。

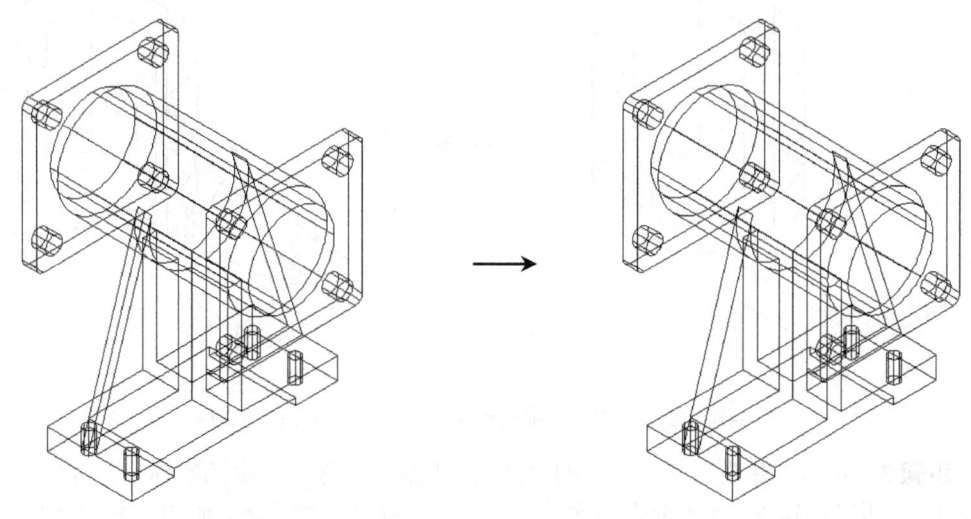

图 7-3H　移动实体并执行并集操作

 本操作中的实体移动，可能会稍显繁琐和困难；期间，为了将实体移动到正确的位置处，可通过绘制辅助线的方式的实现；此外，如实体模型的方位不正确，则可通过单击"建模"工具栏中的"三维旋转"按钮，将模型旋转到需要的方位，再进行移动。

步骤 9 完成后将图形存入考生文件夹，并命名为 KSCAD7-3.dwg。

7.4　第 4 题（机械类）解答

步骤 1 新建空白图形文件，首先绘制如图 7-4A 左图所示的二维图形（并复制几个此二维几何图形，以备用），然后执行"视图"→"三维视图"→"西南等轴测"菜单命令，切换到"西南等轴测"视图，单击"建模"工具栏中的"按住并拖动"按钮，向上拖动 3，再向下拖动 3，拖动出两个三维图形，如图 7-4A 右图所示。

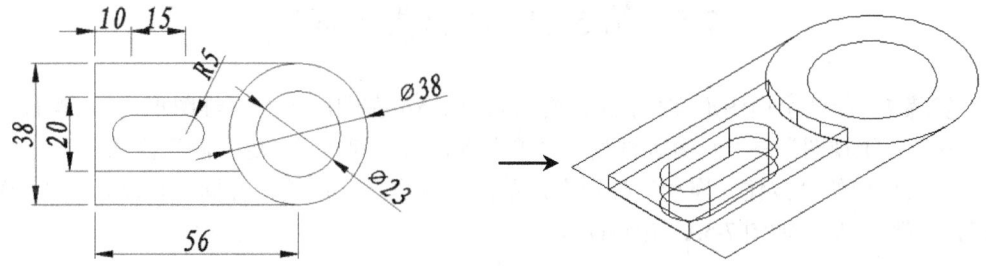

图 7-4A　绘制二维图形并拖动出两个三维实体

步骤 2 再次执行"按住并拖动"操作,通过向上拖动 8 和向上拖动 30 的方式,再拖动出两个三维实体,如图 7-4B 左图所示;然后通过捕捉中点的方式,将"步骤 1"绘制的两个三维图形移动到刚绘制的三维图形上,如图 7-4B 右图所示。

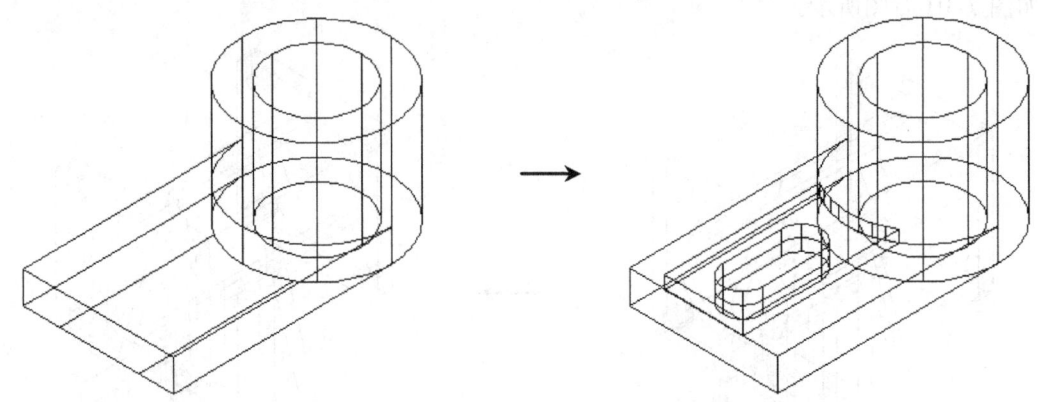

图 7-4B 使用绘制的二维图形拖动出三维实体并移动实体

步骤 3 单击"建模"工具栏中的"并集"按钮,选择需要的实体执行并集操作;再单击"差集"按钮,在当前合集实体中减去向下拖动 3 的实体,如图 7-4C 右图所示。

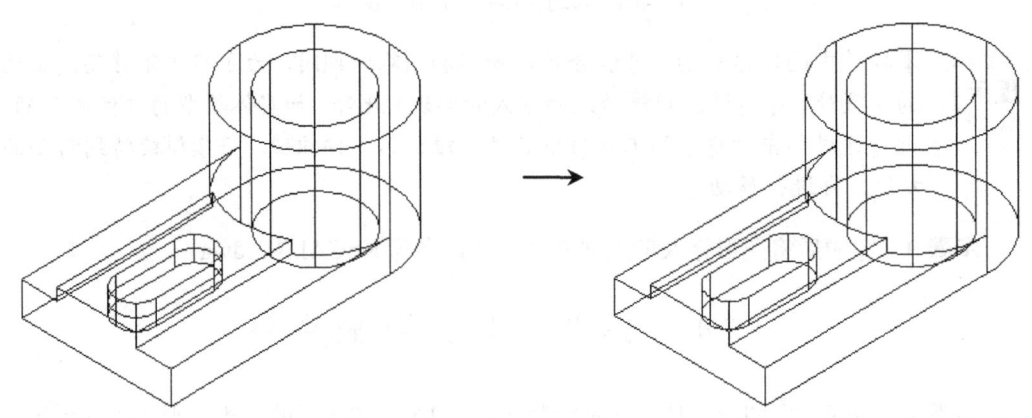

图 7-4C 执行并集和差集操作

步骤 4 完成后将图形存入考生文件夹,并命名为 KSCAD7-4.dwg。

7.5 第 5 题(机械类)解答

步骤 1 新建空白图形文件,首先绘制如图 7-5A 左图所示的二维图形,然后执行"视图"→"三维视图"→"西南等轴测"菜单命令,切换到"西南等轴测"视图,单击"建模"工具栏中的"按住并拖动"按钮,单击所绘图形空白处,并向上拖动,输入 10,拖动出三维图形,如图 7-5A 右图所示。

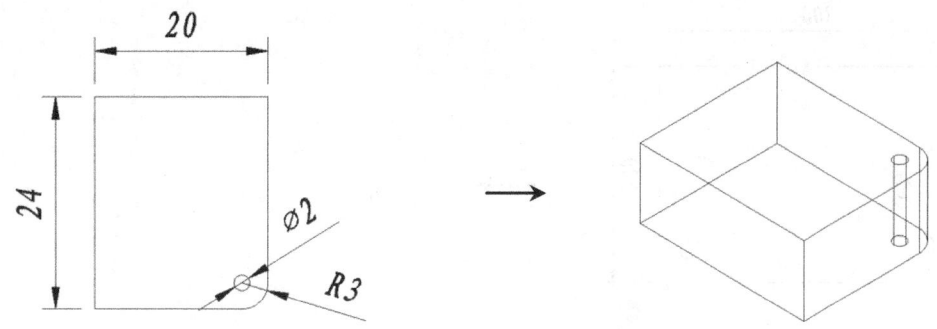

图 7-5A 绘制二维图形并拖动出三维实体

步骤 2 单击"实体编辑"工具栏中的"倒角"按钮，输入 D 后按 Enter 键，设置倒角"距离 1"为 0.5、"距离 2"为 0.8，然后选中要倒角的边，按 Enter 键，执行倒角操作，如图 7-5B 所示。

步骤 3 单击"实体编辑"工具栏中的"抽壳"按钮，选择前面操作绘制的实体，按 Enter 键，再输入 0.2，按 Enter 键，执行抽壳操作，完成模型的绘制，如图 7-5C 所示。

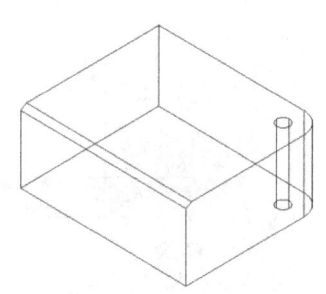 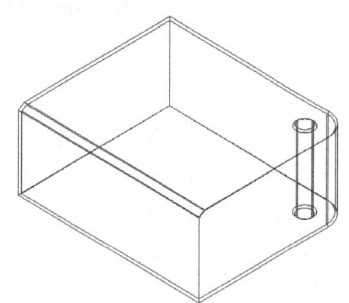

图 7-5B 执行倒角操作效果　　　　　　图 7-5C 执行抽壳操作效果

步骤 4 完成后将图形存入考生文件夹，并命名为 KSCAD7-5.dwg。

7.6 第 6 题（机械类）解答

步骤 1 新建空白图形文件，首先绘制如图 7-6A 左图所示的二维图形，然后执行"视图"→"三维视图"→"西南等轴测"菜单命令，切换到"西南等轴测"视图，单击"建模"工具栏中的"按住并拖动"按钮，单击所绘图形空白处，并向上拖动，输入 30，拖动出两个三维图形，如图 7-6A 右图所示。

步骤 2 单击"建模"工具栏中的"楔体"按钮，拖动 140×30×80 的楔体，如图 7-6B 左图所示；然后单击"建模"工具栏中的"三维旋转"按钮，选中绘制的楔体，执行需要的旋转操作（旋转到需要的方位处），如图 7-6B 右图所示。

步骤 3 使用相同操作，单击"建模"工具栏中的"三维旋转"按钮，选中"步骤 1"中绘制的三角形实体，执行 90 度的旋转操作，如图 7-6C 左图所示，调整好所有实体的方位，然后通过捕捉中点的方式将所有实体移动到需要的位置处，如图 7-6C 右图所示。

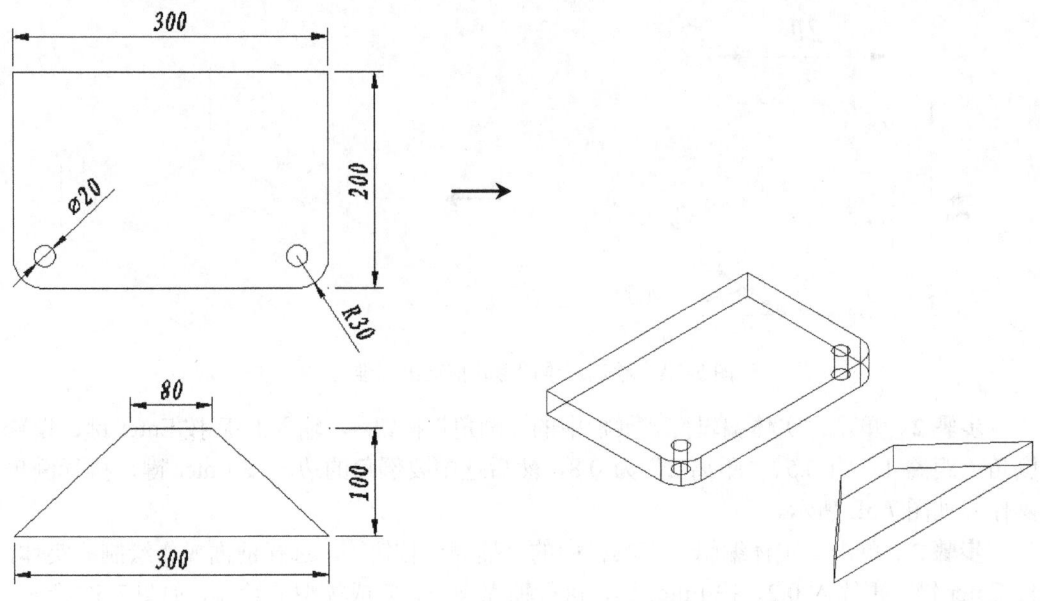

图 7-6A 绘制二维图形并拖动出三维实体

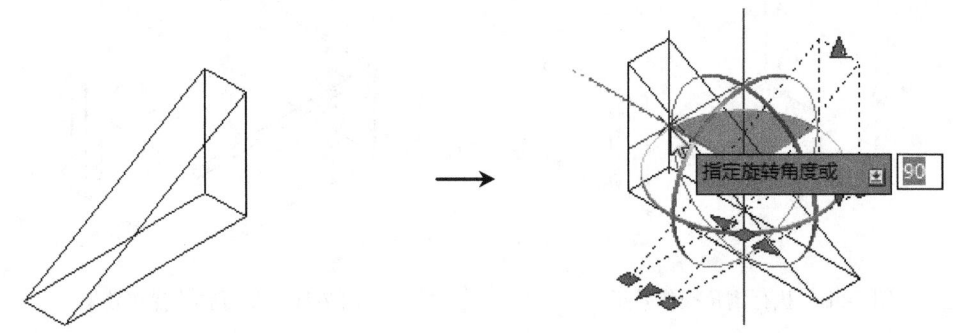

图 7-6B 绘制楔体并执行旋转操作

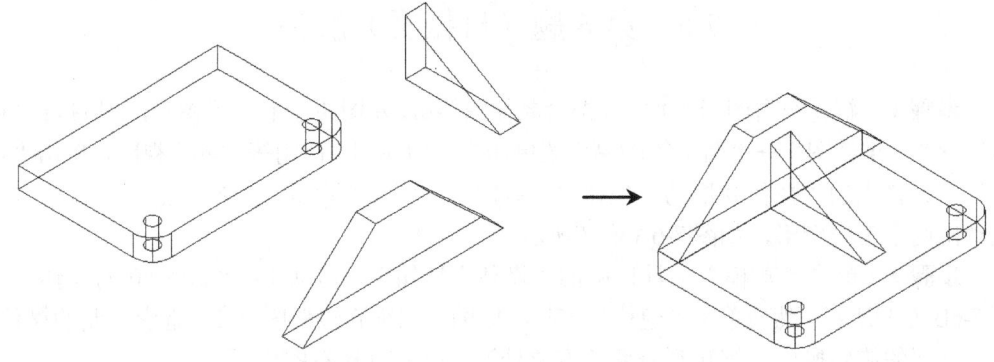

图 7-6C 移动实体并执行并集操作

步骤 4 单击"建模"工具栏中的"合集"按钮，选择所有实体执行合集操作，完成图形的绘制，如图 7-6D 所示。

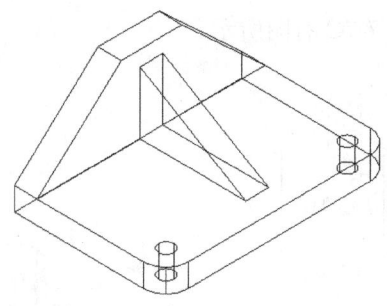

图 7-6D 执行合集操作生成最终实体

步骤 5 完成后将图形存入考生文件夹,并命名为 KSCAD7-6.dwg。

7.7 第 7 题(机械类)解答

步骤 1 新建空白图形文件,首先绘制如图 7-7A 左图所示的二维图形,然后执行"视图"→"三维视图"→"西南等轴测"菜单命令,切换到"西南等轴测"视图,单击"建模"工具栏中的"按住并拖动"按钮,单击所绘图形空白处,并向上拖动,输入 26,拖动出三维图形,如图 7-7A 右图所示。

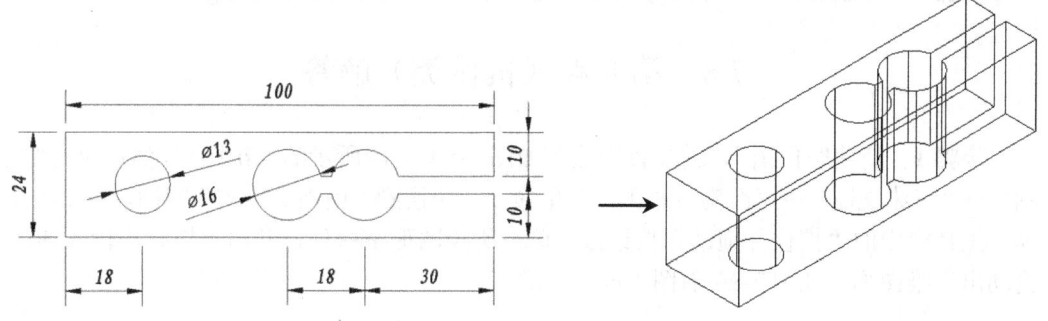

图 7-7A 绘制二维图形并拖动出三维实体

步骤 2 单击"建模"工具栏中的"圆柱体"按钮,绘制 4 个如图 7-7B 所示大小的圆柱体。

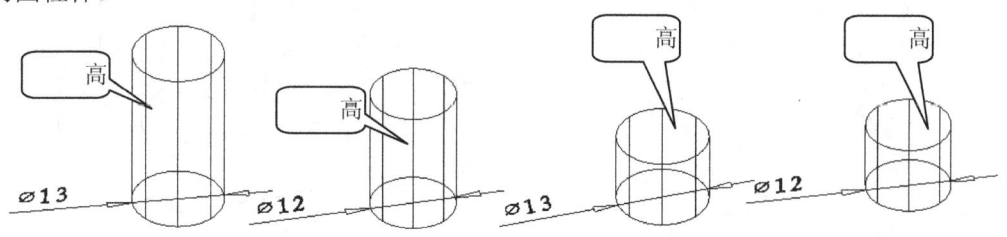

图 7-7B 绘制二维图形并拖动出三维实体

步骤 3 通过上述操作,即完成了所有实体的绘制,然后通过拖动和三维旋转(详见下面提示)等操作方式,将所绘的实体移动到相应位置处,如图 7-7C 左图所示;再单击"建模"工具栏中的"差集"按钮,自"步骤 1"实体中减去"步骤 2"所绘制的实体，完成图形的绘制，如图 7-7C 右图所示。

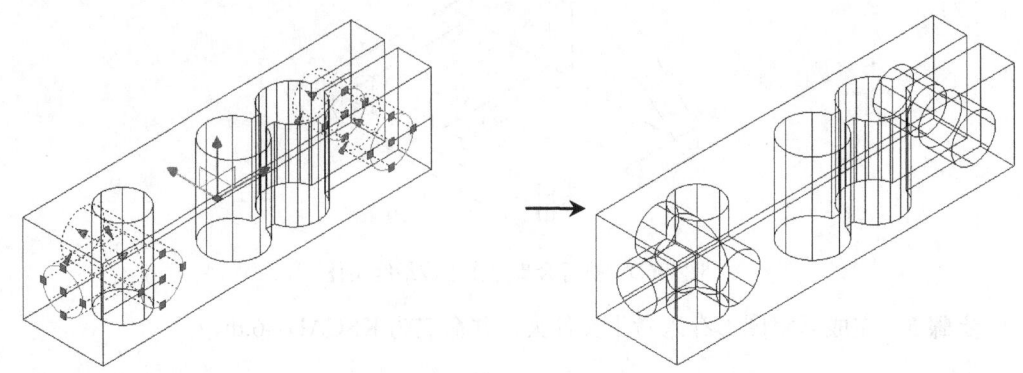

图 7-7C　移动实体并执行并集操作

 本操作中的实体移动，可能会稍显繁琐和困难；期间，为了将实体移动到正确的位置处，可通过绘制辅助线的方式实现（可通过在三维面上绘制直线方式，来定位一些三维位置）；此外，如实体模型的方位不正确，则可通过单击"建模"工具栏中的"三维旋转"按钮，将模型旋转到需要的方位，再进行移动。

步骤 4　完成后将图形存入考生文件夹，并命名为 KSCAD7-7.dwg。

7.8　第 8 题（机械类）解答

步骤 1　新建空白图形文件，首先绘制如图 7-8A 左图所示的二维图形，然后执行"视图"→"三维视图"→"西南等轴测"菜单命令，切换到"西南等轴测"视图，单击"建模"工具栏中的"按住并拖动"按钮，单击所绘图形空白处，并向上拖动，输入 50，拖动出三维图形，如图 7-8A 右图所示。

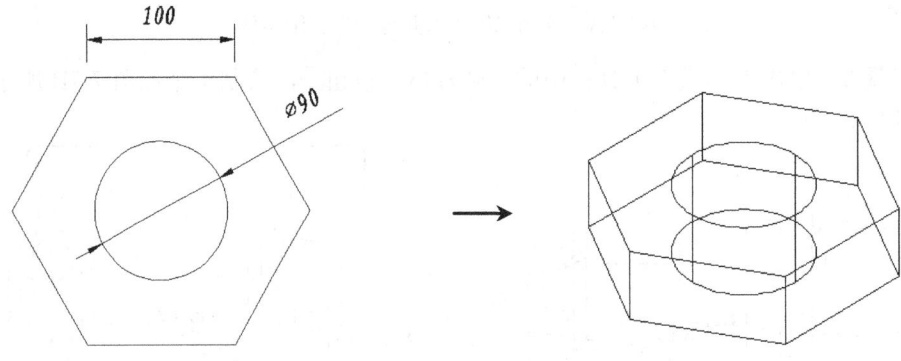

图 7-8A　绘制二维图形并拖动出三维实体

步骤 2　单击"实体编辑"工具栏中的"抽壳"按钮，选择"步骤 1"绘制的三维实体，然后选择实体的上表面为要删除的面，然后单击 Enter 键，再输入 10，按 Enter 键（设置抽壳厚度），执行抽壳操作，完成模型的绘制，如图 7-8B 所示。

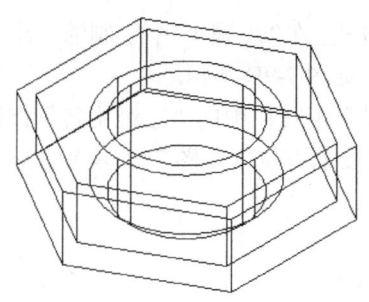

图 7-8B 对实体进行抽壳操作效果

步骤 3 完成后将图形存入考生文件夹,并命名为 KSCAD7-8.dwg。

7.9 第 9 题(机械类)解答

步骤 1 新建空白图形文件,首先绘制如图 7-9A 左图所示的二维图形,然后执行"视图"→"三维视图"→"西南等轴测"菜单命令,切换到"西南等轴测"视图,单击"建模"工具栏中的"按住并拖动"按钮,单击所绘图形中间空白处,并向上拖动,输入10,拖动出三维图形,如图 7-9A 右图所示。

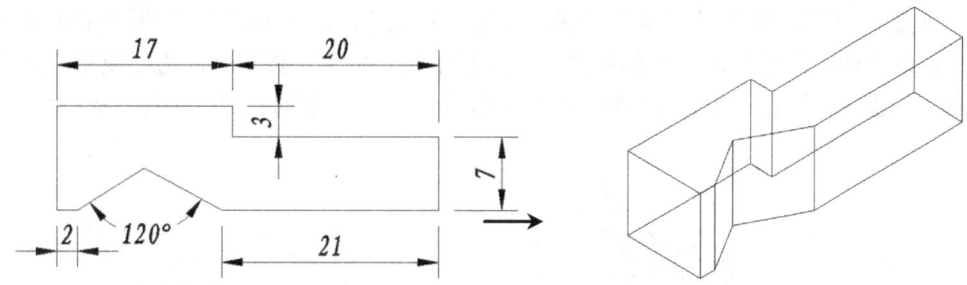

图 7-9A 绘制二维图形并拖动出三维实体

步骤 2 单击"建模"工具栏中的"圆柱体"按钮,绘制两个直径分别为 7 和 4.2、高度分别为 4 和 2 的同心相连的圆柱体,如图 7-9B 所示。

步骤 3 执行"视图"→"三维视图"→"俯视"菜单命令,切换回俯视图,首先绘制如图 7-9C 左图所示的二维图形,然后切换到"西南等轴测"视图,单击"建模"工具栏中的"按住并拖动"按钮,拖动出高度为 22 的三维图形,如图 7-9C 右图所示。

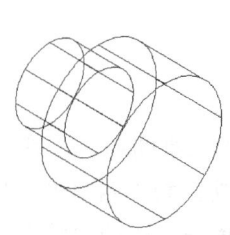
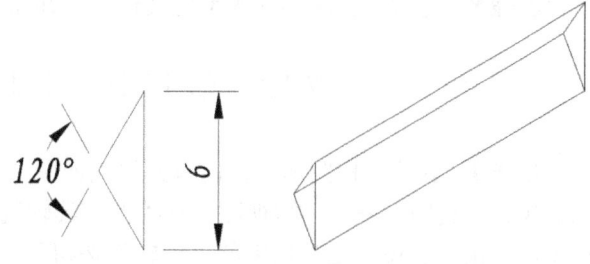

图 7-9B 绘制两个相连圆柱体效果   图 7-9C 绘制三角形并拉伸出实体效果

步骤 4 通过捕捉面的方式，在"步骤 1"中绘制的三维图形的侧面上绘制辅助直线，两条线的长度分别为 6 和 9，如图 7-9D 所示。

步骤 5 通过单击"建模"工具栏中的"三维旋转"按钮，将"步骤 2"和"步骤 3"绘制的三维模型旋转到需要的方位，如图 7-9E 所示。

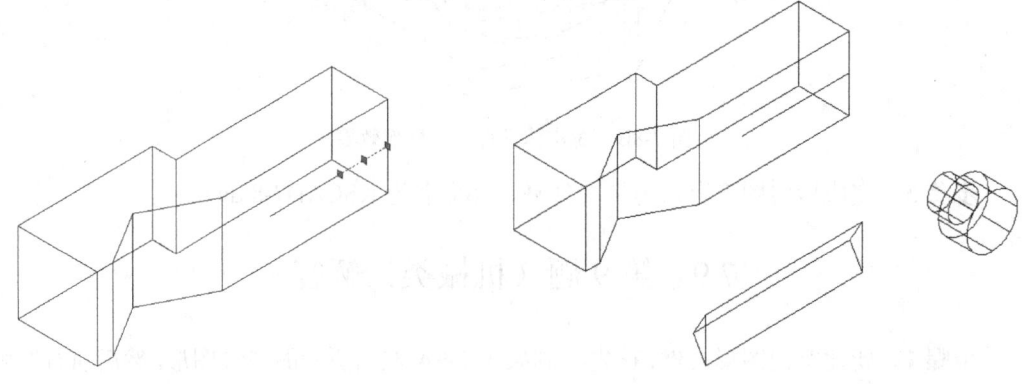

图 7-9D　绘制辅助线效果　　　　　图 7-9E　旋转三维图形效果

步骤 6 通过捕捉三维模型的图线中点等方式，并参照前面绘制的辅助线，将绘制的三维模型移动（或复制）到正确的位置处，如图 7-9F 所示。

步骤 7 单击"建模"工具栏中的"差集"按钮，自"步骤 1"中所绘制的实体中减去其余实体；然后单击"实体编辑"工具栏中的"倒角"按钮，选择模型靠内侧边面的 3 条边线，执行大小为 1×45°的倒角操作，完成模型的创建，如图 7-9G 所示。

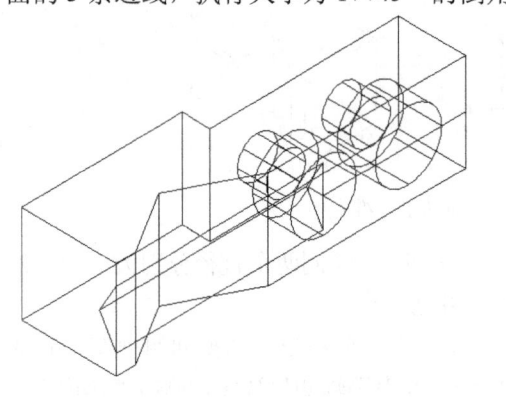 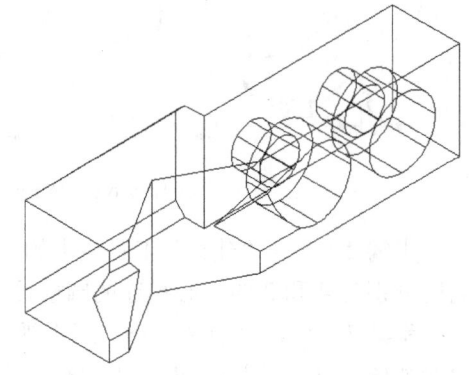

图 7-9F　移动实体效果　　　　　图 7-9G　执行差集和倒角操作后的效果

步骤 8 完成后将图形存入考生文件夹，并命名为 KSCAD7-9.dwg。

7.10　第 10 题（机械类）解答

步骤 1 新建空白图形文件，首先绘制如图 7-10A 左图所示的二维图形（多段线），然后执行"视图"→"三维视图"→"西南等轴测"菜单命令，切换到"西南等轴测"视图，单击"建模"工具栏中的"旋转"按钮，选择绘制的多段线，以两个端点的连线为旋转轴，进行 360 度的旋转操作，创建旋转体，如图 7-10A 右图所示。

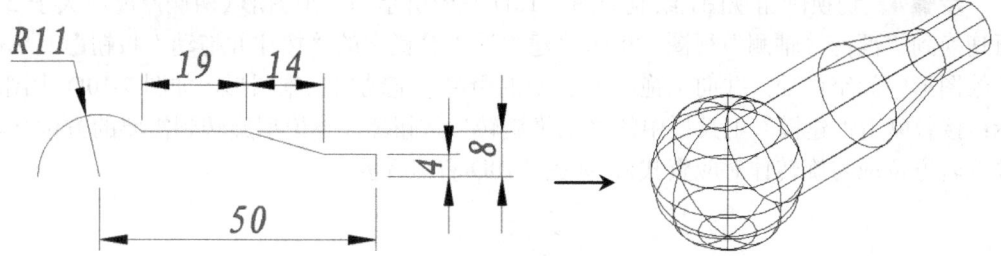

图 7-10A 绘制二维图形并拖动出三维实体

步骤 2 执行"视图"→"三维视图"→"俯视"菜单命令，切换回俯视图，绘制如图 7-10B 左图所示的二维图形（中间空白长度应大于 61，两侧厚度应大于 6），再切换到"西南等轴测"视图，单击"建模"工具栏中的"按住并拖动"按钮，单击所绘图形中间空白处，并向上拖动大于 22 的距离，拖动出三维图形，如图 7-10B 右图所示。

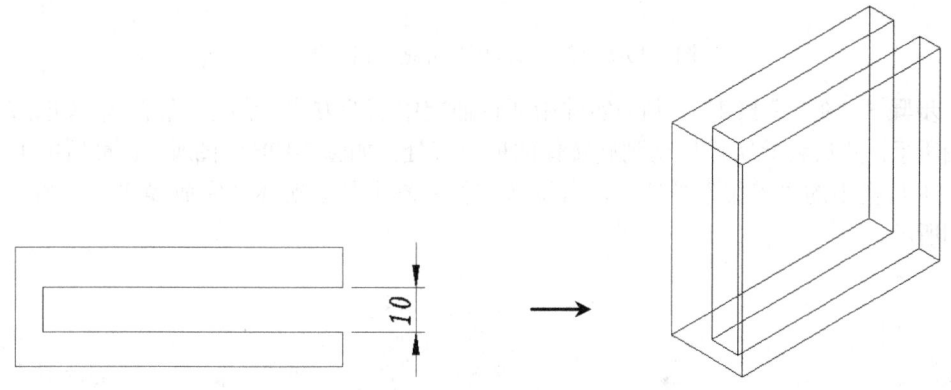

图 7-10B 绘制二维图形并拖动出三维实体

步骤 3 通过捕捉中点，在"步骤 2"绘制的三维图形中绘制一辅助线，如图 7-10C 左图所示；然后通过捕捉中点的方式将"步骤 2"绘制的三维实体，移动到"步骤 1"绘制的旋转体的相应位置处，如图 7-10C 中图所示；再单击"建模"工具栏中的"差集"按钮，自"步骤 1"中减去"步骤 2"绘制的实体，效果如图 7-10C 右图所示。

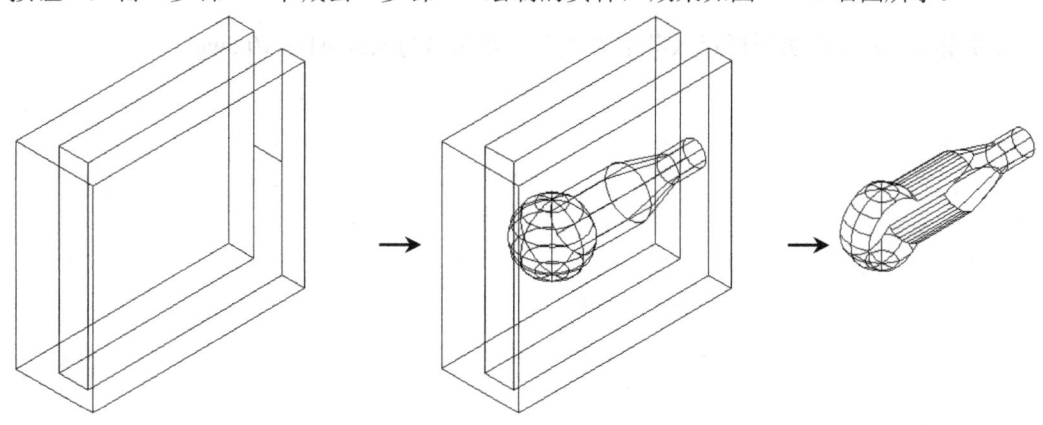

图 7-10C 移动实体并进行差集操作

步骤 4 切换回俯视图，绘制如图 7-10D 左图所示的二维图形（两侧厚度应大于 2），再切换到"西南等轴测"视图，单击"建模"工具栏中的"按住并拖动"按钮，单击所绘图形中间空白处，并向上拖动大于 8 的距离，拖动出三维图形，如图 7-10D 中图所示；接着单击"建模"工具栏中的"三维旋转"按钮，将模型旋转到需要的方位（具体旋转方位应与旋转体对应查找），如图 7-10D 右图所示。

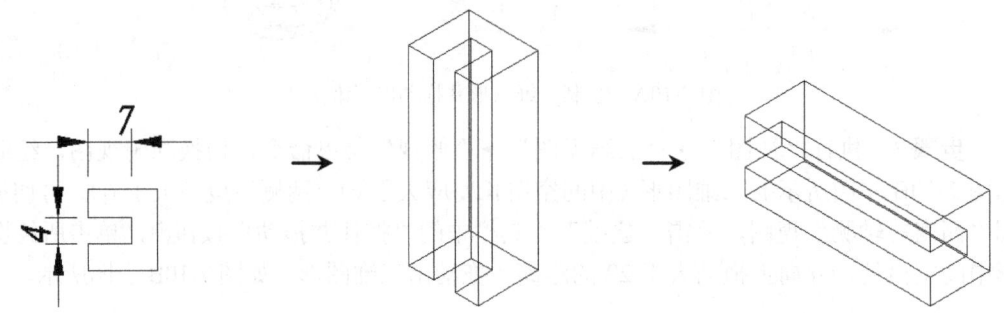

图 7-10D 绘制二维图形并拖动出三维实体

步骤 5 在"步骤 4"绘制的实体中通过捕捉中点的方式，绘制一条直线，如图 7-10E 左图所示；然后将此实体移动到旋转体的柄位置处，如图 7-10E 中图所示；最后单击"建模"工具栏中的"差集"按钮，自旋转实体中减去其余实体，完成操作，如图 7-10E 右图所示。

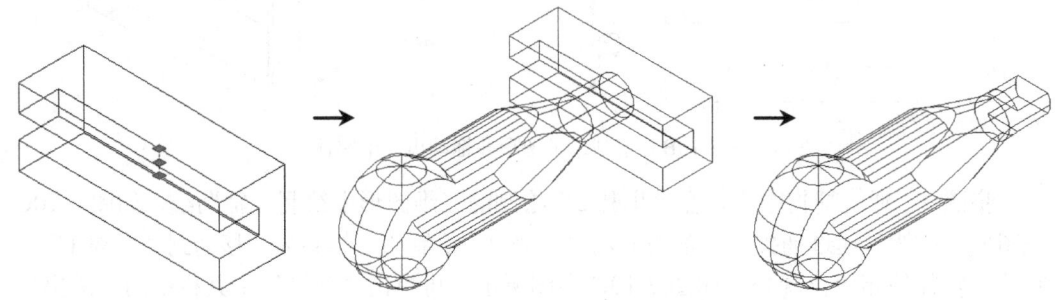

图 7-10E 移动实体并进行差集操作

步骤 6 完成后将图形存入考生文件夹，并命名为 KSCAD7-10.dwg。

第 8 单元　综合绘图

8.1　第 1 题（机械类）解答

步骤 1　新建空白图形文件，执行 LA 命令，打开"图层特性管理器"，创建"中心线"图层，颜色设置为红色，线型设置为 CENTER，线宽设置为 0.25mm；创建"尺寸线"图层，颜色设置为绿色，线宽设置为 0.18mm；创建"粗实线"图层，线宽设置为 0.50mm；创建"细实线"图层，线宽设置为 0.25mm，如图 8-1A 所示。

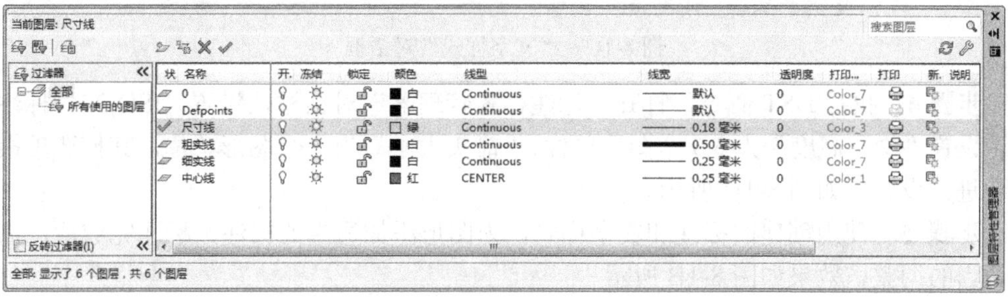

图 8-1A　图层特性管理器

步骤 2　按如图 8-1B 所示尺寸，绘制模型图线；中心线绘制在"中心线"层上，零件的轮廓线绘制在"粗实线"层上。后面的操作，标注绘制在"尺寸线"层上。

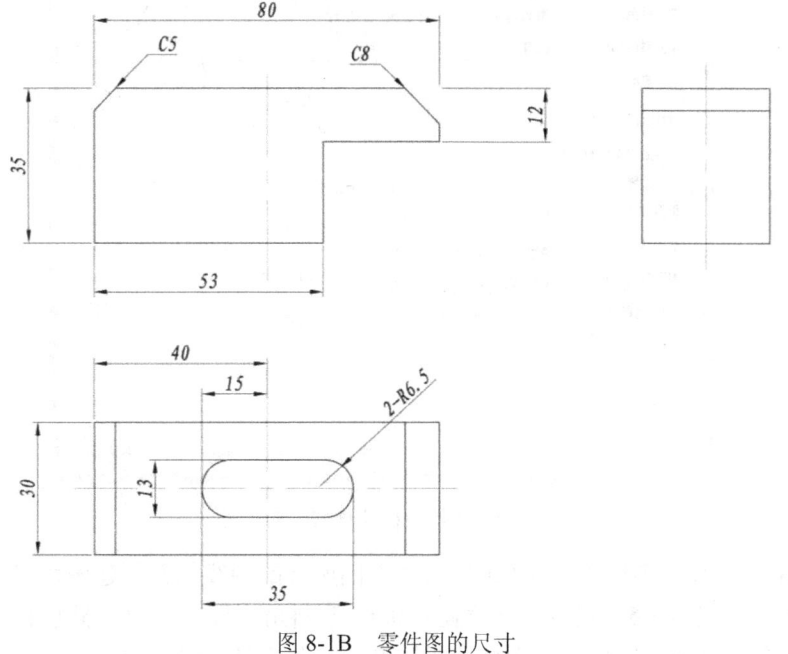

图 8-1B　零件图的尺寸

步骤 3 执行 ST 命令，打开"文字样式"对话框，设置"Standard"文字样式的字体为"仿宋_GB2312"，宽度因子设置为 0.9，倾斜角度设置为 10，如图 8-1C 所示。

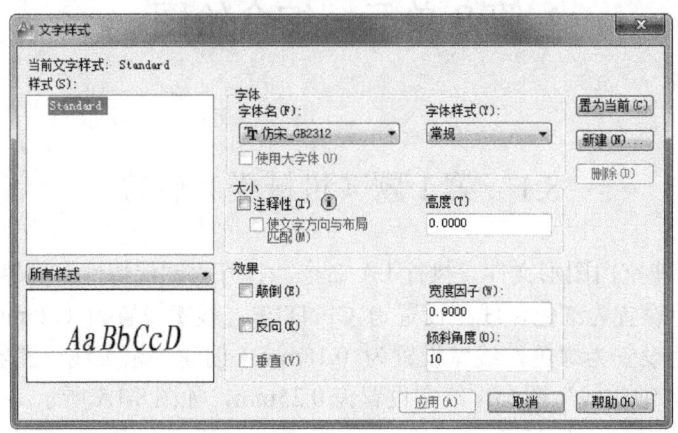

图 8-1C "文字样式"对话框

步骤 4 执行 DST 命令，打开"标注样式管理器"对话框，设置"ISO-25"标注样式，设置"文字高度"为 3.5 个图形单位、"箭头大小"为 3 个图形单位，其他选项根据需要进行设置，如图 8-1D 所示。

步骤 5 使用创建的标注和文字样式，为图形添加适当的标注，标注完成后，需进行适当的调整，效果如图 8-1B 所示。

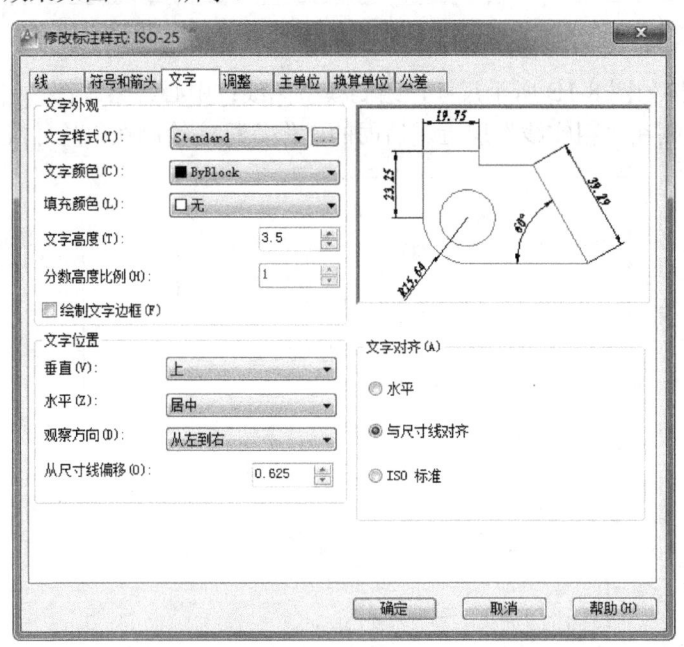

图 8-1D "修改标注样式"对话框

步骤 6 在"0"图层中绘制如图 8-1E 上图所示的图线，并创建图块属性，图块属性文字的大小设置为 3.5，宽度因子设置为 0.9，倾斜角度设置为 10，然后将绘制的图形定义为块，使用创建的图块为图形标注粗糙度，如图 8-1E 下图所示。

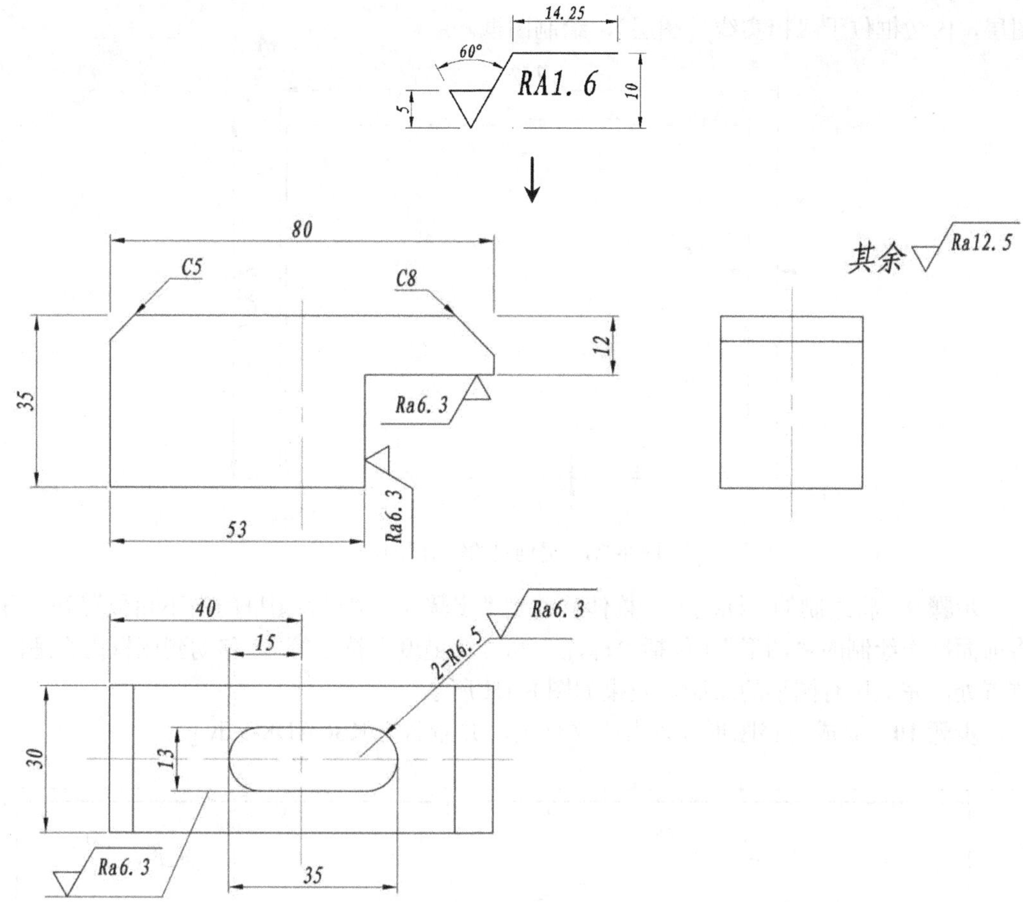

图 8-1E　创建粗糙度图块并标注粗糙度符号

步骤 7　按照图 8-1F 所示尺寸，在"0"图层中绘制直线（外部边线位于"粗实线"图层，内部边线位于"细实线"图层），并进行阵列及修剪等操作，再创建文字（文字大小为 1.5、2.1 和 3 个图形单位，并将文字置于线框内的正确位置处），创建图纸的标题栏。

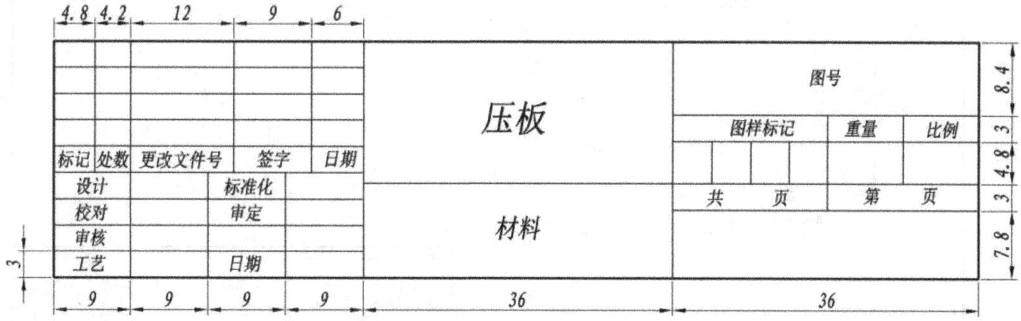

图 8-1F　创建的标题栏

步骤 8　绘制两个矩形，其大小和相对位置如图 8-1G 所示（外边框位于"细实线"

图层,内边框位于"粗实线"图层),绘制图框。

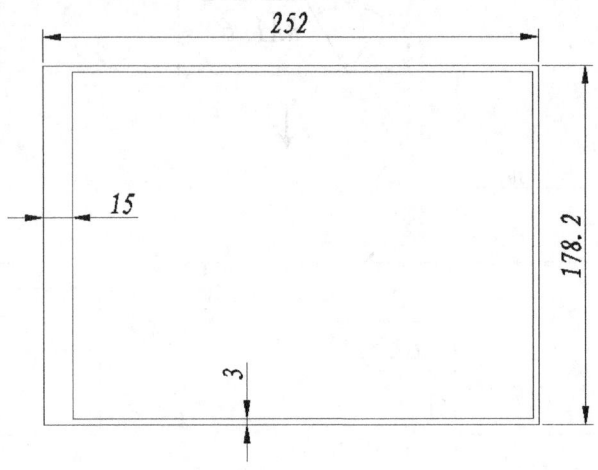

图 8-1G 需创建的矩形大小

步骤9 将绘制的"标题栏"整体移动到"步骤8"绘制的图框的右下角位置处,再将前面操作绘制的"图形"(包括"标注"和"粗糙度"符号等),移动到图框内合适的位置处,完成所有图形的绘制,效果如图 8-1H 所示。

步骤10 完成后将图形存入考生文件夹,并命名为 KSCAD8-1.dwg。

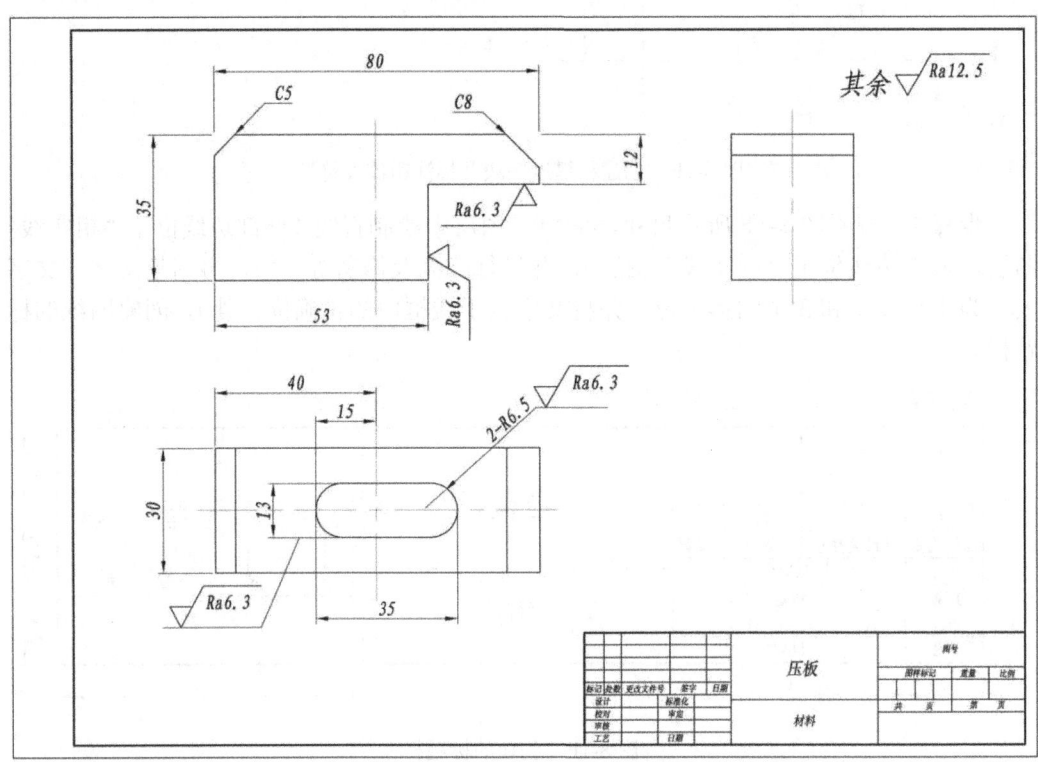

图 8-1H 图形的最终效果

8.2 第 2 题（机械类）解答

步骤 1 新建空白图形文件，执行 LA 命令，打开"图层特性管理器"，创建"中心线"图层，线型设置为 CENTER2；创建"标注"图层；创建"粗实"图层，线宽设置为 0.60mm；创建"细实线"图层，线宽设置为 0.18mm，如图 8-2A 所示。

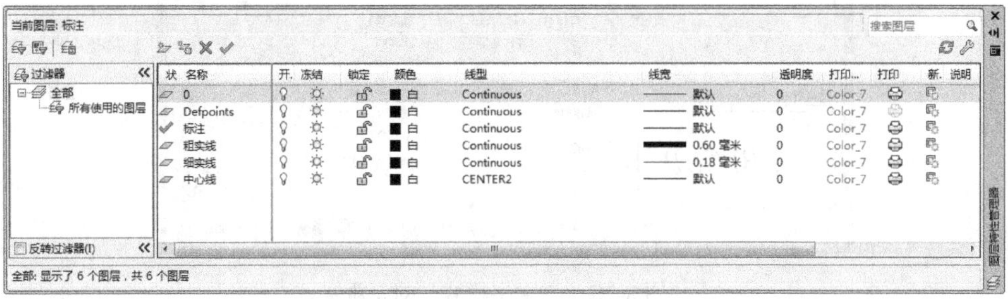

图 8-2A　图层特性管理器

步骤 2 按如图 8-2B 所示尺寸，绘制模型图线；中心线绘制在"中心线"层上，零件的轮廓线绘制在"粗实线"层上，螺纹线和断裂线都绘制在"细实线"图层中。后面的操作，标注绘制在"标注"层上。

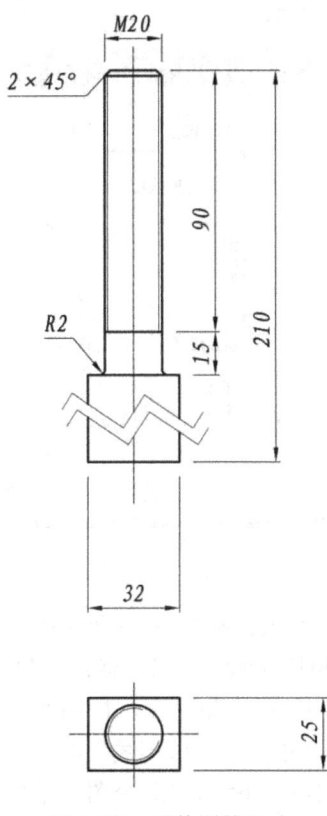

图 8-2B　零件图的尺寸

步骤 3 执行 ST 命令，打开"文字样式"对话框，设置"Standard"文字样式的字体为"仿宋_GB2312"，倾斜角度设置为 10，如图 8-2C 所示。

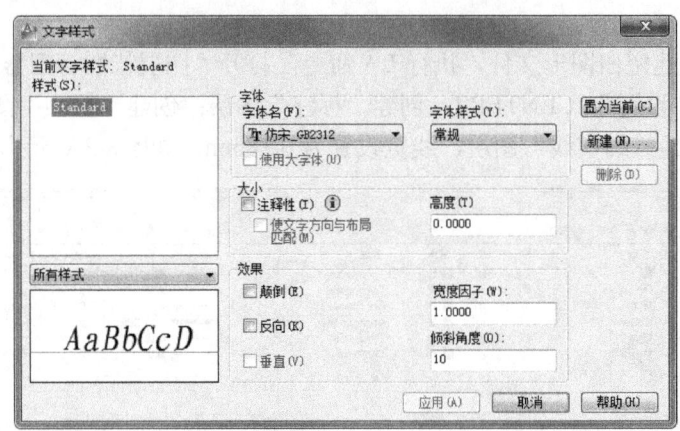

图 8-2C "文字样式"对话框

步骤 4 执行 DST 命令，打开"标注样式管理器"对话框，新建"标注"标注样式，设置"文字高度"为 4 个图形单位、"箭头大小"为 3 个图形单位，其他选项根据需要进行设置，如图 8-2D 所示。

步骤 5 使用创建的标注和文字样式，为图形添加适当的标注，标注完成后，需进行适当的调整，效果如图 8-2B 所示。

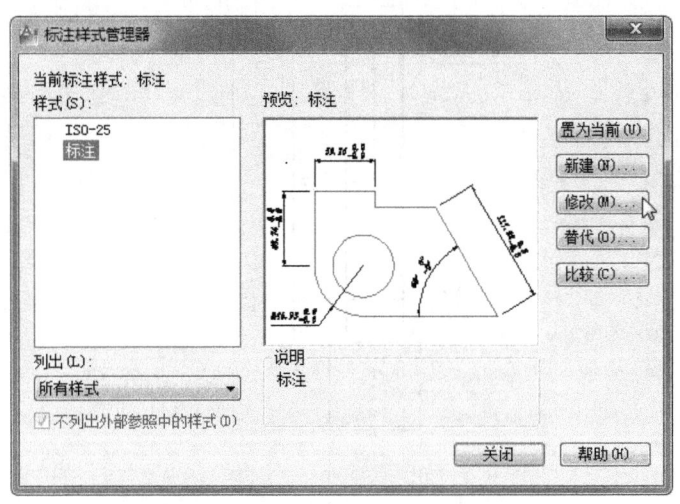

图 8-2D "标注样式管理器"对话框

步骤 6 在"0"图层中绘制如图 8-2E 左图所示的图线，并创建图块属性，图块属性文字的大小设置为 4.35，宽度因子设置为 1，倾斜角度设置为 10，然后将绘制的图形定义为块，使用创建的图块为图形标注粗糙度，如图 8-2E 右图所示。

步骤 7 按照图 8-2F 所示尺寸，在"粗实线"图层中绘制直线，并进行阵列及修剪等操作，再创建文字（文字大小为 7.65 和 3.2 个图形单位，并将文字置于线框内的正确位置处），创建图纸的标题栏。

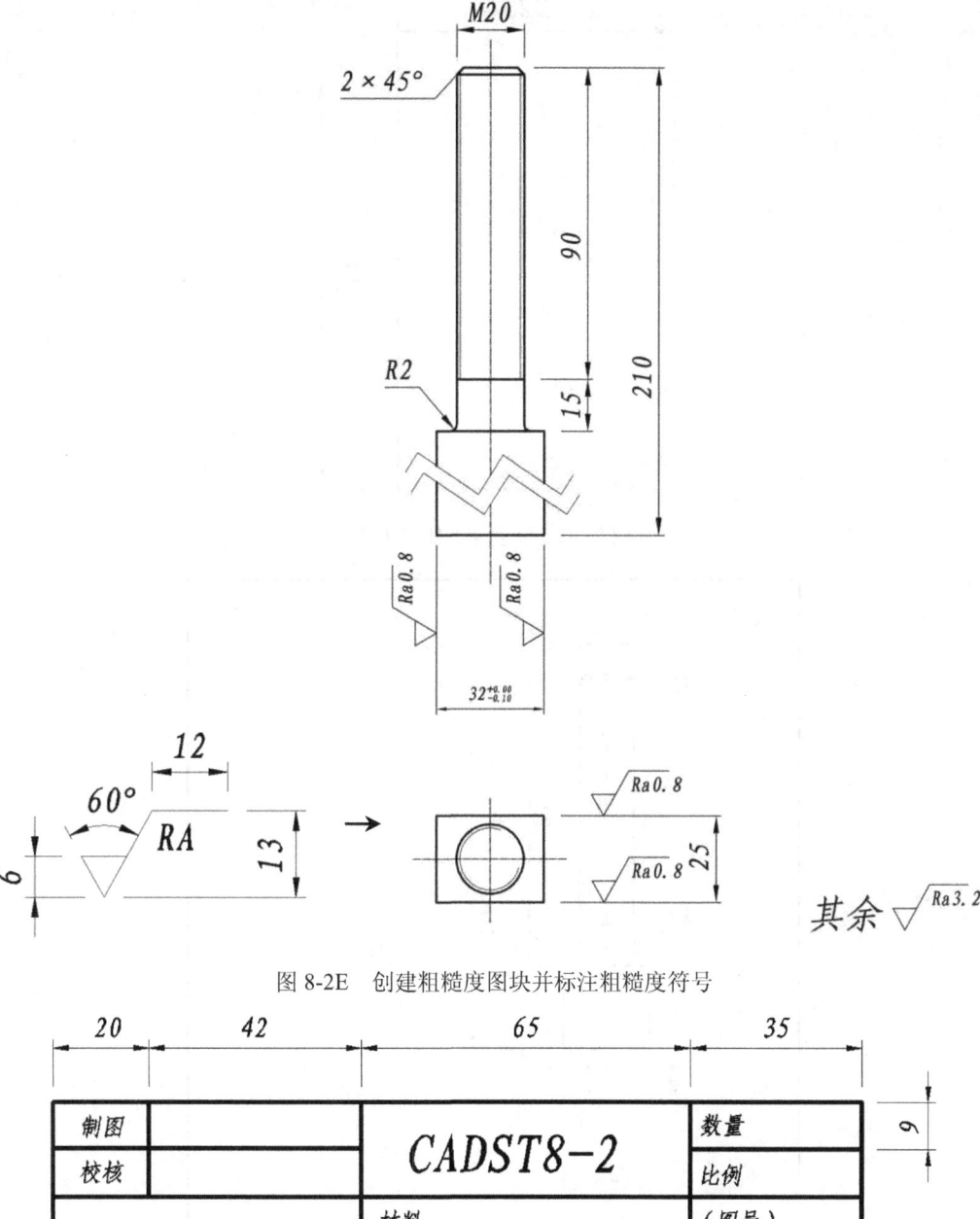

图 8-2E　创建粗糙度图块并标注粗糙度符号

图 8-2F　创建的标题栏

步骤 8　在"粗实线"图层中绘制矩形，其大小如图 8-2G 所示，作为图框。

步骤 9　将绘制的"标题栏"移动到"步骤 8"绘制的图框的右下角位置处，再将前面操作绘制的"图形"（包括"标注"和"粗糙度"符号等），移动到图框内合适的位置处，完成所有图形的绘制，效果如图 8-2H 所示。

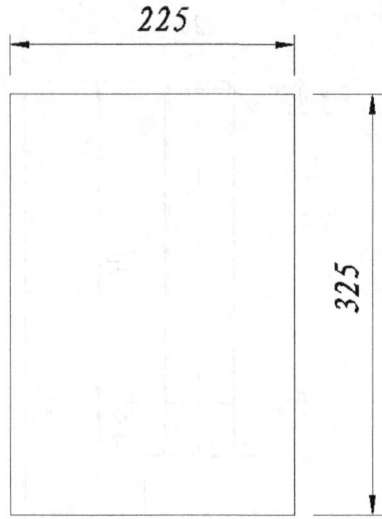

图 8-2G 需创建的矩形大小

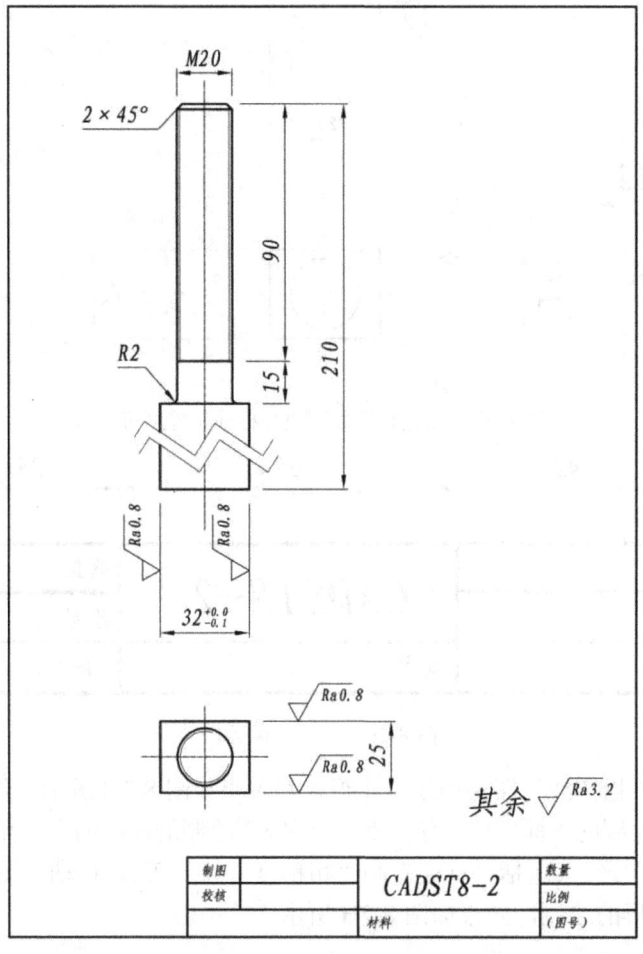

图 8-2H 图形的最终效果

步骤 10　完成后将图形存入考生文件夹，并命名为 KSCAD8-2.dwg。

8.3　第 3 题（机械类）解答

步骤 1　新建空白图形文件，执行 LA 命令，打开"图层特性管理器"，创建"中心线"图层，颜色设置为红色，线型设置为 ACAD_ISO10W100；创建"标注"图层，颜色设置为绿色；创建"轮廓"图层，线宽设置为 0.50mm；创建"剖面线"图层，颜色设置为青色，如图 8-3A 所示。

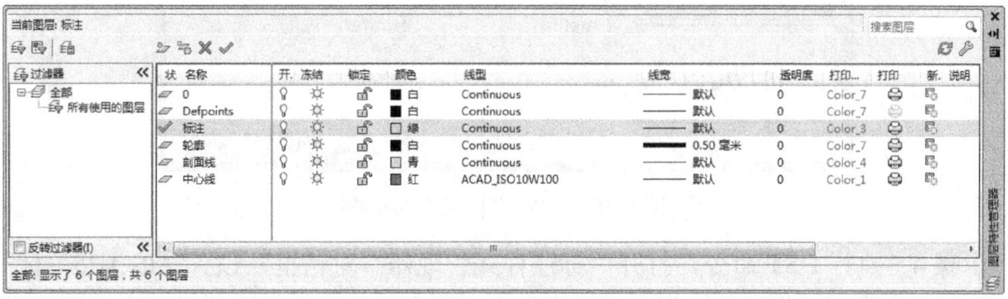

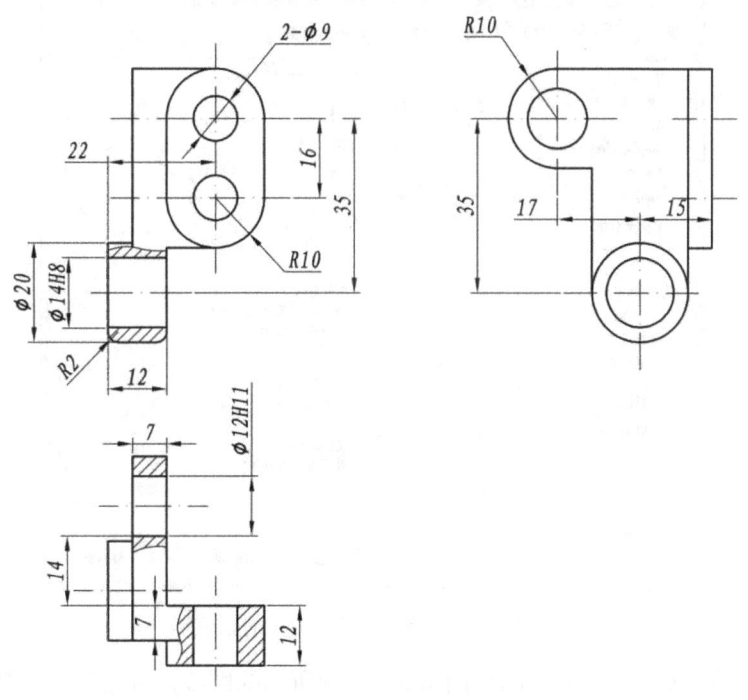

图 8-3A　图层特性管理器

步骤 2　按如图 8-3B 所示尺寸，绘制模型图线；中心线绘制在"中心线"层上，零件的轮廓线绘制在"轮廓"图层上，填充线绘制在"剖面线"图层上。后面的操作，标注绘制在"标注"层上。

图 8-3B　零件图的尺寸

步骤 3 执行 ST 命令,打开"文字样式"对话框,设置"Standard"文字样式的字体为"仿宋_GB2312",宽度因子设置为 0.9,倾斜角度设置为 10,如图 8-3C 所示。

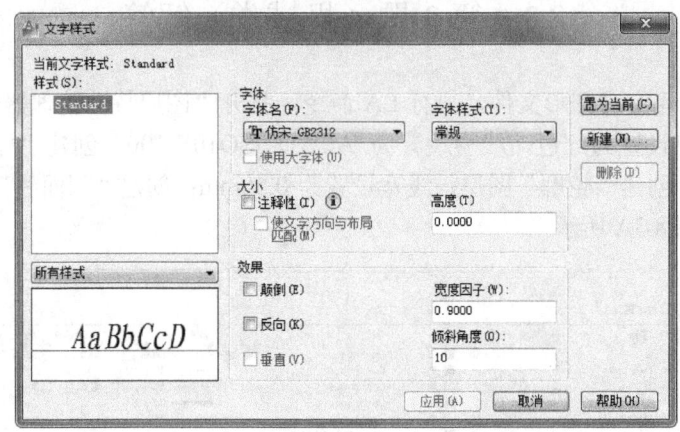

图 8-3C "文字样式"对话框

步骤 4 执行 DST 命令,打开"标注样式管理器"对话框,设置"ISO-25"标注样式,设置"文字高度"和"箭头大小"均为 3 个图形单位,其他选项根据需要进行设置,如图 8-3D 所示。

步骤 5 使用创建的标注和文字样式,为图形添加适当的标注,标注完成后,需进行适当的调整,效果如图 8-3B 所示。

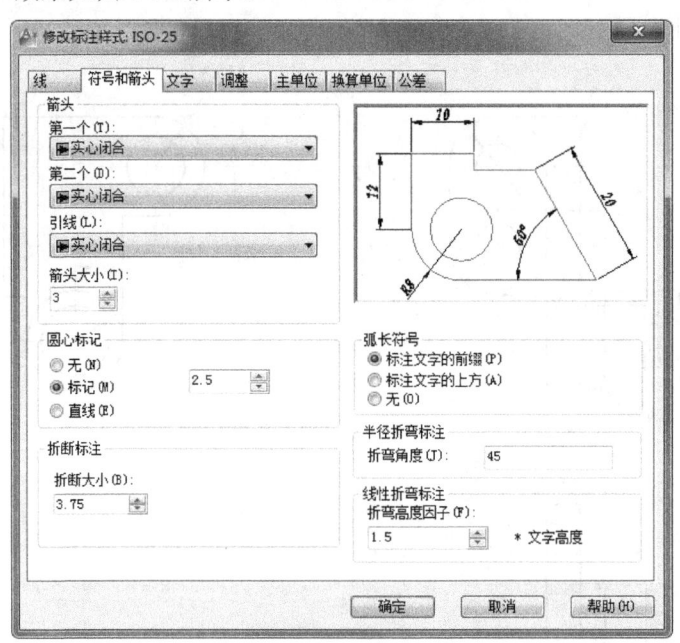

图 8-3D "修改标注样式"对话框

步骤 6 在"0"图层中绘制如图 8-3E 上图所示的图线,并创建图块属性,图块属性文字的大小设置为 3.5,倾斜角度设置为 10,然后将绘制的图形定义为块,使用创建的图块为图形标注粗糙度,如图 8-3E 下图所示。

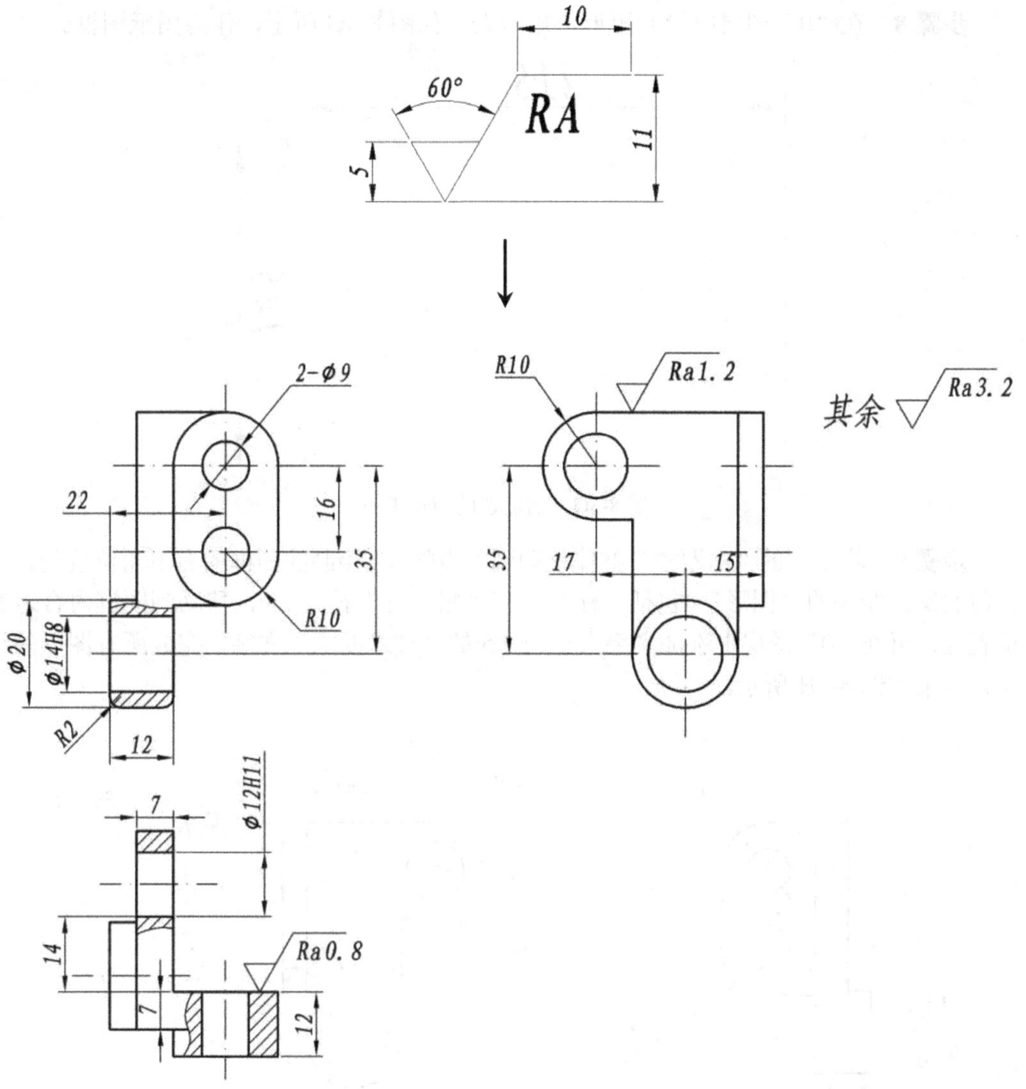

图 8-3E 创建粗糙度图块并标注粗糙度符号

步骤 7 按照图 8-3F 所示尺寸,在"0"图层中绘制直线,并进行阵列及修剪等操作,再创建文字(文字大小为 5.25 和 2.25 个图形单位,并将文字置于线框内的正确位置处),创建图纸的标题栏。

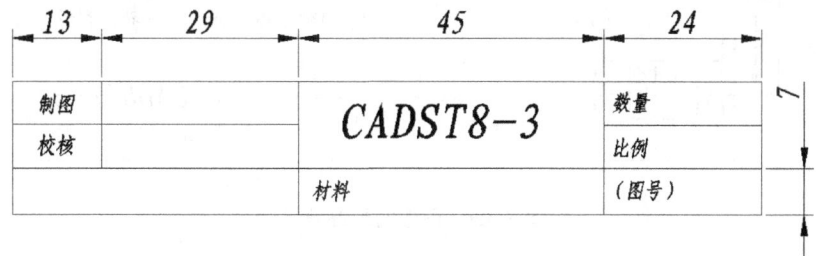

图 8-3F 创建的标题栏

步骤 8 在"0"图层中绘制矩形,矩形大小如图 8-3G 所示,作为图纸图框。

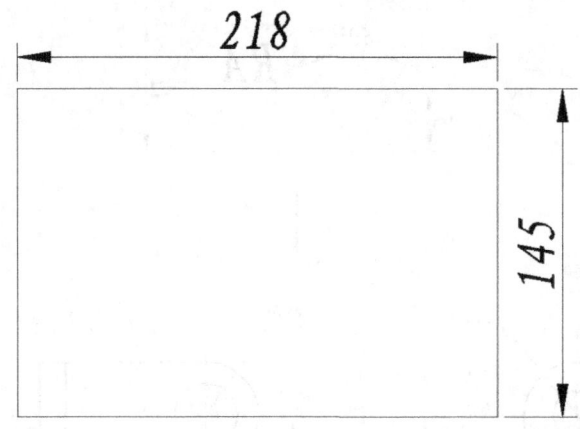

图 8-3G 需创建的矩形大小

步骤 9 将绘制的"标题栏"整体移动到"步骤 8"绘制的图框的右下角位置处,再将前面操作绘制的"图形"(包括"标注"和"粗糙度"符号等),移动到图框内合适的位置处,再在"0"图层中添加文字大小为 3.5 的"技术要求"文字,完成所有图形的绘制,效果如图 8-3H 所示。

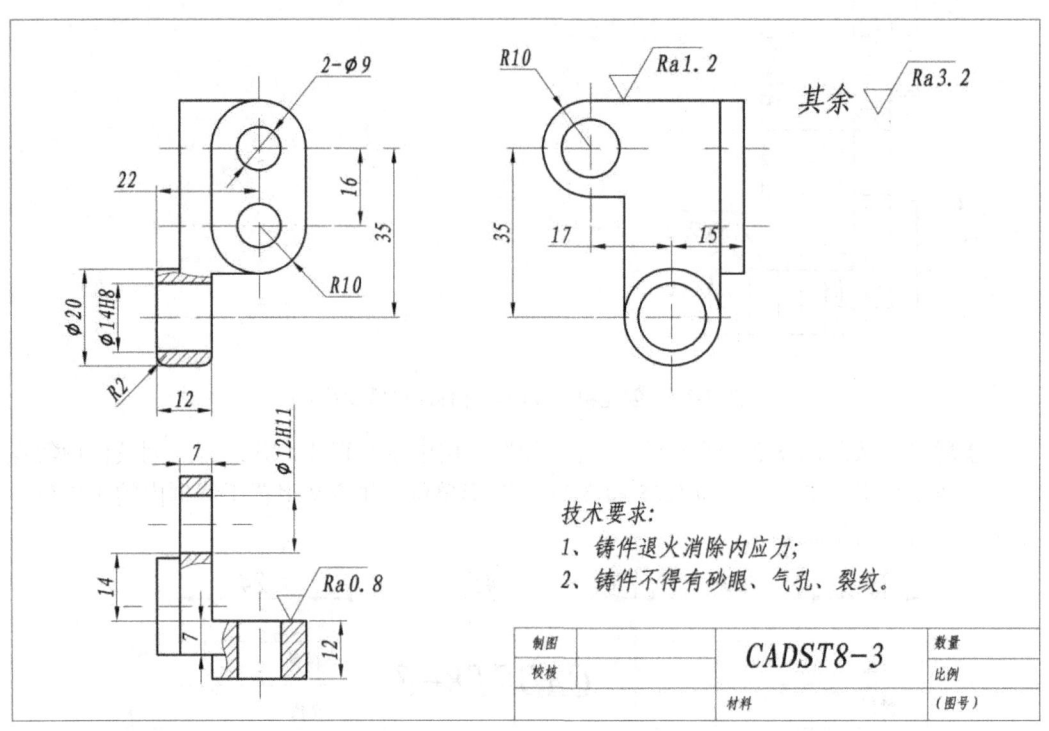

图 8-3H 图形的最终效果

步骤 10 完成后将图形存入考生文件夹,并命名为 KSCAD8-3.dwg。

8.4 第 4 题（机械类）解答

步骤 1 新建空白图形文件，执行 LA 命令，打开"图层特性管理器"，创建"中心线"图层，线型设置为 CENTER2；创建"标注"图层；设置"0"图层的线宽为 0.60mm，如图 8-4A 所示。

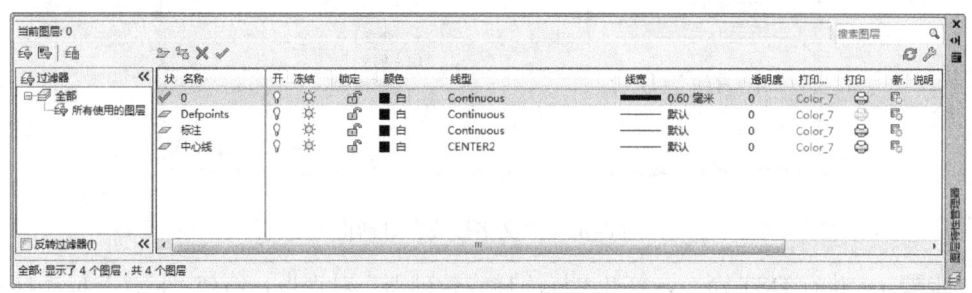

图 8-4A 图层特性管理器

步骤 2 按如图 8-4B 所示尺寸，绘制模型图线；中心线绘制在"中心线"层上，零件的轮廓线绘制在"0"图层上，填充线绘制在"标注"图层上。后面的操作，标注也同样绘制在"标注"层上。

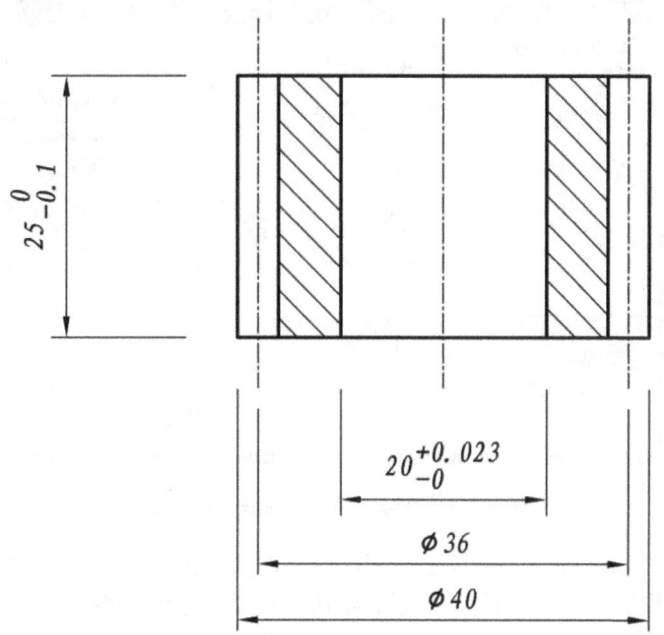

图 8-4B 零件图的尺寸

步骤 3 执行 ST 命令，打开"文字样式"对话框，设置"Standard"文字样式的字体为"仿宋_GB2312"，倾斜角度设置为 10，如图 8-4C 所示。

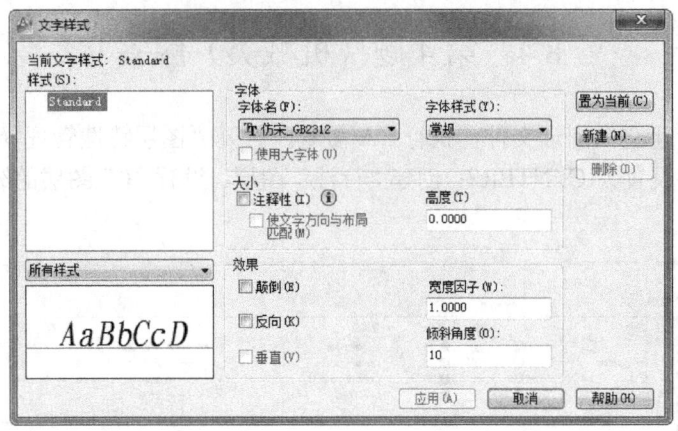

图 8-4C "文字样式"对话框

步骤 4 执行 DST 命令,打开"标注样式管理器"对话框,新建"标注"标注样式,设置"文字高度"和"箭头大小"均为 2 个图形单位,其他选项根据需要进行设置,如图 8-4D 所示。

步骤 5 使用创建的标注和文字样式,为图形添加适当的标注,标注完成后,需进行适当的调整,效果如图 8-4B 所示。

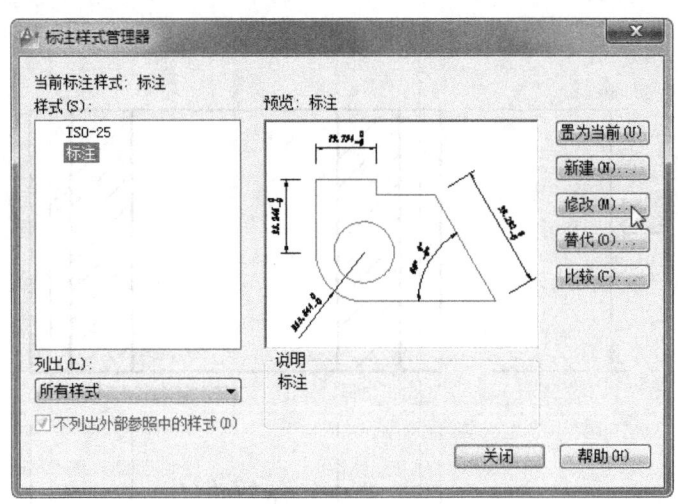

图 8-4D "标注样式管理器"对话框

步骤 6 在"0"图层中绘制如图 8-4E 左下图所示的图线,并创建图块属性,图块属性文字的大小设置为 2,倾斜角度设置为 10,然后将绘制的图形定义为块,使用创建的图块为图形标注粗糙度,在执行"标注"→"公差"菜单命令,打开"形位公差"对话框,为图形标注公差,如图 8-4E 右图所示。

步骤 7 按照图 8-4F 所示尺寸,在"0"图层中绘制直线,并进行阵列及修剪等操作,再创建文字(文字大小为 3.5 和 1.5 个图形单位,并将文字置于线框内的正确位置处),创建图纸的标题栏。

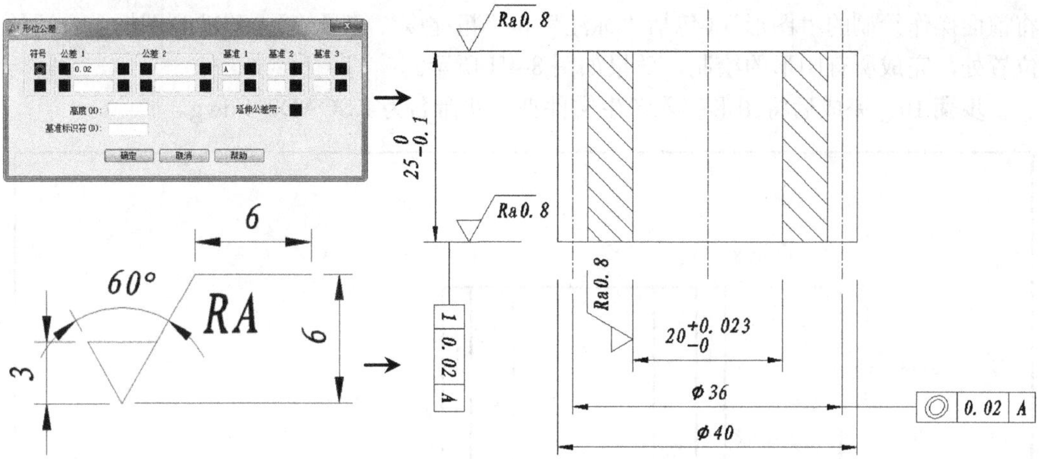

图 8-4E 标注粗糙度和形位公差

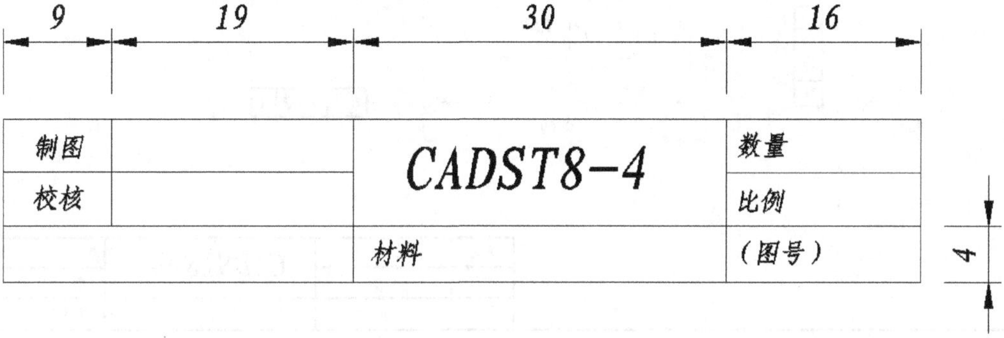

图 8-4F 创建的标题栏

步骤 8 在"0"图层中绘制矩形,其大小如图 8-4G 所示,作为图框。

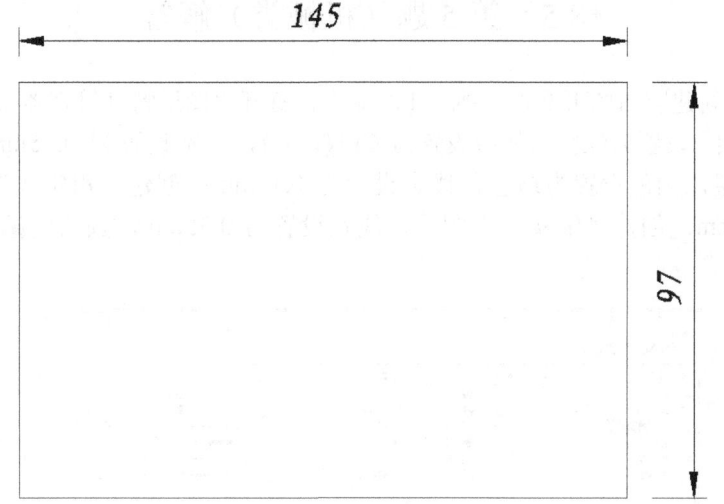

图 8-4G 需创建的矩形大小

步骤 9 将绘制的"标题栏"整体移动到"步骤 8"绘制的图框的右下角位置处,再将前面操作绘制的"图形"(包括"标注"和"粗糙度"符号等),移动到图框内合适的位置处,完成所有图形的绘制,效果如图 8-4H 所示。

步骤 10　完成后将图形存入考生文件夹,并命名为 KSCAD8-4.dwg。

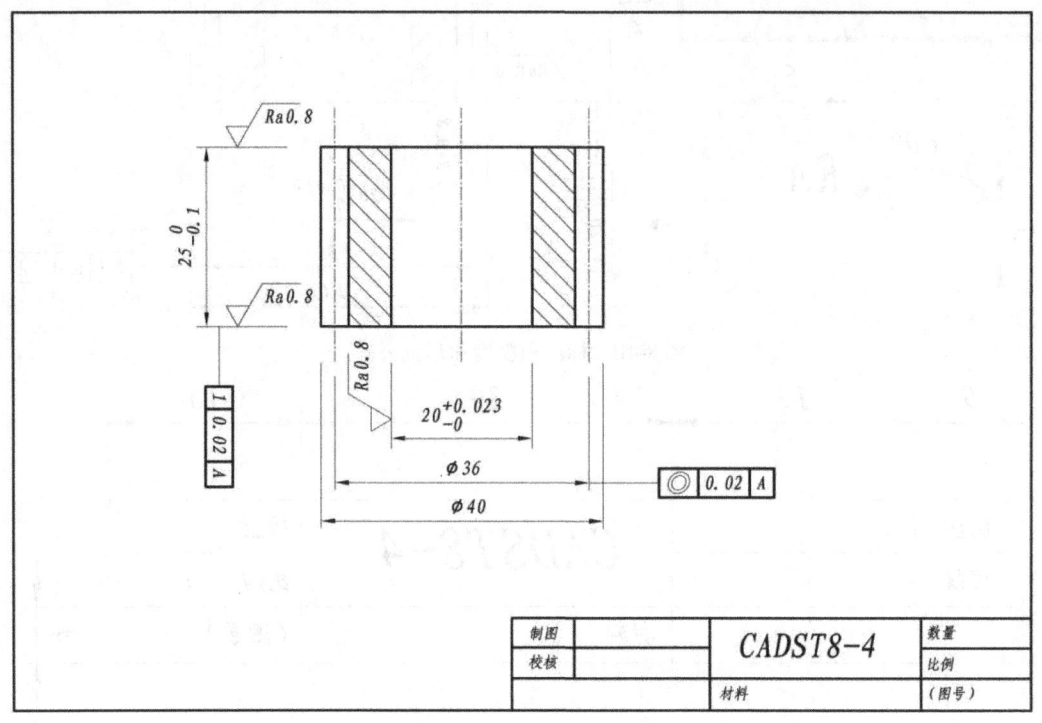

图 8-4H　图形的最终效果

8.5　第 5 题(机械类)解答

步骤 1　新建空白图形文件,执行 LA 命令,打开"图层特性管理器",创建"中心线"图层,颜色设置为红色,线型设置为 CENTER2,线宽设置为 0.35mm;创建"标注图层"图层,颜色设置为绿色,线宽设置为 0.18mm;创建"粗实线"图层,线宽设置为 0.70mm;创建"细实线"图层,线宽设置为 0.35mm,颜色设置为洋红,如图 8-5A 所示。

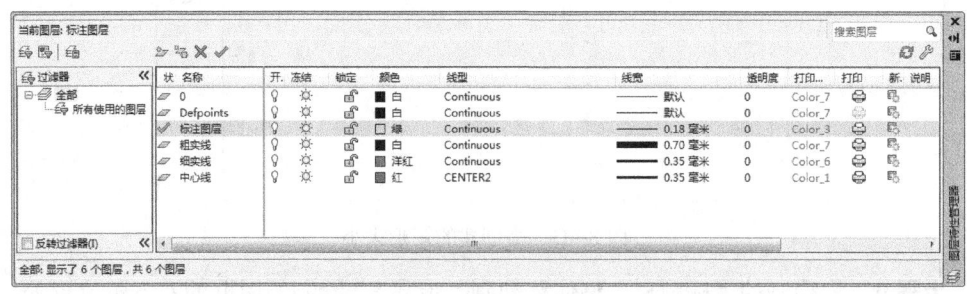

图 8-5A　图层特性管理器

步骤 2 按如图 8-5B 所示尺寸，绘制模型图线；中心线绘制在"中心线"层上，零件的轮廓线和剖切符号线绘制在"粗实线"层上，填充线绘制在"细实线"图层上。后面的操作，标注绘制在"标注图层"上。

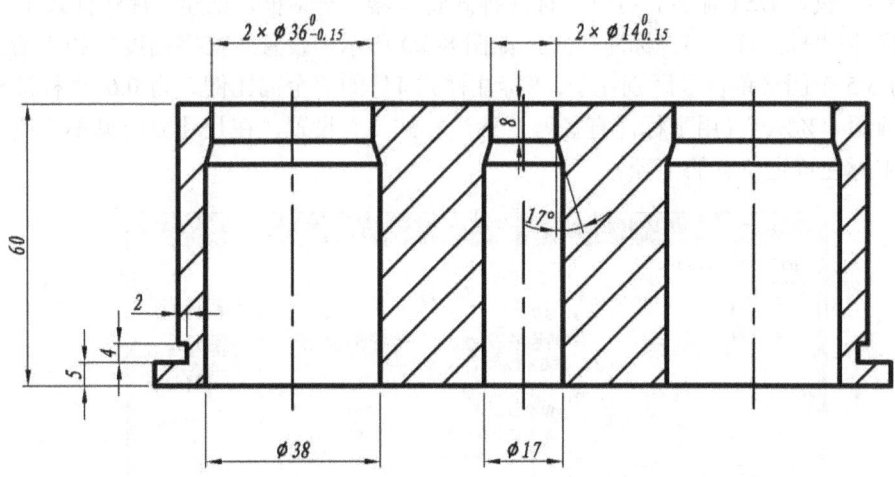

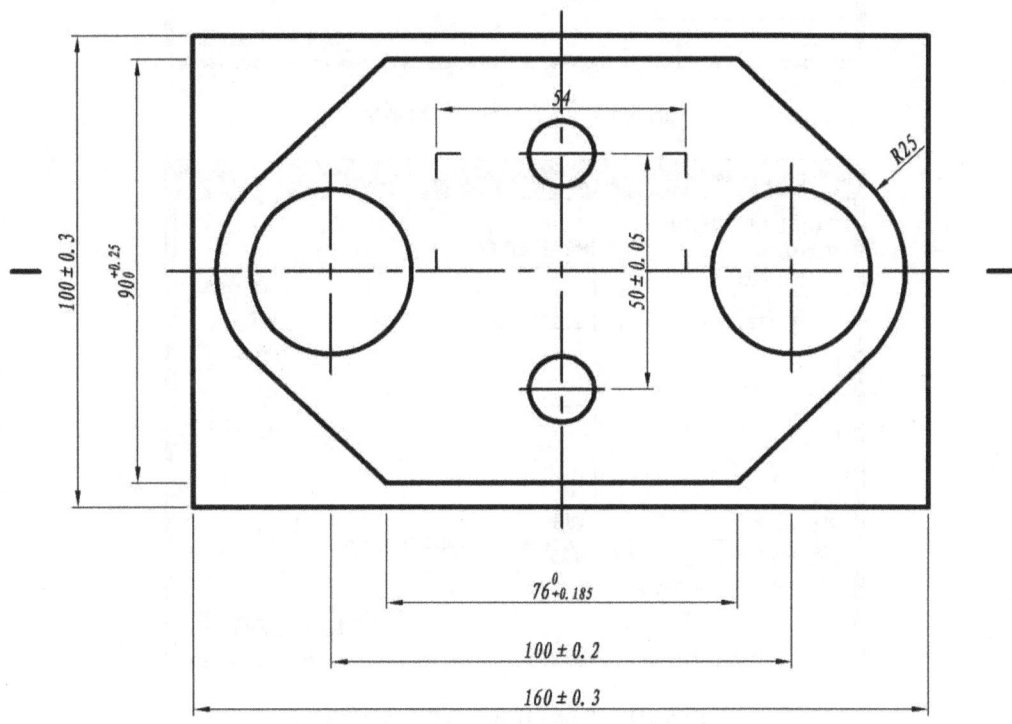

图 8-5B　零件图的尺寸

步骤 3 执行 ST 命令，打开"文字样式"对话框，创建"标注文字"文字样式，设置字体为"仿宋_GB2312"，宽度因子设置为 0.85，倾斜角度设置为 10，如图 8-5C 所示。

步骤 4 执行 DST 命令，打开"标注样式管理器"对话框，创建"标注样式 1""标注样式 2"和"标注样式 3"标注样式，如图 8-5D 所示，设置"文字高度"和"箭头大小"均为 3.5 个图形单位，区别在于："标注样式 1"的"全局比例"为 0.6，"标注样式 2"设置前缀"%%c"（用于标注直径），"标注样式 3"设置"在尺寸界限见不绘制尺寸线"（用于标注特定位置的半径）。

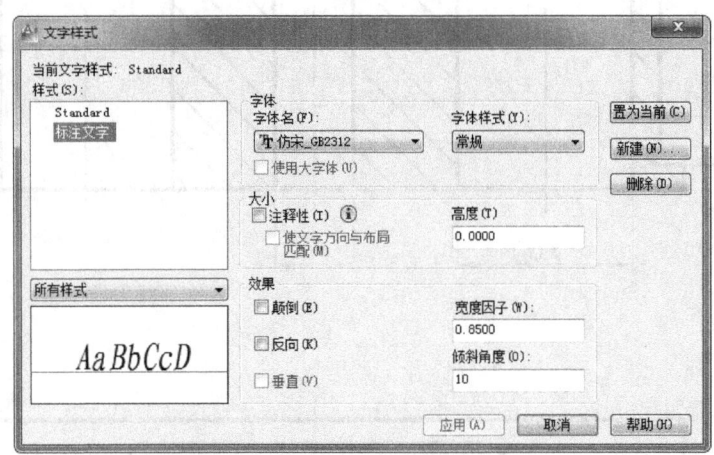

图 8-5C　"文字样式"对话框

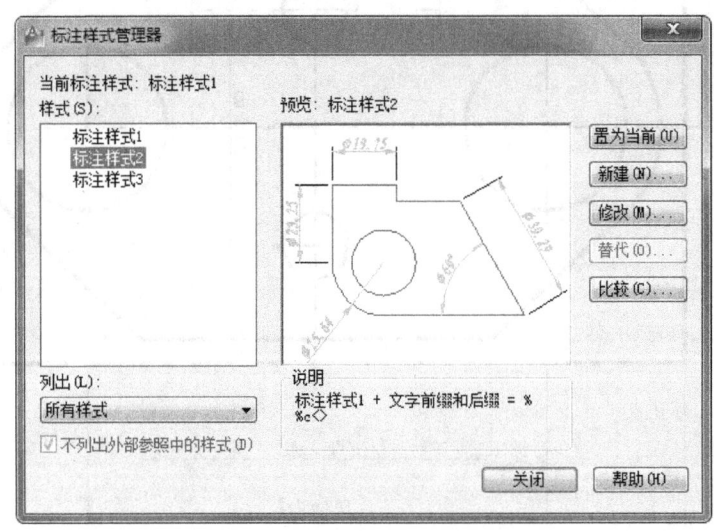

图 8-5D　"标注样式管理器"对话框

步骤 5 使用创建的标注和文字样式，为图形添加适当的标注（其中，"标注样式 1"用于标注大多数尺寸，"标注样式 2"用于标注横向孔的直径，"标注样式 3"用于标注特定位置的半径），标注完成后，需进行适当的调整，效果如图 8-5B 所示。

步骤6 在"0"图层中绘制如图 8-5E 上图所示的图线,并创建图块属性,图块属性文字的大小设置为 3.5,宽度因子设置为 0.9,倾斜角度设置为 10,然后将绘制的图形定义为块,使用创建的图块为图形标注粗糙度,如图 8-5E 下图所示。

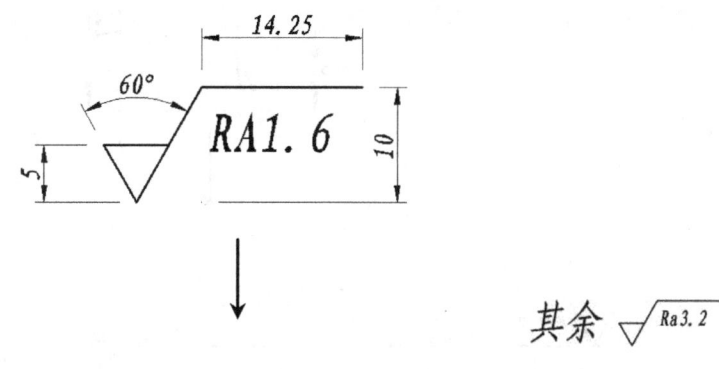

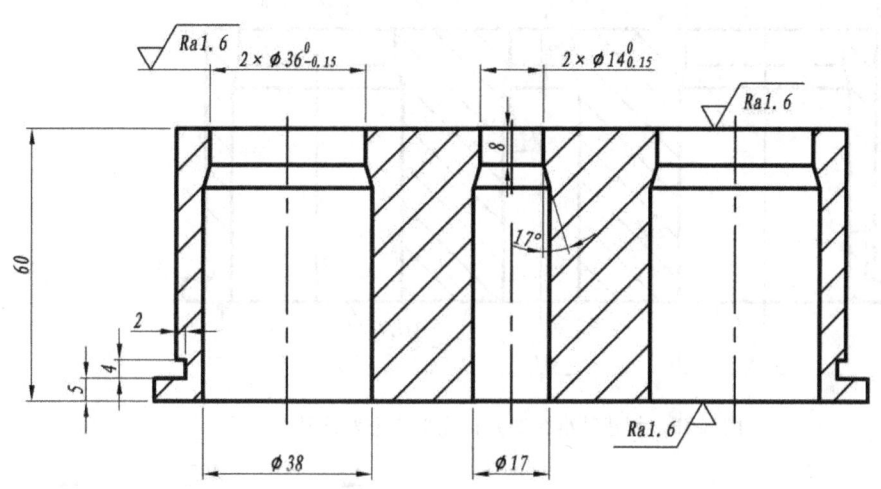

图 8-5E 创建粗糙度图块并标注粗糙度符号

步骤7 通过与"步骤6"相同的操作,在"0"图层中绘制如图 8-5F 上图所示的图线,并创建图块属性,图块属性文字的大小设置为 3.5,宽度因子设置为 0.7,倾斜角度设置为 15,然后将绘制的图形定义为块,用其标注基准符号,再执行"标注"→"公差"菜单命令,为模型标注"形位公差",如图 8-5F 下图所示。

步骤8 按照图 8-5G 所示尺寸,在"0"图层中绘制直线,并进行阵列及修剪等操作,再创建文字(文字大小为 5 和 3.5 个图形单位,并将文字置于线框内的正确位置处),创建图纸的标题栏。

步骤9 绘制两个矩形,其大小和相对位置如图 8-5H 所示(外边框位于"细实线"图层,内边框位于"粗实线"图层),绘制图框。

步骤10 将绘制的"标题栏"整体移动到"步骤9"绘制的图框的右下角位置处,再将前面操作绘制的"图形"(包括"标注"和"粗糙度"符号等),移动到图框内合适的位置处,完成所有图形的绘制,效果如图 8-5I 所示。

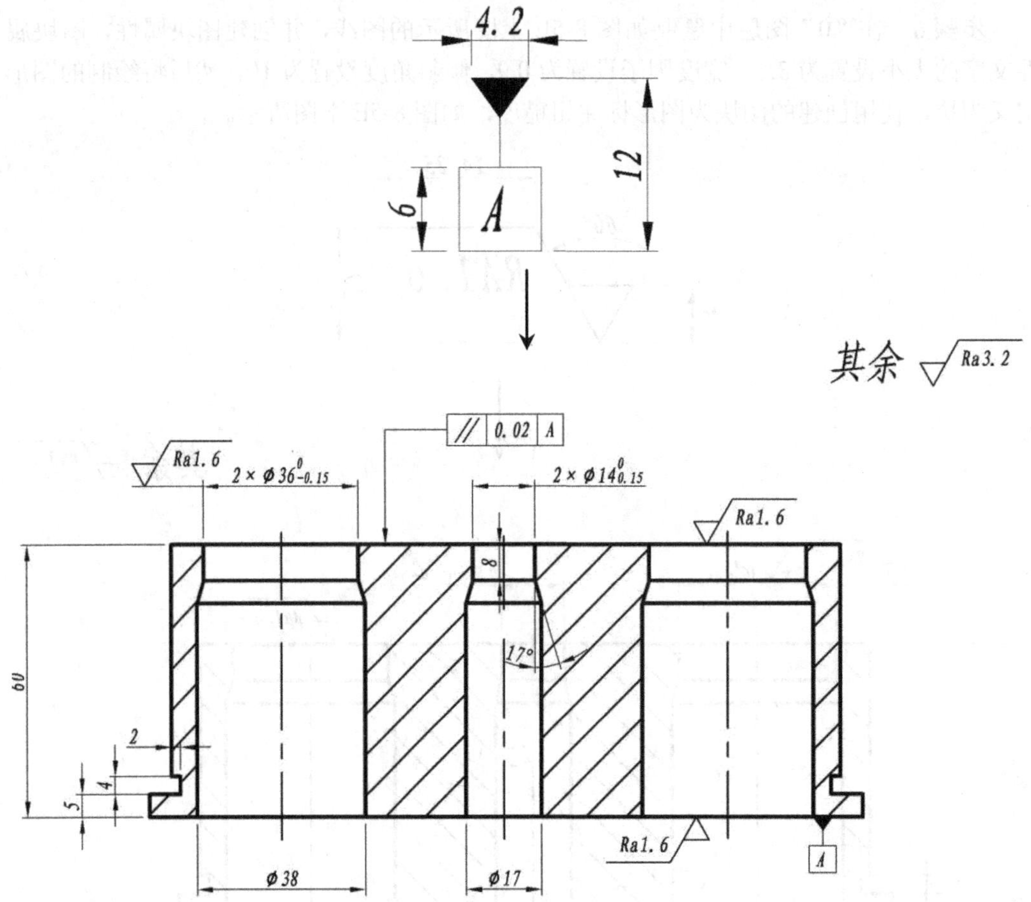

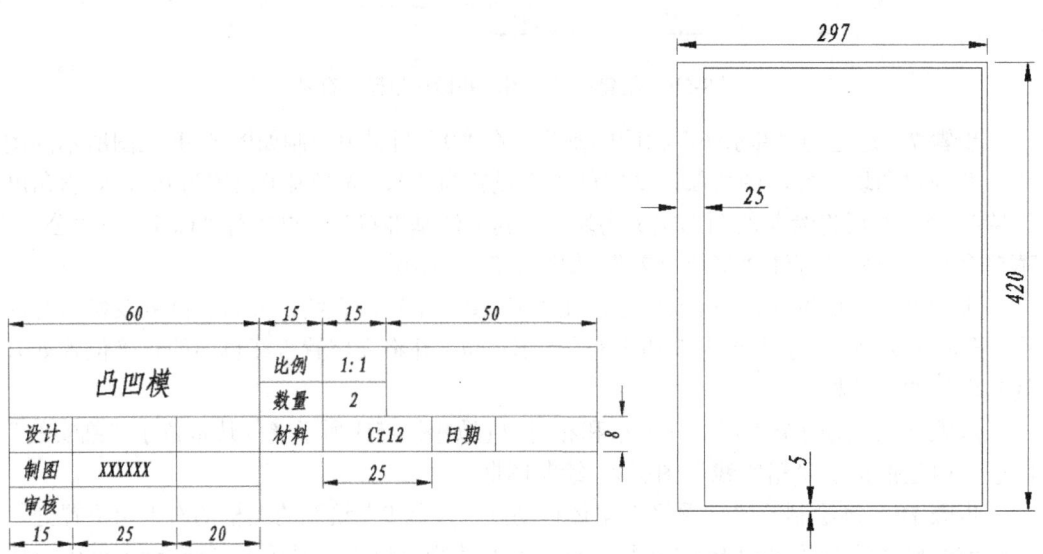

图 8-5F　创建基准图块并标注形位公差符号

图 8-5G　创建的标题栏　　　　图 8-5H　需创建的矩形大小

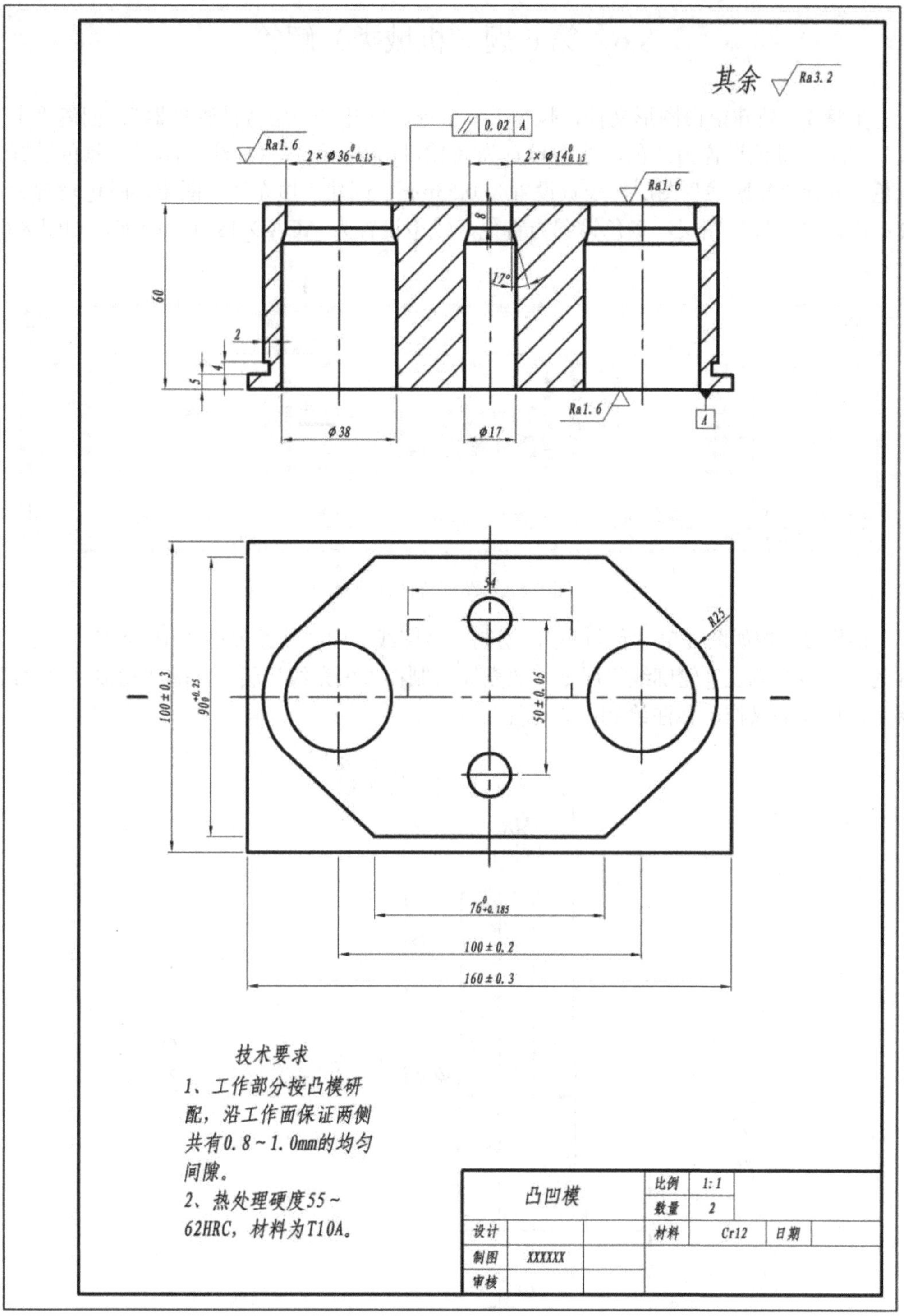

图 8-5I 图形的最终效果

步骤 11 完成后将图形存入考生文件夹，并命名为 KSCAD8-5.dwg。

8.6 第6题（机械类）解答

步骤1 新建空白图形文件，执行 LA 命令，打开"图层特性管理器"，创建"中心线"图层，颜色设置为红色，线型设置为 CENTER2；创建"标注"图层，颜色设置为绿色；创建"轮廓线"图层，线宽设置为 0.53mm；创建"填充线"图层，颜色设置为洋红；创建"虚线"图层，颜色设置为青色，线型设置为 ACAD_ISO02W100，如图 8-6A 所示。

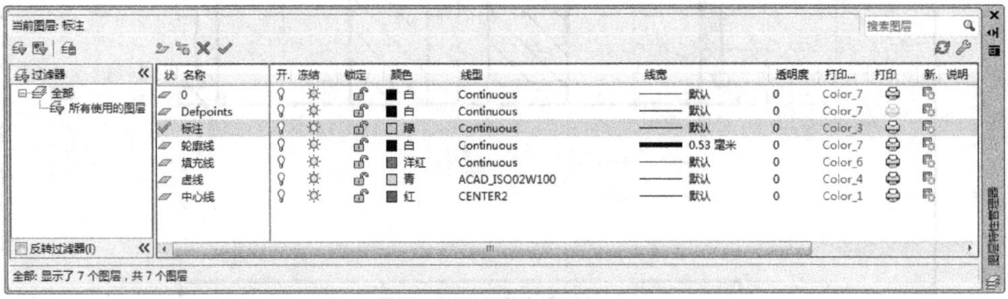

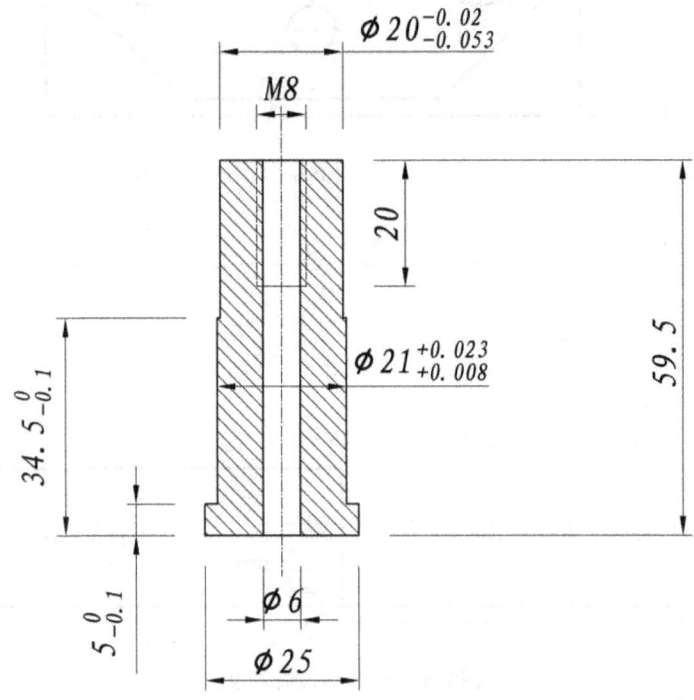

图 8-6A 图层特性管理器

步骤2 按如图 8-6B 所示尺寸，绘制模型图线；中心线绘制在"中心线"层上，零件的轮廓线绘制在"轮廓线"层上，填充线绘制在"填充线"层上，虚线绘制在"虚线"层上。后面的操作，标注绘制在"标注"层上。

图 8-6B 零件图的尺寸

步骤 3 执行 ST 命令，打开"文字样式"对话框，设置"Standard"文字样式的字体为"仿宋_GB2312"，倾斜角度设置为 10（用于尺寸标注），如图 8-6C 所示；创建"文字样式"文字样式，字体为"仿宋_GB2312"，倾斜角度设置为 0。

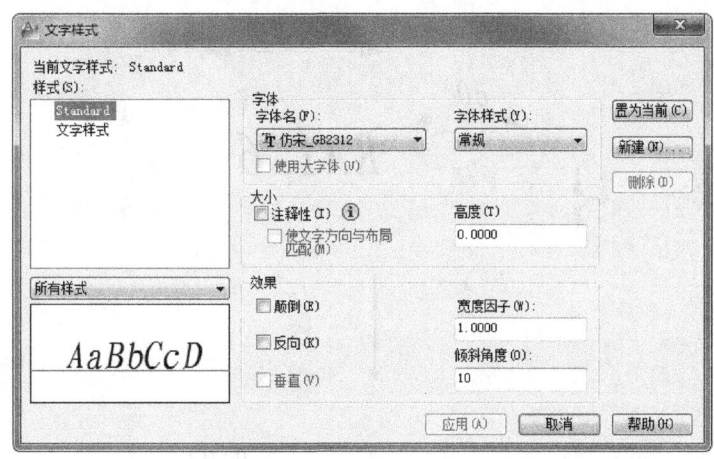

图 8-6C "文字样式"对话框

步骤 4 执行 DST 命令，打开"标注样式管理器"对话框，设置"ISO-25"标注样式，设置"文字高度"为 4 个图形单位、"箭头大小"为 3 个图形单位，其他选项根据需要进行设置，如图 8-6D 所示。

步骤 5 使用创建的标注和文字样式，为图形添加适当的标注，标注完成后，需进行适当的调整，效果如图 8-6B 所示。

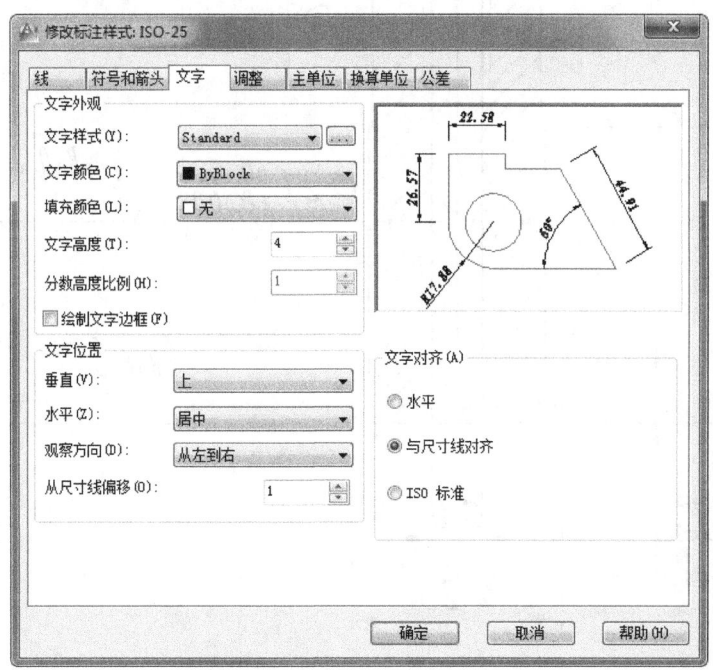

图 8-6D "修改标注样式"对话框

步骤 6 在"0"图层中绘制如图 8-6E 上图所示的图线,并创建图块属性,图块属性文字的大小设置为 3.5,宽度因子设置为 0.7,倾斜角度设置为 10,然后将绘制的图形定义为块,使用创建的图块为图形标注粗糙度,如图 8-6E 下图所示。

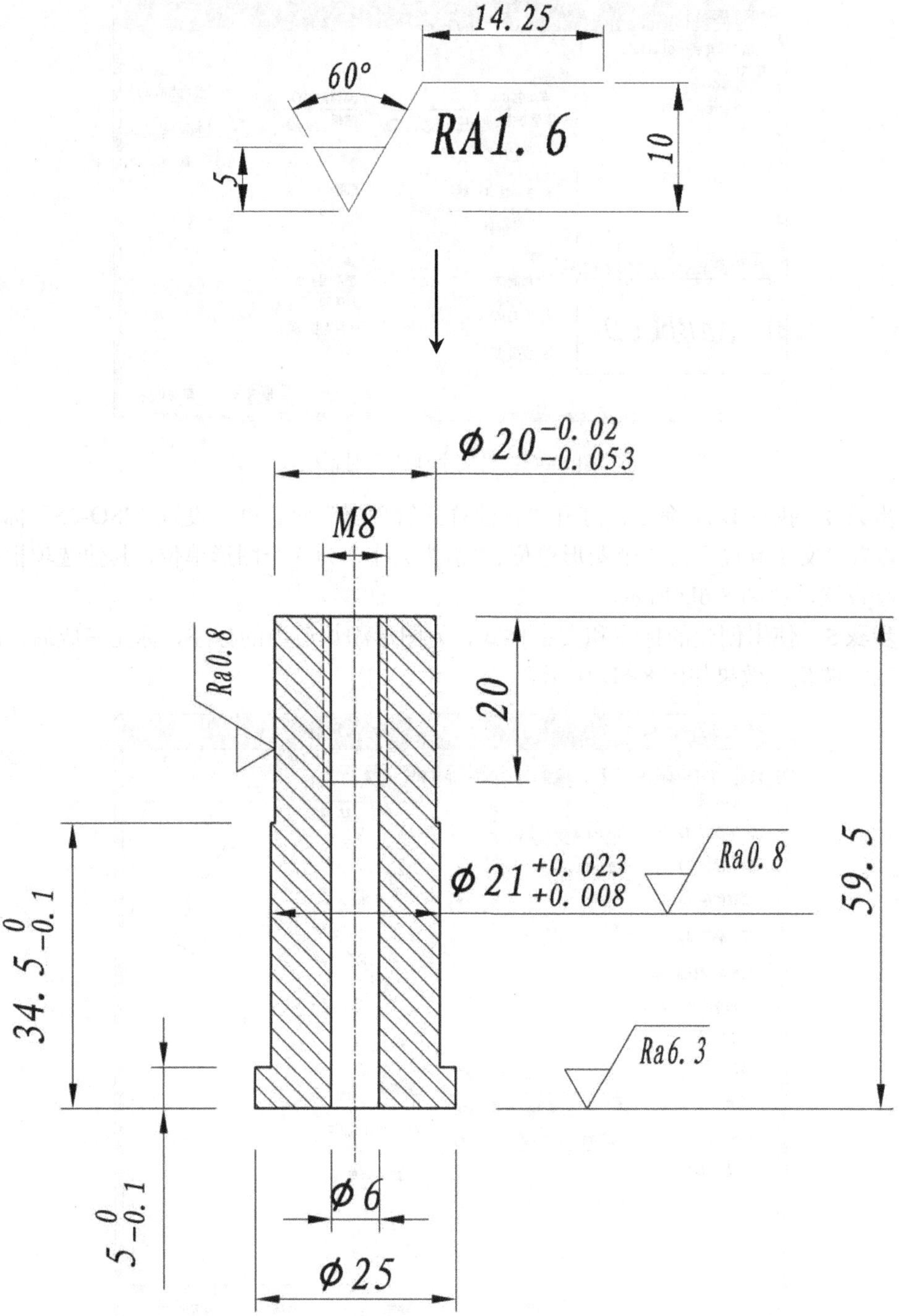

图 8-6E 创建粗糙度图块并标注粗糙度符号

步骤 7　按照图 8-6F 所示尺寸，在"轮廓线"图层中绘制直线，并进行阵列及修剪等操作，再创建文字（文字大小为 3.5 和 1.5 个图形单位，并将文字置于线框内的正确位置处），创建图纸的标题栏。

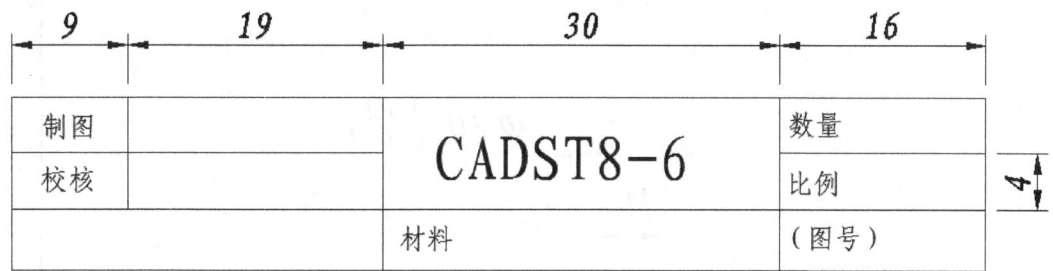

图 8-6F　创建的标题栏

步骤 8　绘制矩形，其大小如图 8-6G 所示（矩形位于"轮廓线"图层），作为图框。

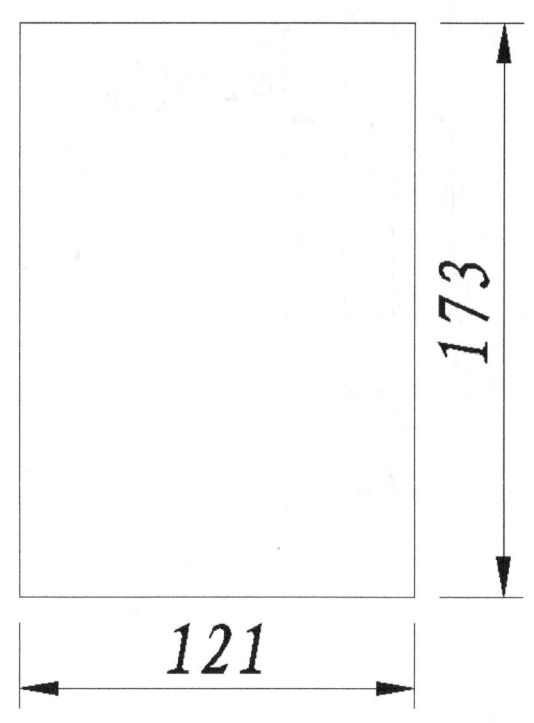

图 8-6G　需创建的矩形大小

步骤 9　将绘制的"标题栏"整体移动到"步骤 8"绘制的图框的右下角位置处，再将前面操作绘制的"图形"（包括"标注"和"粗糙度"符号等），移动到图框内合适的位置处，完成所有图形的绘制，效果如图 8-6H 所示。

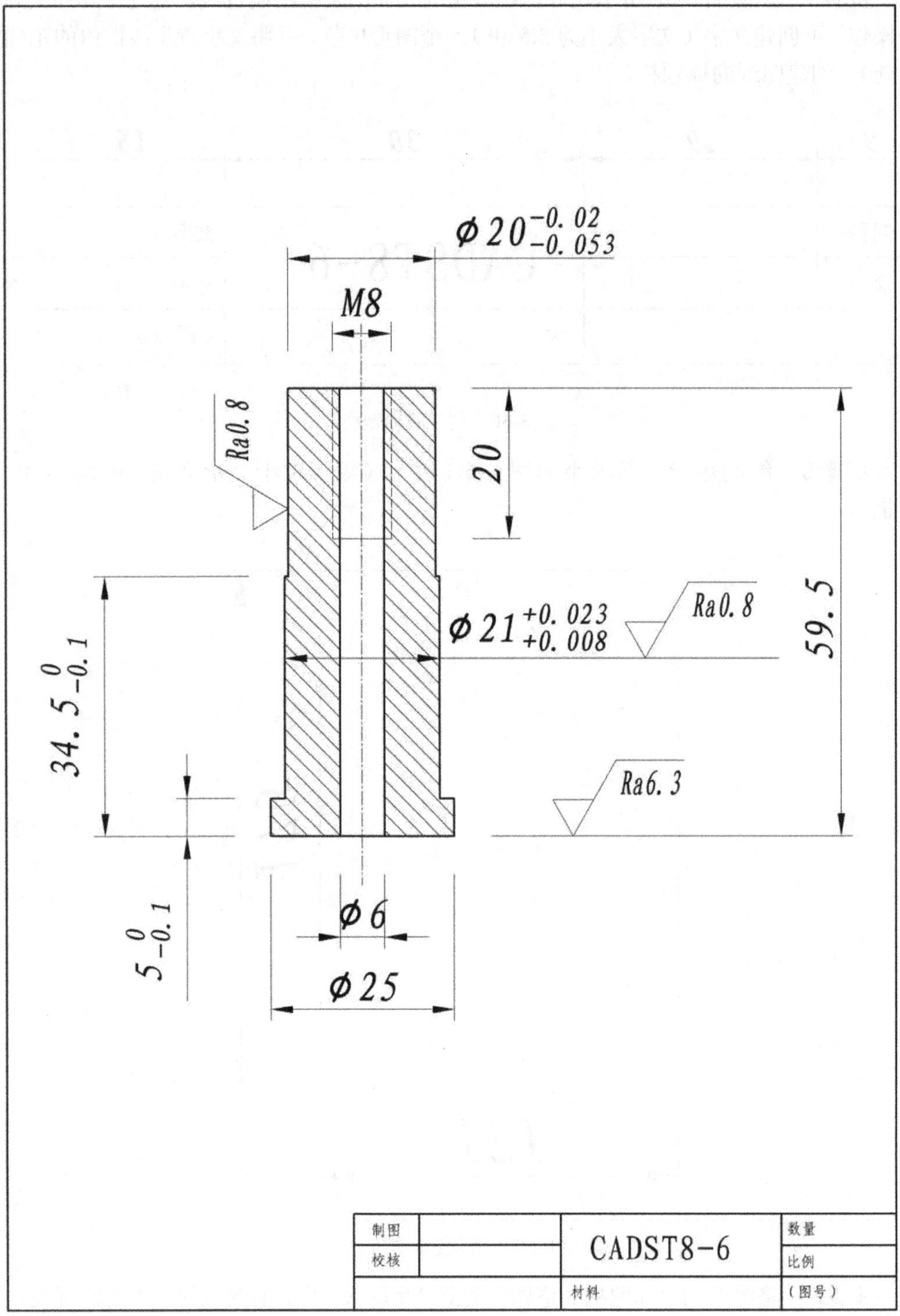

图 8-6H 图形的最终效果

步骤 10 完成后将图形存入考生文件夹,并命名为 KSCAD8-6.dwg。

8.7 第7题（机械类）解答

步骤1 新建空白图形文件，执行 LA 命令，打开"图层特性管理器"，创建"中心线"图层，颜色设置为红色，线型设置为 ACAD_ISO04W100；创建"标注"图层，颜色设置为绿色；创建"粗实线"图层，线宽设置为 0.53mm；创建"文字"图层；创建"虚线"图层，颜色设置为黄色，线型设置为 ACAD_ISO02W100，如图 8-7A 所示。

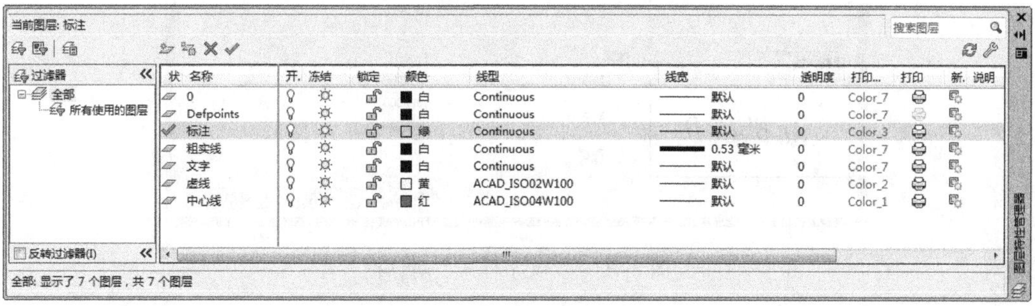

图 8-7A 图层特性管理器

步骤2 按如图 8-7B 所示尺寸，绘制模型图线；中心线绘制在"中心线"层上，零件的轮廓线绘制在"粗实线"层上，填充线绘制在"0"图层上，虚线绘制在"虚线"层上。后面的操作，标注绘制在"标注"层上，技术要求和标题栏中的文字绘制在"文字"层上。

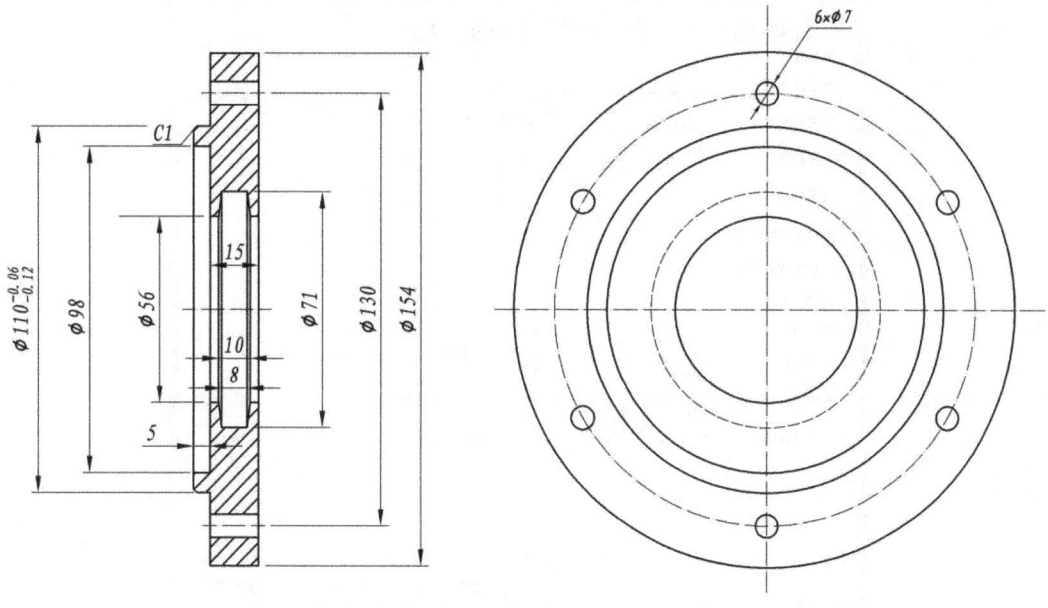

图 8-7B 零件图的尺寸

步骤 3 执行 ST 命令，打开"文字样式"对话框，设置"Standard"文字样式的字体为"仿宋_GB2312"，宽度因子设置为 0.9，倾斜角度设置为 10，如图 8-7C 所示。

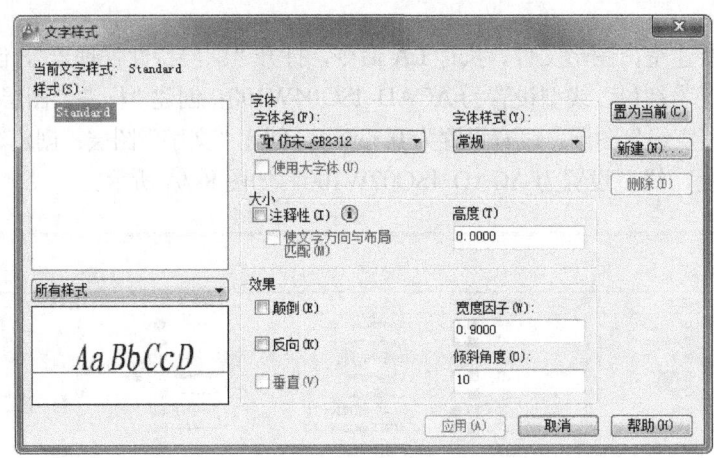

图 8-7C "文字样式"对话框

步骤 4 执行 DST 命令，打开"标注样式管理器"对话框，设置"ISO-25"标注样式，设置"文字高度"和"箭头大小"均为 5 个图形单位，其他选项根据需要进行设置，如图 8-7D 所示。

步骤 5 使用创建的标注和文字样式，为图形添加适当的标注，标注完成后，需进行适当的调整，效果如图 8-7B 所示。

图 8-7D "修改标注样式"对话框

步骤 6 在"0"图层中绘制如图 8-7E 上图所示的图线,并创建图块属性,图块属性文字的大小设置为 3.5,宽度因子设置为 0.9,倾斜角度设置为 10,然后将绘制的图形定义为块,使用创建的图块为图形标注粗糙度,如图 8-7E 下图所示。

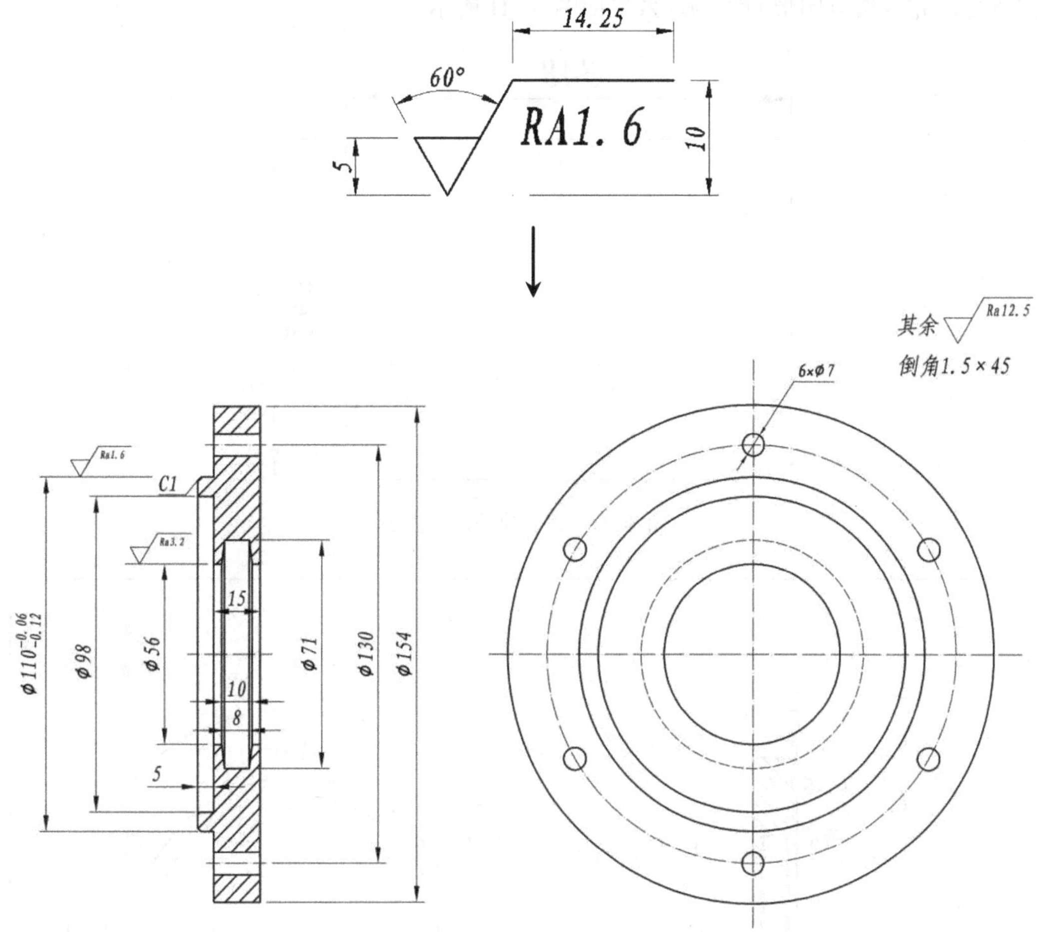

图 8-7E 创建粗糙度图块并标注粗糙度符号

步骤 7 按照图 8-7F 所示尺寸,在"0"图层中绘制直线,并进行阵列及修剪等操作,再创建文字(文字大小为 7.5 和 5.25 个图形单位,并将文字置于线框内的正确位置处),创建图纸的标题栏。

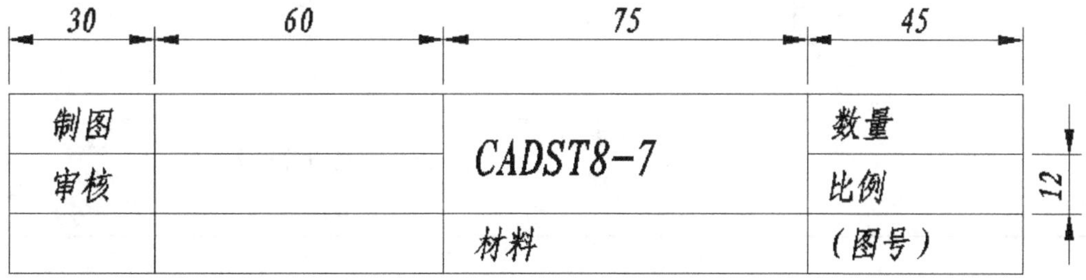

图 8-7F 创建的标题栏

步骤 8　在"粗实线"图层绘制矩形，其大小如图 8-7G 所示，作为图纸图框。

步骤 9　将绘制的"标题栏"整体移动到"步骤 8"绘制的图框的右下角位置处，再将前面操作绘制的"图形"（包括"标注"和"粗糙度"符号等），移动到图框内合适的位置处，完成所有图形的绘制，效果如图 8-7H 所示。

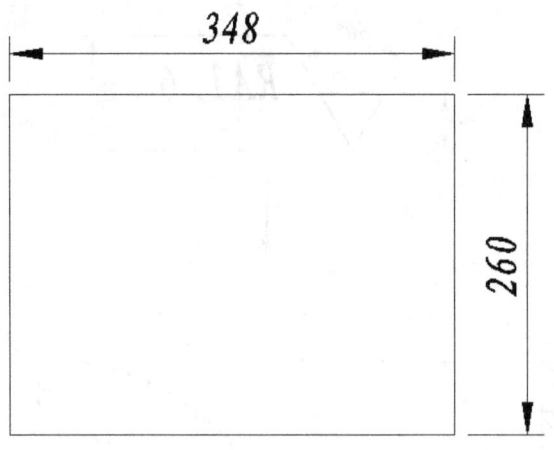

图 8-7G　需创建的矩形大小

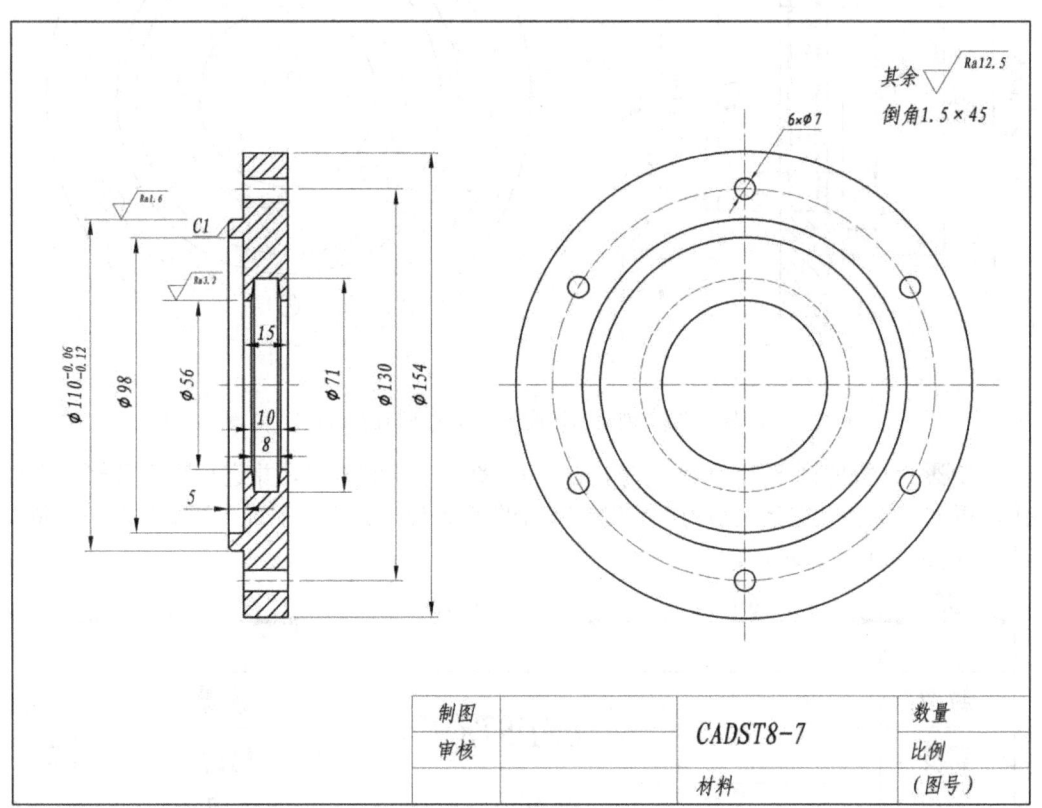

图 8-7H　图形的最终效果

步骤 10 完成后将图形存入考生文件夹,并命名为 KSCAD8-7.dwg。

8.8 第 8 题(机械类)解答

步骤 1 新建空白图形文件,执行 LA 命令,打开"图层特性管理器",创建"中心线"图层,颜色设置为红色,线型设置为 CENTER2;创建"标注"图层,颜色设置为绿色;创建"粗实线"图层,线宽设置为 0.60mm;创建"虚线"图层,颜色设置为青色,线型设置为 ACAD_ISO02W100,如图 8-8A 所示。

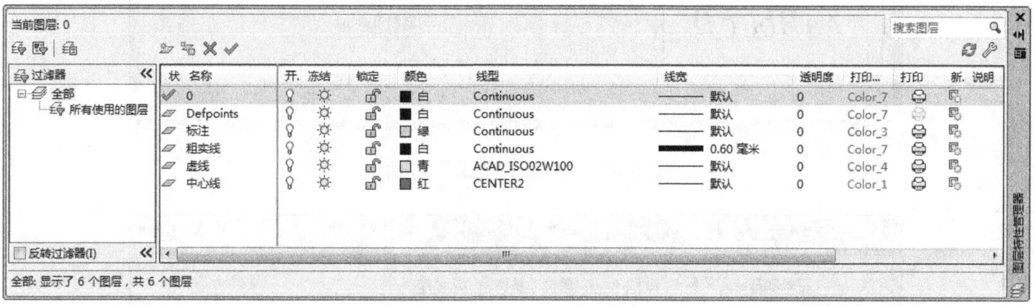

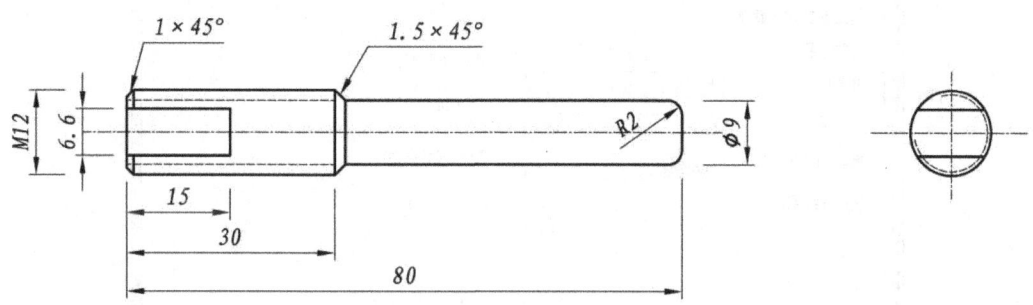

图 8-8A 图层特性管理器

步骤 2 按如图 8-8B 所示尺寸,绘制模型图线;中心线绘制在"中心线"层上,零件的轮廓线绘制在"粗实线"层上,螺纹线绘制在"虚线"层上。后面的操作,标注绘制在"标注"层上。

图 8-8B 零件图的尺寸

步骤 3 执行 ST 命令,打开"文字样式"对话框,新建"文字样式"文字样式,设置其为"仿宋_GB2312",倾斜角度设置为 10,如图 8-8C 所示。

步骤 4 执行 DST 命令,打开"标注样式管理器"对话框,设置"ISO-25"标注样式,令其"文字高度"和"箭头大小"均为 2.5 个图形单位,其他选项根据需要进行设置,如图 8-8D 所示。

步骤 5 使用创建的标注和文字样式,为图形添加适当的标注,标注完成后,需进行适当的调整,效果如图 8-8B 所示。

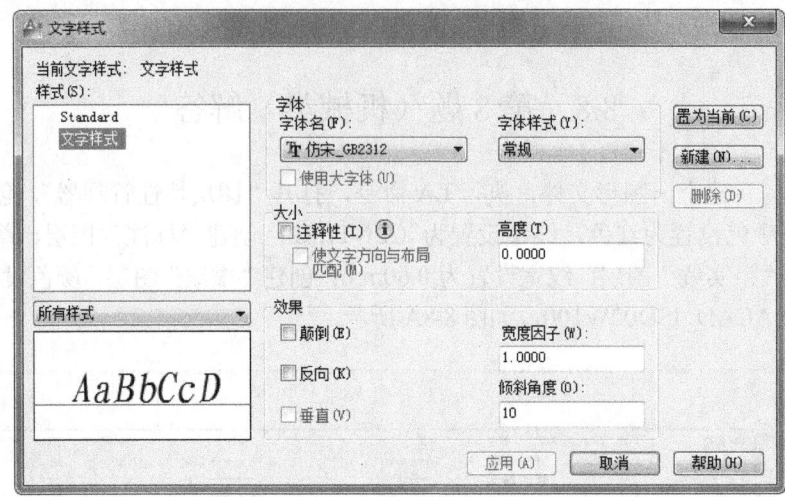

图 8-8C "文字样式"对话框

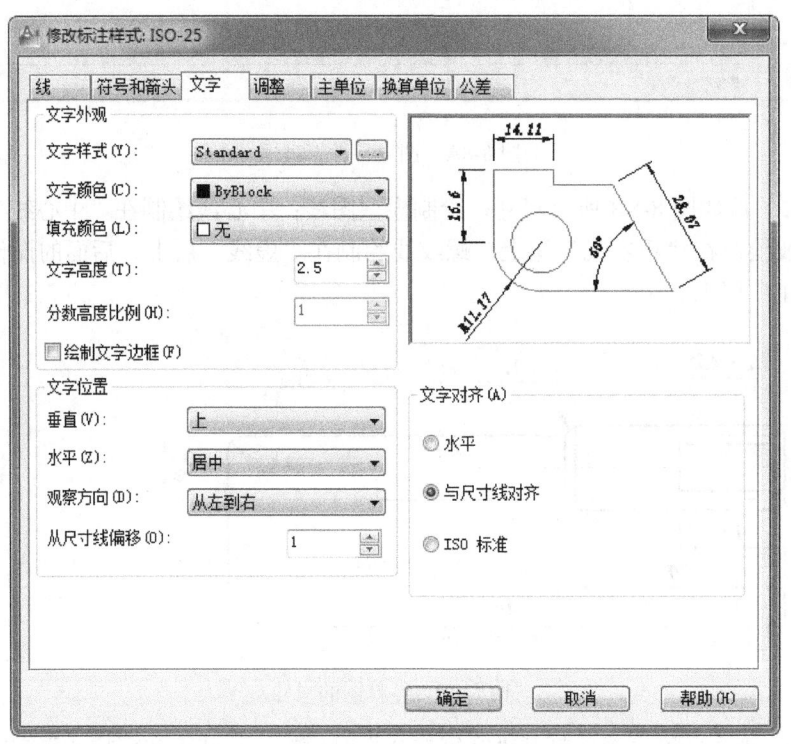

图 8-8D "修改标注样式"对话框

步骤 6 执行 MLS 命令，打开"多重引线样式管理器"对话框，修改"Standard"多重引线样式："文字高度"和"箭头大小"均设置为 2.5 个图形单位，箭头样式设置为"实心闭合"，"连接位置-左（右）"均设置为"最后一行加下划线"，如图 8-8E 所示。

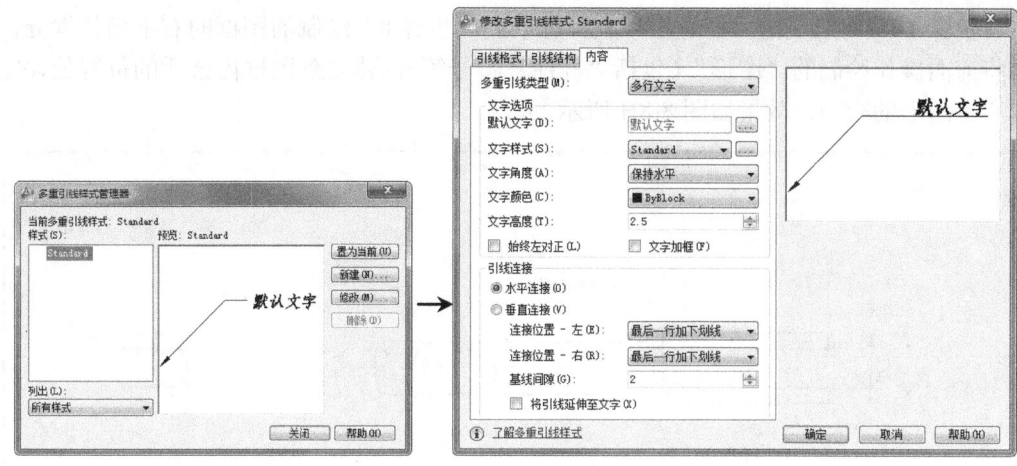

图 8-8E 多重引线样式的设置

步骤 7 执行多次 MLD 命令，使用修改后的"多重引线样式"，用多重引线标注倒角尺寸，如图 8-8B 所示。

步骤 8 按照图 8-8F 所示尺寸，在"0"图层中绘制直线，并进行阵列及修剪等操作，再创建文字（文字大小为 3.5 和 1.5 个图形单位，并将文字置于线框内的正确位置处），创建图纸的标题栏。

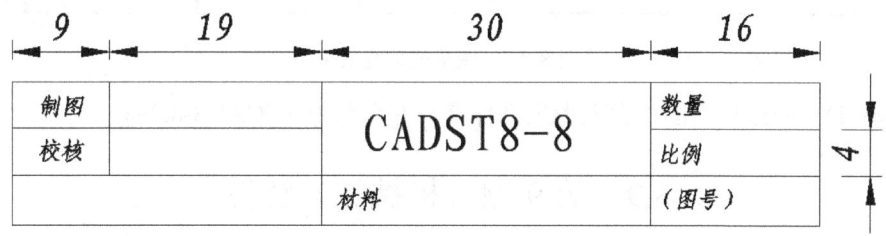

图 8-8F 创建的标题栏

步骤 9 绘制矩形，其大小如图 8-8G 所示，做为图纸图框。

图 8-8G 需创建的矩形大小

步骤 10 将绘制的"标题栏"整体移动到"步骤 8"绘制的图框的右下角位置处，再将前面操作绘制的"图形"（包括"标注"符号等），移动到图框内合适的位置处，完成所有图形的绘制，效果如图 8-8H 所示。

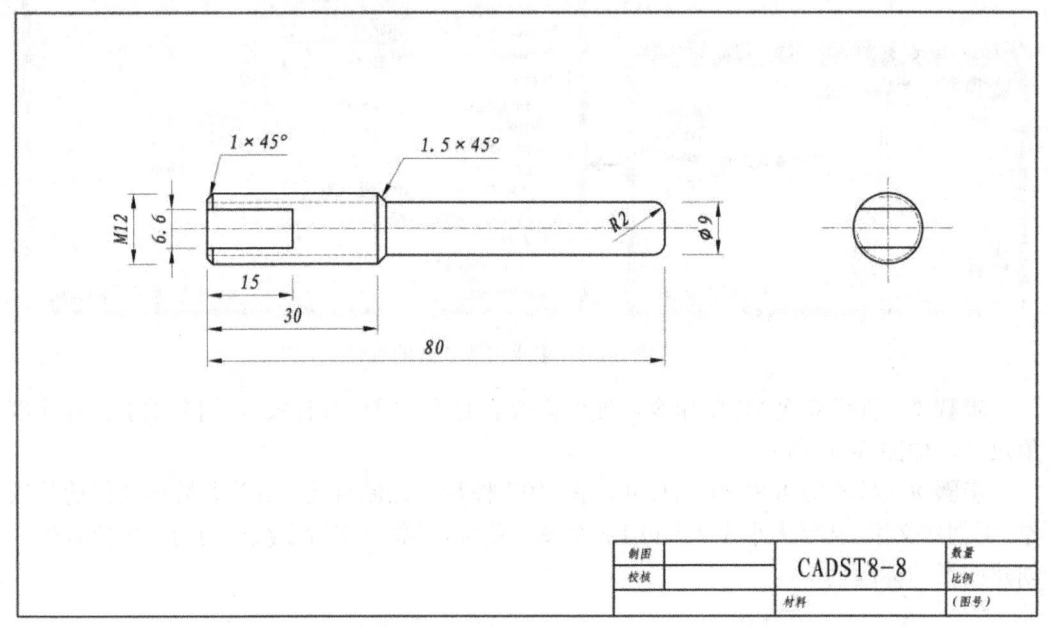

图 8-8H 图形的最终效果

步骤 11 完成后将图形存入考生文件夹，并命名为 KSCAD8-8.dwg。

8.9 第 9 题（机械类）解答

步骤 1 新建空白图形文件，执行 LA 命令，打开"图层特性管理器"，创建"中心线"图层，颜色设置为红色，线型设置为 ACAD_ISO10W100；创建"尺寸线"图层，颜色设置为绿色；创建"粗实线"图层，线宽设置为 0.60mm；创建"文字"图层，如图 8-9A 所示。

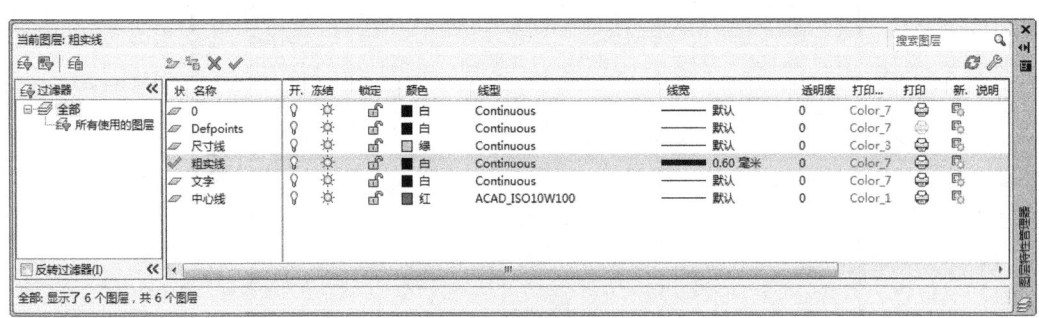

图 8-9A 图层特性管理器

步骤 2 按如图 8-9B 所示尺寸，绘制模型图线；中心线绘制在"中心线"层上，零件的轮廓线绘制在"粗实线"层上，填充线和断裂线绘制在"0"图层上。后面的操作，标注绘制在"尺寸线"层上，文字绘制在"文字"图层上。

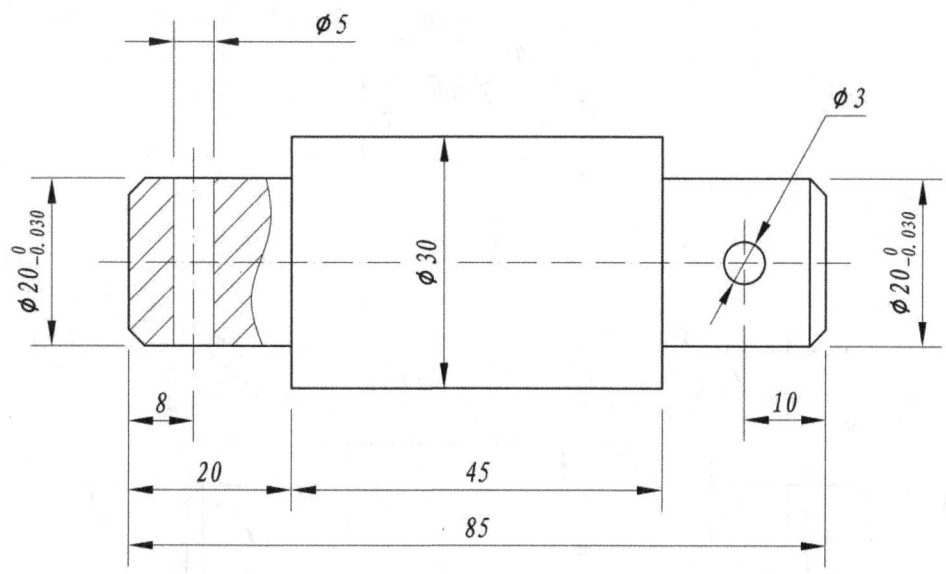

图 8-9B 零件图的尺寸

步骤 3 执行 ST 命令，打开"文字样式"对话框，设置"Standard"文字样式的字体为"仿宋_GB2312"，宽度因子设置为 0.9，倾斜角度设置为 10，如图 8-9C 所示。

步骤 4 执行 DST 命令，打开"标注样式管理器"对话框，新建"尺寸"标注样式，设置"文字高度"为 2.5 个图形单位，"箭头大小"为 3 个图形单位，其他选项根据需要进行设置，如图 8-9D 所示。

步骤 5 使用创建的标注和文字样式，为图形添加适当的标注，标注完成后，需进行适当的调整，效果如图 8-9B 所示。

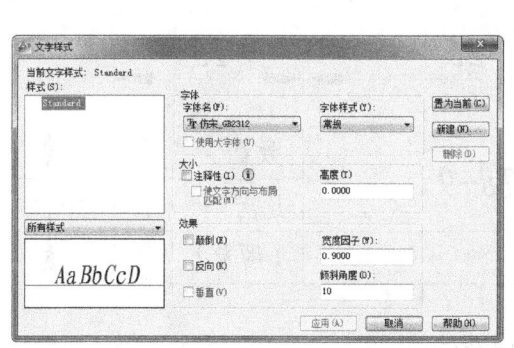

图 8-9C "文字样式"对话框

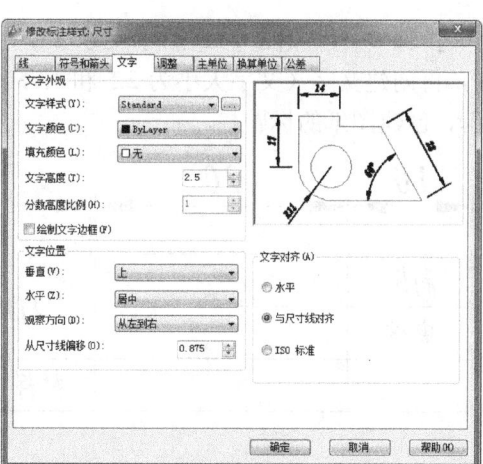

图 8-9D "修改标注样式"对话框

步骤 6 在"0"图层中绘制如图 8-9E 上图所示的图线,并创建图块属性,图块属性文字的大小设置为 2.5,宽度因子设置为 0.9,倾斜角度设置为 10,然后将绘制的图形定义为块,使用创建的图块为图形标注粗糙度,如图 8-9E 下图所示。

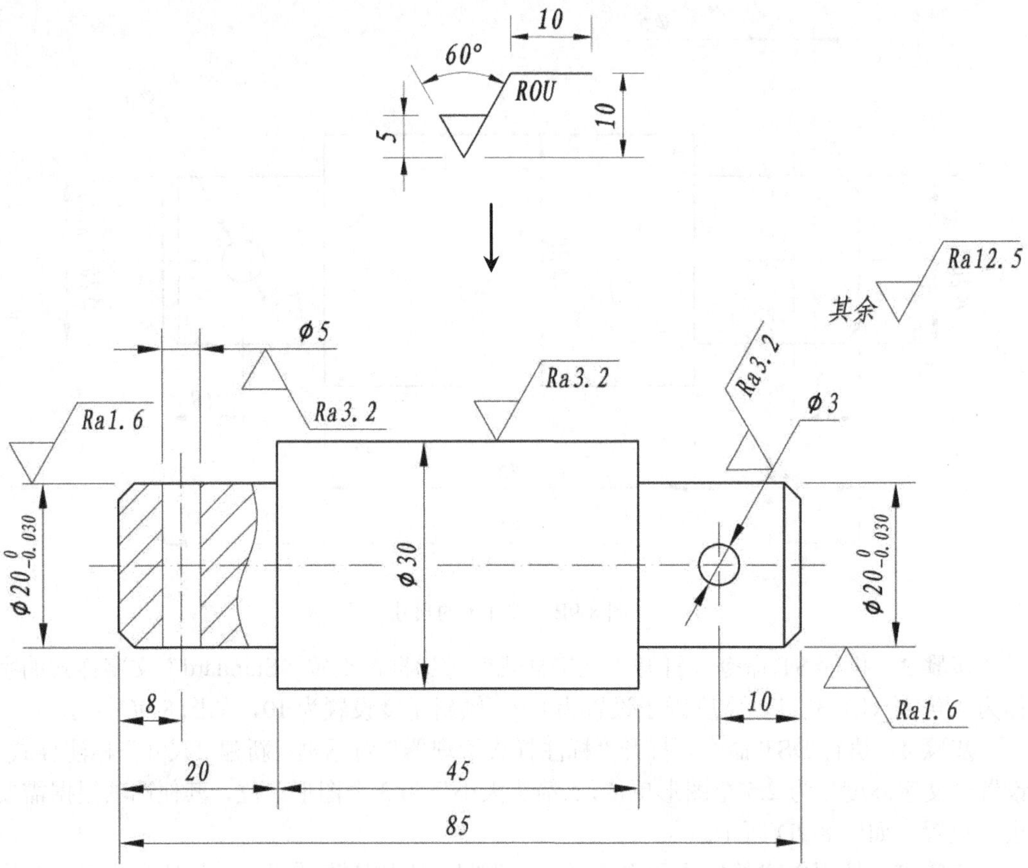

图 8-9E　创建粗糙度图块并标注粗糙度符号

步骤 7 按照图 8-9F 所示尺寸,在"0"图层中绘制直线,并进行阵列及修剪等操作,再创建文字(文字大小为 2.5 和 1.75 个图形单位,并将文字置于线框内的正确位置处),创建图纸的标题栏。

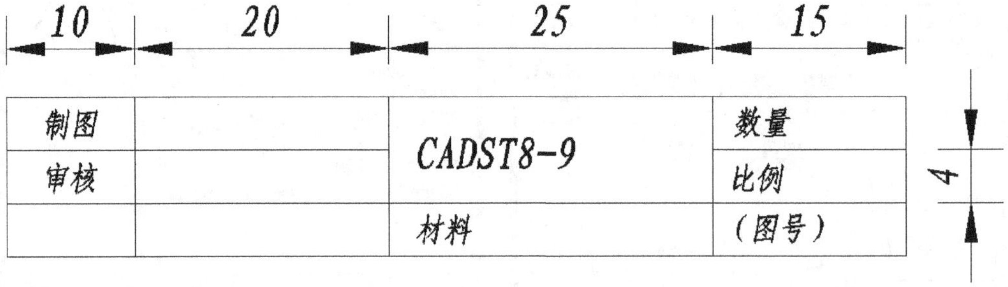

图 8-9F　创建的标题栏

步骤 8 绘制矩形，其大小如图 8-9G 所示，作为图框。

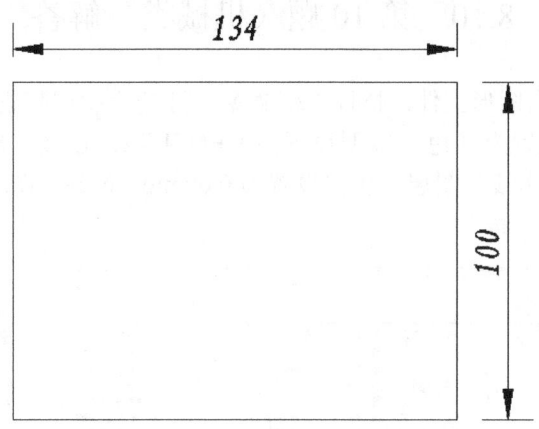

图 8-9G 需创建的矩形大小

步骤 9 将绘制的"标题栏"整体移动到"步骤 8"绘制的图框的右下角位置处，再将前面操作绘制的"图形"（包括"标注"和"粗糙度"符号等），移动到图框内合适的位置处，完成所有图形的绘制，效果如图 8-9H 所示。

步骤 10 完成后将图形存入考生文件夹，并命名为 KSCAD8-9.dwg。

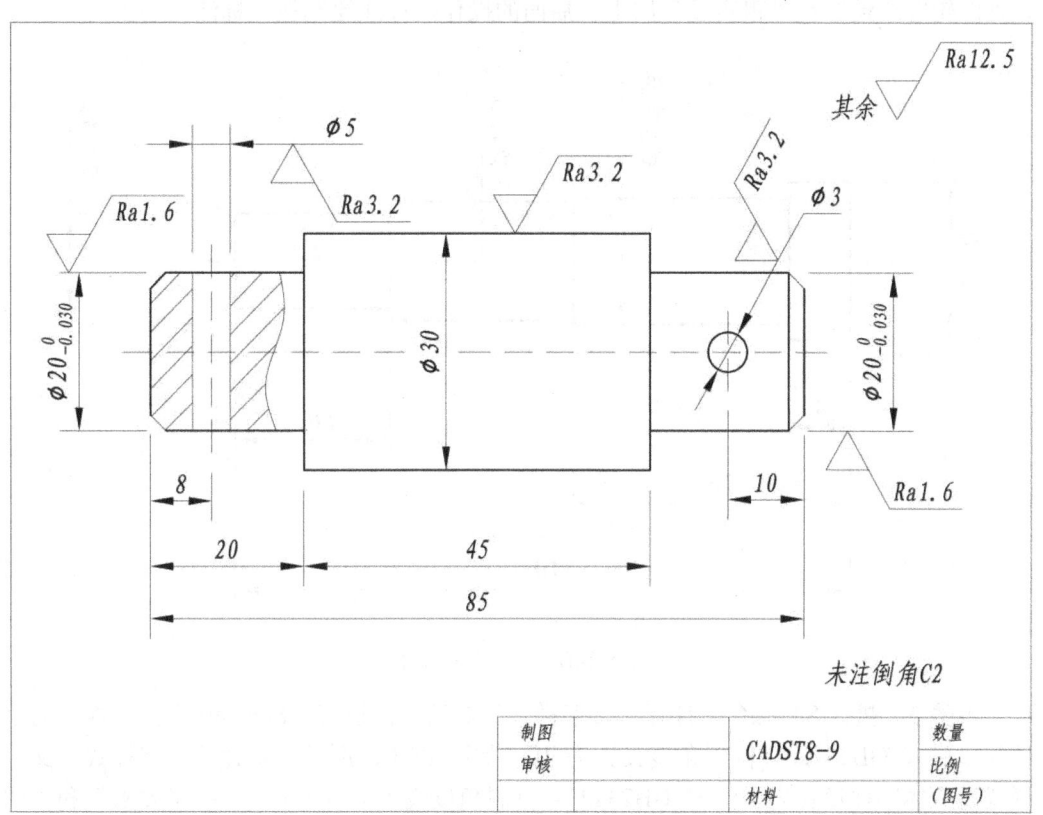

图 8-9H 图形的最终效果

8.10 第 10 题（机械类）解答

步骤 1 新建空白图形文件，执行 LA 命令，打开"图层特性管理器"，创建"中心线"图层，颜色设置为红色，线型设置为 CENTER2；创建"标注"图层，颜色设置为绿色；创建"粗实线"图层，线宽设置为 0.60mm；创建"图块"图层，如图 8-10A 所示。

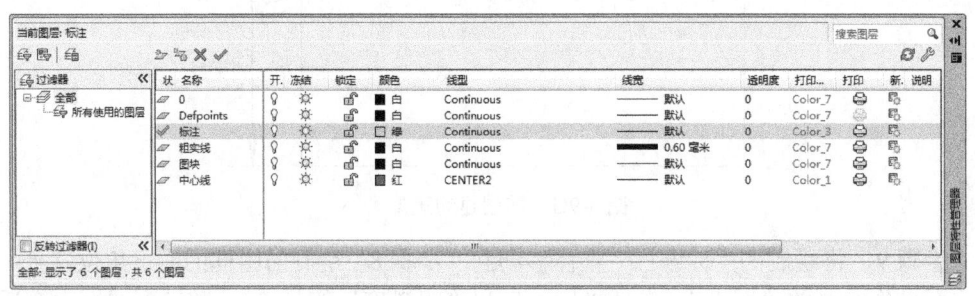

图 8-10A 图层特性管理器

步骤 2 按如图 8-10B 所示尺寸，绘制模型图线；中心线绘制在"中心线"层上，零件的轮廓线绘制在"粗实线"层上。后面的操作，标注绘制在"标注"层上。

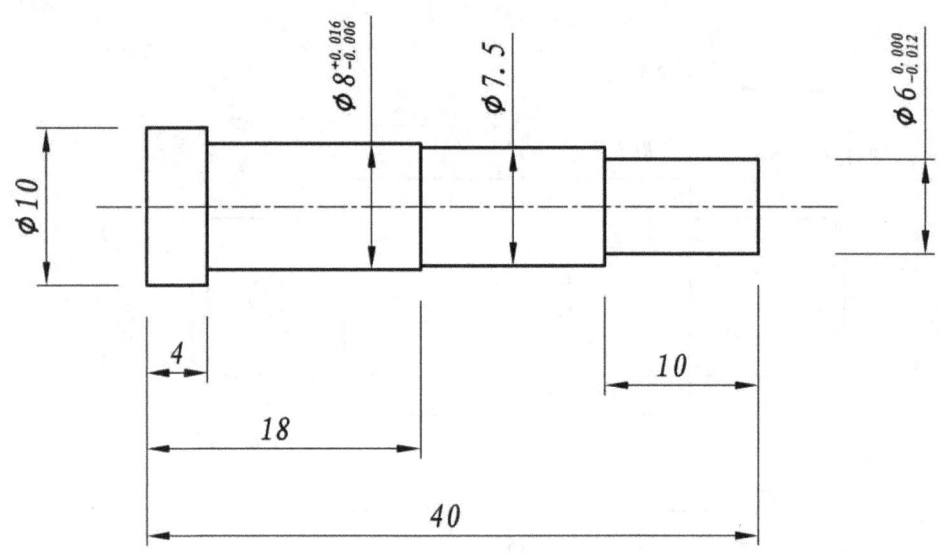

图 8-10B 零件图的尺寸

步骤 3 执行 ST 命令，打开"文字样式"对话框，设置"Standard"文字样式的字体为"仿宋_GB2312"，倾斜角度设置为 10，如图 8-10C 所示；新建"文字样式"文字样式，字体同样设置为"仿宋_GB2312"，倾斜角度设置为 0（用于"技术要求"和"明细表"文字等）。

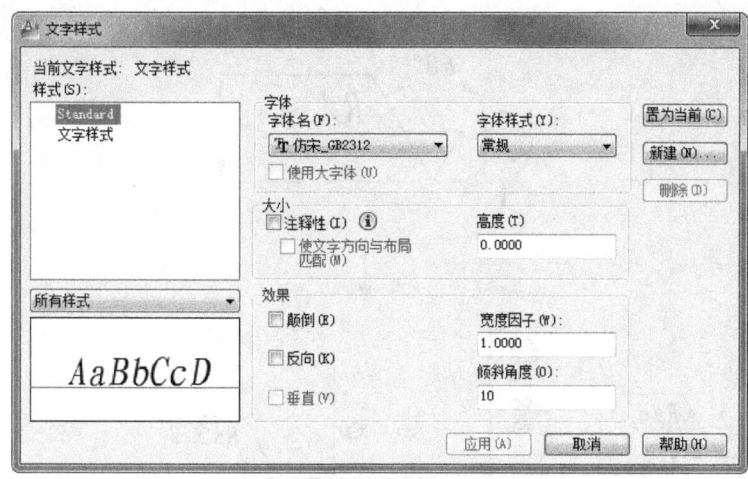

图 8-10C "文字样式"对话框

步骤 4 执行 DST 命令,打开"标注样式管理器"对话框,设置"标注样式 1"和"标注样式 2"标注样式,其"文字高度"和"箭头大小"均设置为 1.5 个图形单位,"标注样式 2"的不同之处为具有 3 位"极限偏差"(用于标注具有详细加工精度要求的尺寸标注),其他选项根据需要进行设置,如图 8-10D 所示。

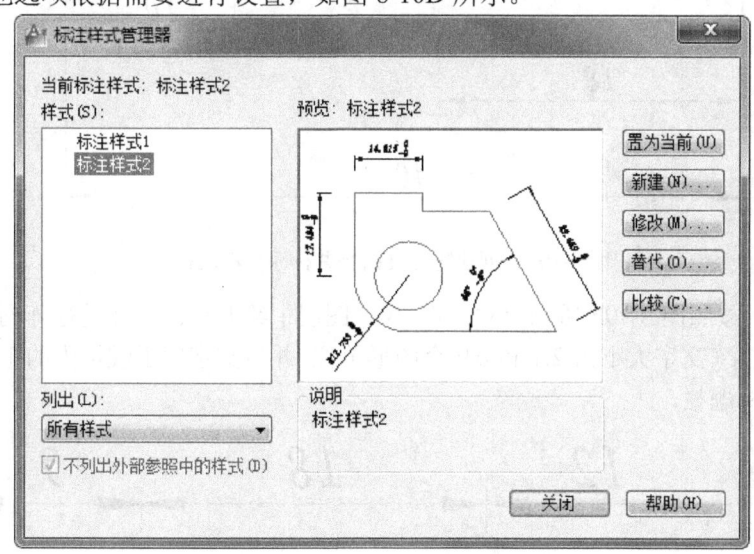

图 8-10D "修改标注样式"对话框

步骤 5 使用创建的标注和文字样式,为图形添加适当的标注,标注完成后,需进行适当的调整,效果如图 8-10B 所示。

步骤 6 在"0"图层中绘制如图 8-10E 上图所示的图线,并创建图块属性,图块属性文字的大小设置为 1.2,倾斜角度设置为 10,然后将绘制的图形定义为块,使用创建的图块为图形标注粗糙度,如图 8-10E 下图所示。

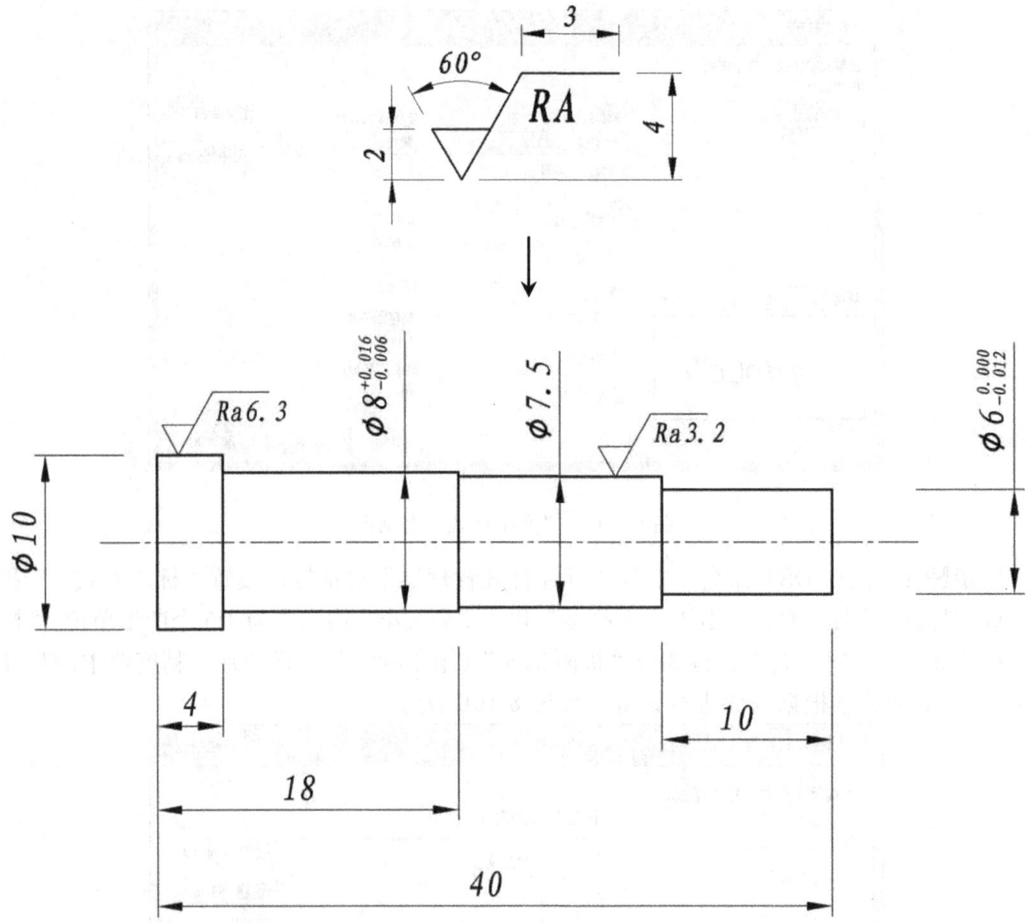

图 8-10E　创建粗糙度图块并标注粗糙度符号

步骤 7　按照图 8-10F 所示尺寸，在"0"图层中绘制直线，并进行阵列及修剪等操作，再创建文字（文字大小为 2.1 和 0.9 个图形单位，并将文字置于线框内的正确位置处），创建图纸的标题栏。

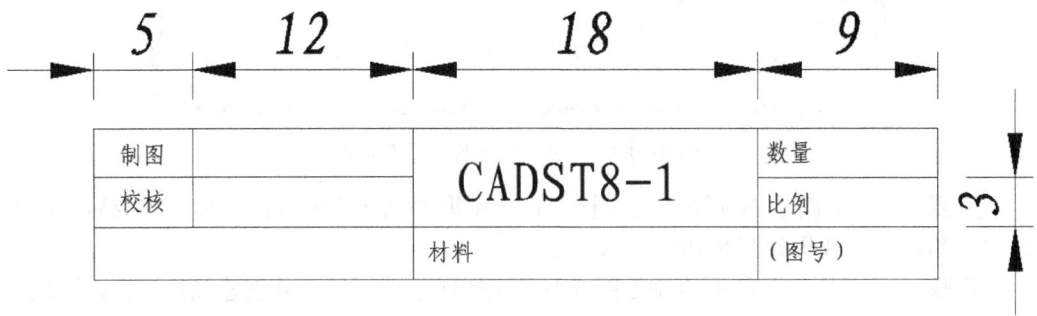

图 8-10F　创建的标题栏

步骤 8　绘制矩形，其大小如图 8-10G 所示，作为图纸图框。

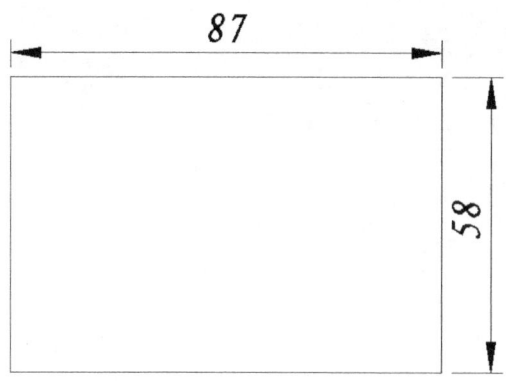

图 8-10G　需创建的矩形大小

步骤 9　将绘制的"标题栏"整体移动到"步骤 8"绘制的图框的右下角位置处，再将前面操作绘制的"图形"（包括"标注"和"粗糙度"符号等），移动到图框内合适的位置处，完成所有图形的绘制，效果如图 8-10H 所示。

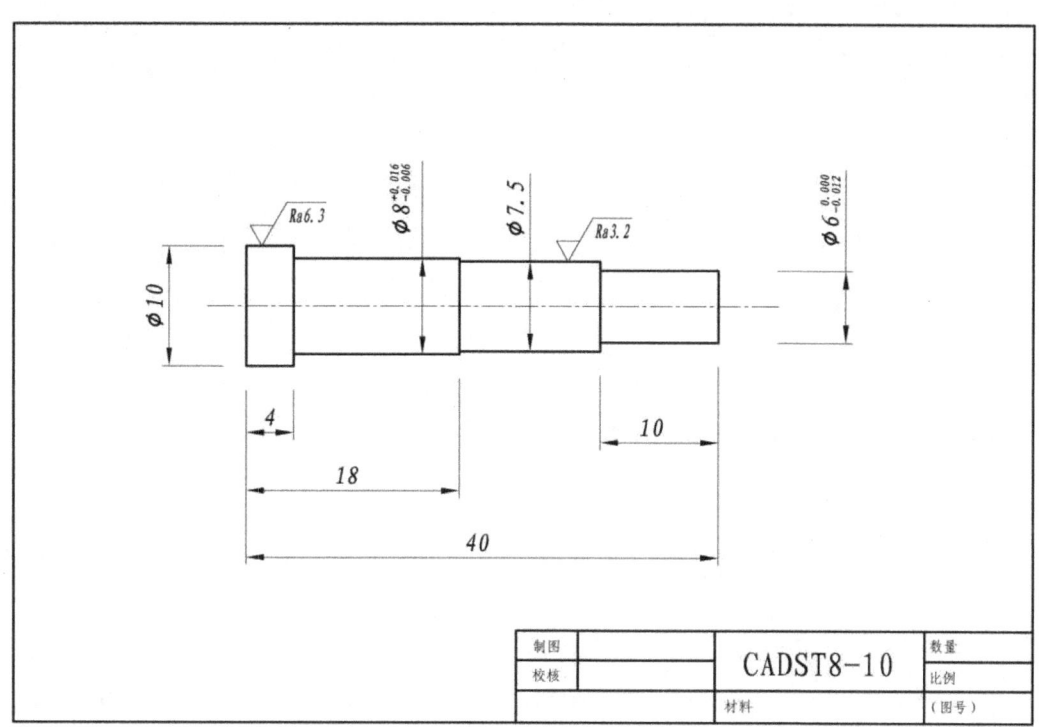

图 8-10H　图形的最终效果

步骤 10　完成后将图形存入考生文件夹，并命名为 KSCAD8-10.dwg。